图解·一学就会系列

图解工业机器人控制与PLC通信

耿春波　编著

机械工业出版社

本书共分6章，通过图解的方式讲解ABB、FANUC、KUKA工业机器人与PLC的通信技术，主要内容包括ABB、FANUC、KUKA工业机器人控制柜的组成及作用、安全回路的连接和控制、PLC与工业机器人的PROFIBUS通信、PLC与工业机器人的PROFINET通信、PLC与工业机器人的CCLink通信、PLC与工业机器人的EtherNet/IP通信、工业机器人自动运行控制等。通过这些内容的学习，可帮助读者提高工业机器人的调试和维修水平。本书赠送PPT课件，请联系QQ296447532获取。

本书适合企业中从事工业机器人调试和维修的工程技术人员，大专院校工业机器人调试维修、机电一体化、电气自动化以及其他相关专业学生学习。

图书在版编目（CIP）数据

图解工业机器人控制与PLC通信/耿春波编著．—北京：机械工业出版社，2020.1（2023.1重印）

（图解·一学就会系列）

ISBN 978-7-111-64465-1

Ⅰ．①图… Ⅱ．①耿… Ⅲ．①工业机器人—机器人控制—图解 Ⅳ．①TP242.2-64

中国版本图书馆CIP数据核字（2020）第005063号

机械工业出版社（北京市百万庄大街22号 邮政编码100037）

策划编辑：周国萍 责任编辑：周国萍

责任校对：陈 越 封面设计：陈 沛

责任印制：单爱军

北京虎彩文化传播有限公司印刷

2023年1月第1版第4次印刷

184mm×260mm·15印张·360千字

标准书号：ISBN 978-7-111-64465-1

定价：59.00元

电话服务

客服电话：010-88361066

010-88379833

010-68326294

网络服务

机 工 官 网：www.cmpbook.com

机 工 官 博：weibo.com/cmp1952

金 书 网：www.golden-book.com

机工教育服务网：www.cmpedu.com

前　　言

随着工业机器人的应用越来越普及，开始大量使用可编程序控制器（PLC）对工业机器人进行控制。而对于从事工业机器人行业或想进入这个行业的技术人员来说，掌握PLC和工业机器人的通信知识和技能变得越来越重要，本书因此应运而生。

本书共分6章，通过图解的方式讲解ABB、FANUC、KUKA工业机器人与PLC的通信技术。第1章介绍ABB工业机器人控制柜的组成及作用、安全控制回路的连接和控制。第2章介绍ABB工业机器人与西门子PLC的PROFIBUS、PROFINET通信，ABB工业机器人与三菱PLC的CCLink通信，ABB工业机器人的EtherNet/IP通信等。第3章介绍FANUC工业机器人控制柜的组成及作用、安全控制回路的连接和控制。第4章介绍FANUC工业机器人与西门子PLC的PROFIBUS、PROFINET通信、FANUC工业机器人与三菱PLC的CCLink通信、FANUC工业机器人与欧姆龙PLC的EtherNet/IP通信、FANUC工业机器人程序自动运行控制等。第5章介绍KUKA工业机器人控制柜的组成及作用、安全控制回路的连接和控制。第6章介绍KUKA工业机器人与西门子PLC的PROFIBUS、PROFINET通信，KUKA工业机器人外部自动运行控制等。

本书适合企业中从事工业机器人调试和维修的工程技术人员，大专院校工业机器人调试维修、机电一体化、电气自动化以及其他相关专业学生学习。

本书由耿春波编著。在编写过程中，参考了ABB、FANUC、KUKA工业机器人的技术文献，由于篇幅所限，不能一一列举，在此表示感谢。感谢齐风娟、耿琦菲的大力协助。

为便于一线读者学习使用，书中一些图形符号及名词术语按行业使用习惯呈现，未全按国家标准统一，敬请谅解。

本书赠送PPT课件，请联系QQ296447532获取。

由于编著者水平有限，书中难免有错误和不足之处，敬请读者批评和指正。

编著者

目　录

第1章 ABB工业机器人IRC5控制柜及安全控制回路

ABB工业机器人控制柜有IRC5标准型控制柜和IRC5C紧凑型控制柜两种。本章主要介绍ABB工业机器人IRC5控制柜的组成及作用，以及ABB工业机器人标准型控制柜和紧凑型控制柜的安全控制回路。IRC5标准型控制柜要求输入三相400V交流电，IRC5C紧凑型控制柜要求输入单相220V交流电。

1.1 ABB工业机器人IRC5控制柜的组成及作用

ABB工业机器人IRC5控制柜如图1-1所示，A为与PC通信的接口，B为现场总线接口，C为ABB标准I/O板。其各部分组成及作用说明如下。

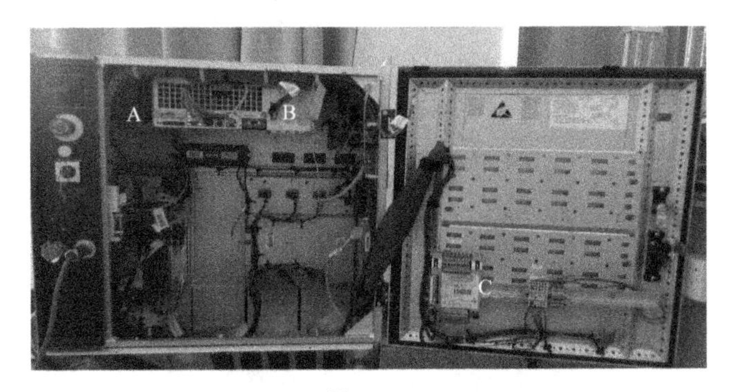

图 1-1

1.1.1 主计算机单元

主计算机单元相当于计算机的主机，用于存放系统软件和数据，如图1-2、图1-3所示。主计算机单元需要电源模块提供24V直流电才能工作。主计算机单元插有启动用的CF卡，如图1-4所示。

图 1-2

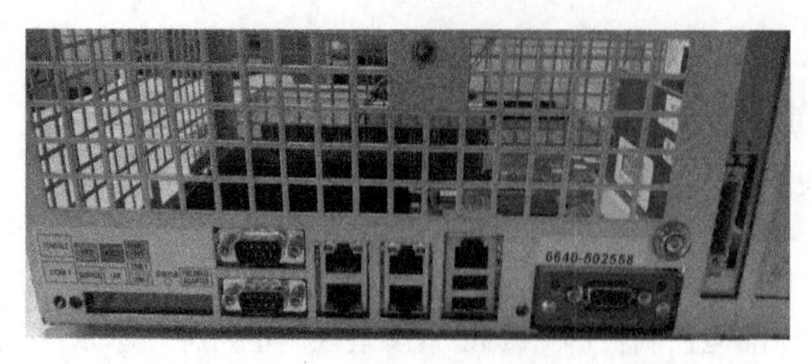

图 1-3

图 1-4

1.1.2 轴计算机板

主计算机单元发出控制指令后，首先发送给轴计算机板，如图 1-5、图 1-6 所示。轴计算机板处理后再将指令传递给驱动单元，同时轴计算机板还处理串口测量板 SMB 传递的分解器信号。

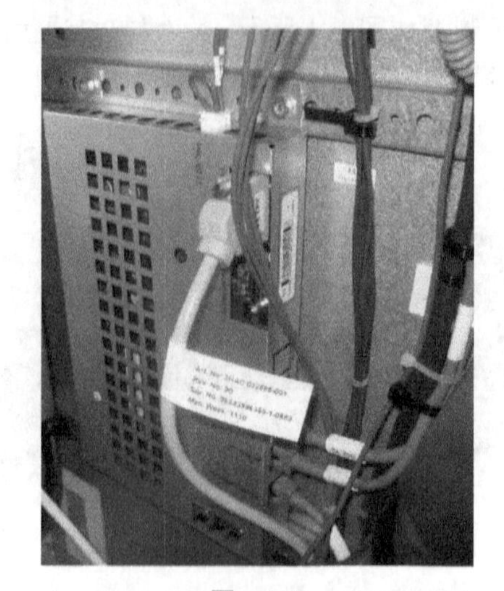

图 1-5

图 1-6

1.1.3 机器人六轴的驱动单元

机器人六轴的驱动单元（图 1-7）将变压器提供的三相交流电整流成直流电，再将直流电逆变成交流电，驱动电动机控制机器人各个关节运动。

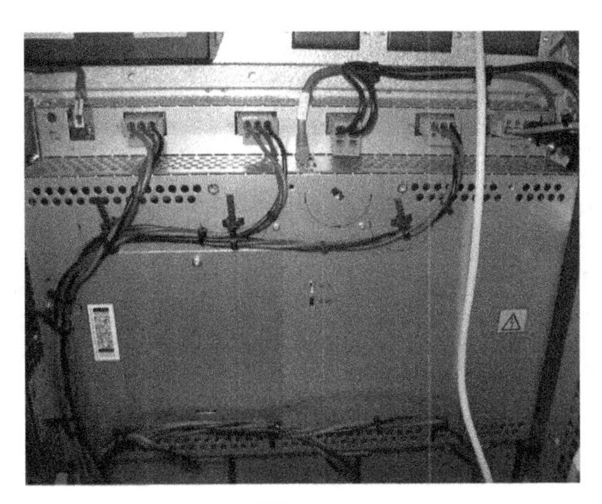

图　1-7

1.1.4　示教器和控制柜操作面板

示教器（TPU）和控制柜操作面板用于进行手动、调试机器人运动，如图 1-8、图 1-9 所示。控制柜操作面板有电源总开关、急停开关、电动机通电 / 复位按钮、机器人状态转换开关。按下白色电动机通电 / 复位按钮，开启电动机。机器人处于急停状态，松开急停按钮后，按下白色电动机通电 / 复位按钮，机器人恢复正常状态。

1.1.5　串口测量板

串口测量板（SMB）将伺服电动机分解器的位置信息进行处理和保存。电池（10.8V 和 7.2V 两种规格）在控制柜断电时，可以保持相关的数据，具有断电保持功能，如图 1-10～图 1-12 所示。

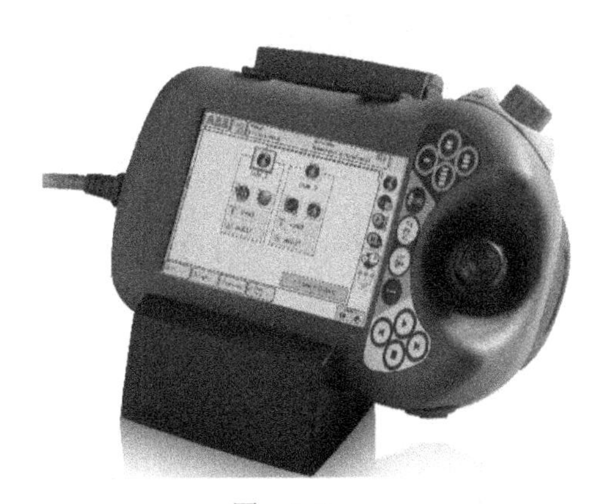

图　1-8

图　1-9

图　1-10

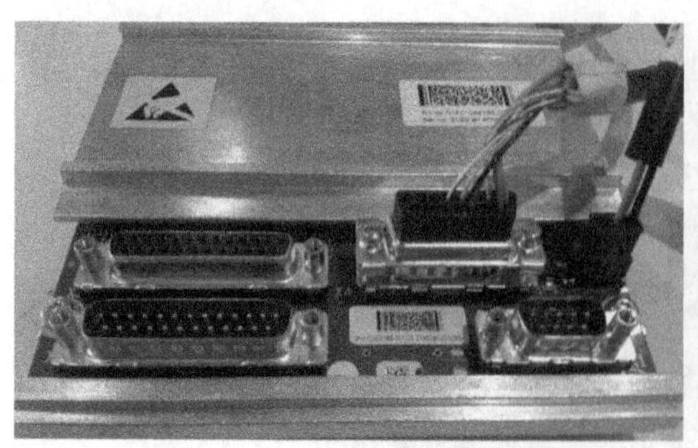

图 1-11

图 1-12

1.1.6 系统电源模块

系统电源模块将 230V 交流电整流成直流 24V，给主计算机单元、示教器等系统组件提供直流 24V 电源，如图 1-13、图 1-14 所示。

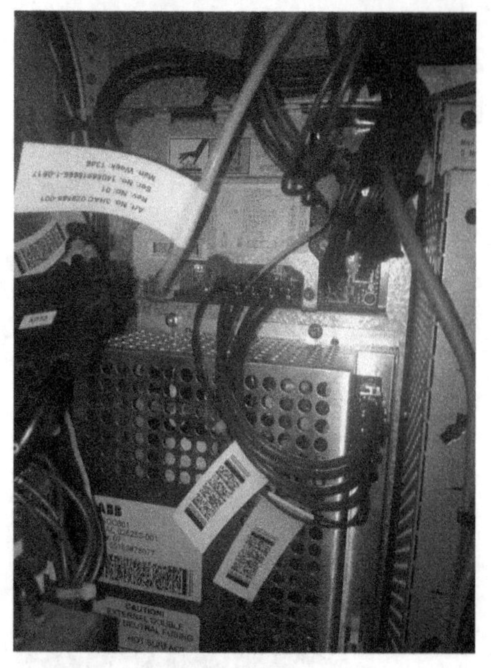

图 1-13

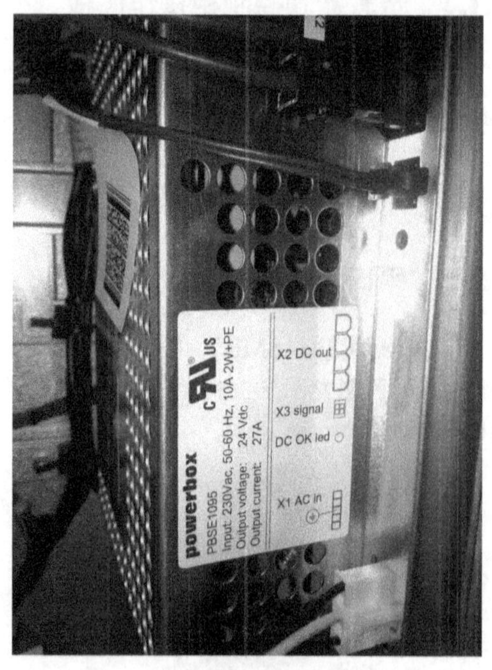

图 1-14

1.1.7 电源分配板

电源分配板将系统电源模块的 24V 电源分配给各个组件，如图 1-15、图 1-16 所示。现详述如下。

X1：24V DC input，直流 24V 输入。

X2：AC ok in/temp ok in，交流电源和温度正常。

X3：24V sys，给驱动单元供电。

X4：24V I/O，给外部 PLC 或 I/O 单元供电。

X5：24V brake/cool，给接触器板供电。

X6：24V PC/sys/cool，其中 PC 给主计算机单元供电，sys/cool 给安全板供电。

X7：Energy bank，能量银行，给电容单元供电。

X8：USB，用于和主计算机单元的 USB2 通信。

X9：24V cool，给风扇单元供电。

图　1-15

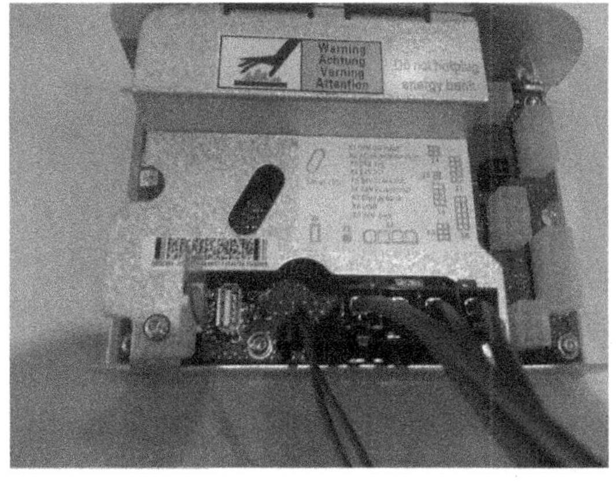

图　1-16

1.1.8　电容单元

电容单元用于机器人关闭电源后，持续给主计算机单元供电，使其保存数据后再断电，如图 1-17 所示。

1.1.9　接触器板

如图 1-18 所示，接触器板上的 K42、K43 接触器吸合，给驱动器提供三相交流电源。K44 接触器吸合，给电动机抱闸线圈提供 24V 电源，电动机可以旋转，机器人的各关节可以移动。

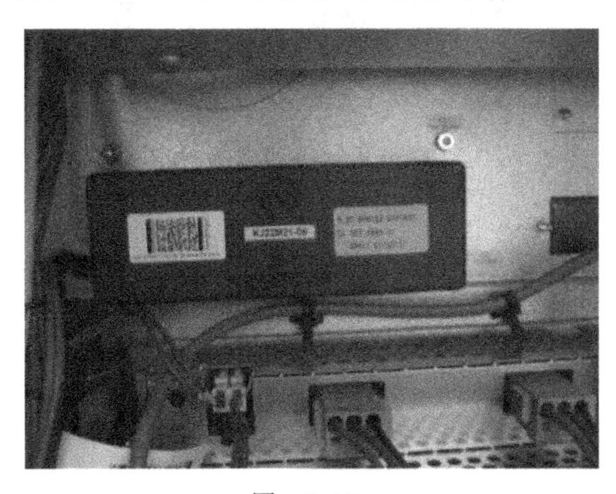

图　1-17

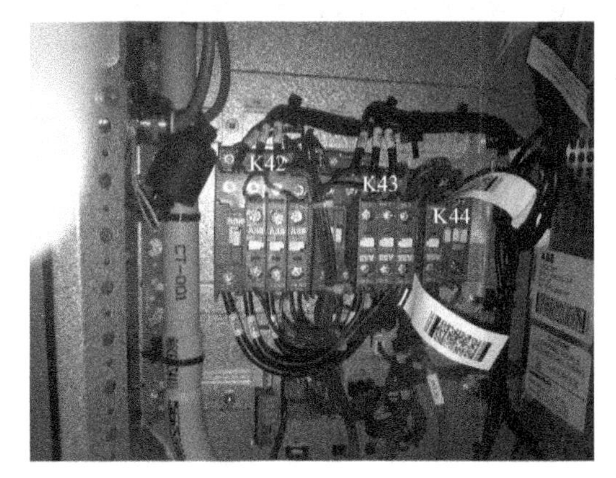

图　1-18

1.1.10　安全板

安全板控制常规停止（GS1、GS2）、自动停止（AS1、AS2）、上级停止（SS1、SS2）等，如图 1-19 所示，详见 1.2 节讲述的安全控制回路。

1.1.11　控制柜变压器

控制柜变压器将输入的三相 380V 的交流电源变压成三相 480V（或 262V）交流电源，以及单相 230V 交流电源、单相 115V 交流电源，如图 1-20 所示。

图　1-19

图　1-20

1.1.12　泄流电阻

泄流电阻可将机器人多余的能量转换成热能释放掉，如图 1-21 所示。

1.1.13　用户供电模块

用户供电模块可以给外部继电器、电磁阀提供直流 24V 电源，如图 1-22 所示。

图　1-21

图　1-22

1.1.14　I/O 单元模块

ABB 的标准 I/O 板提供的常用信号具有数字输入 di、数字输出 do、模拟输入 ai、模拟输出 ao 以及输送链跟踪等功能，如图 1-23 所示。

图　1-23

1.1.15　控制柜整体连接图

ABB 控制柜的整体连接图如图 1-24 所示。

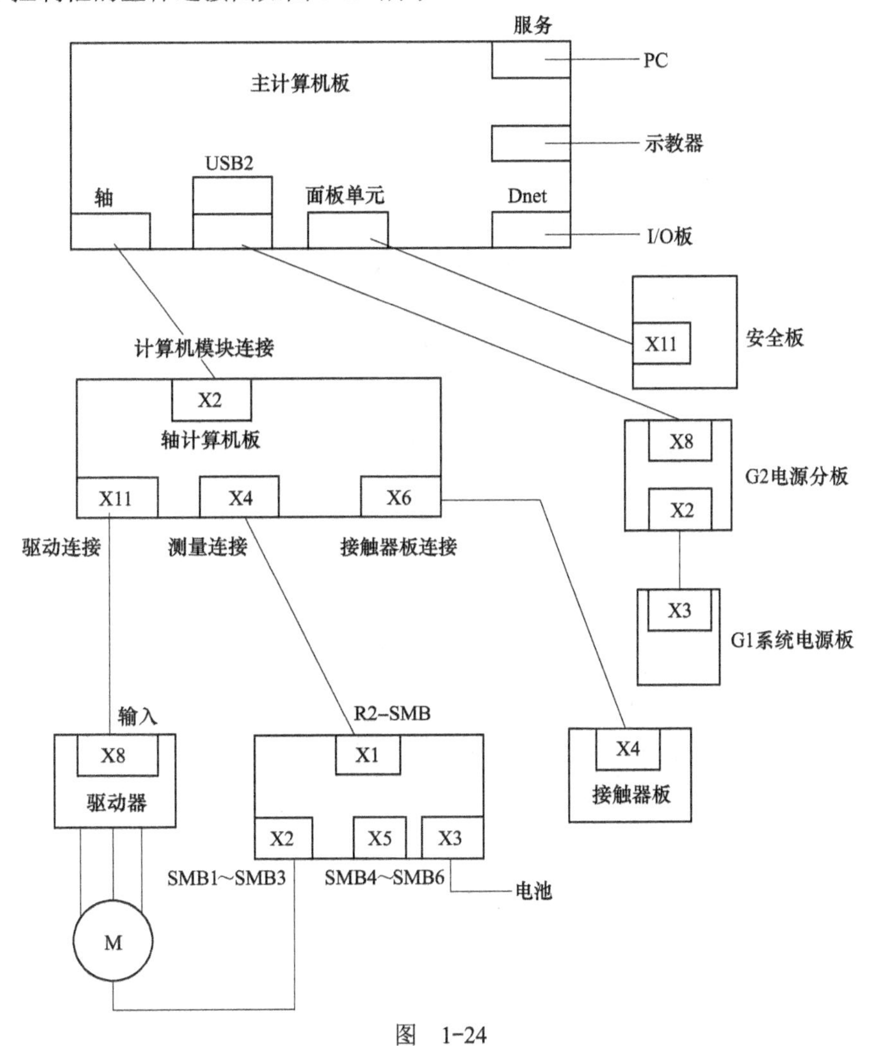

图　1-24

1.2 ABB 工业机器人安全控制回路

ABB 工业机器人控制器有四个独立的安全保护机制，分别为常规停止（General Stop，GS）、自动停止（Auto Stop，AS）、上级停止（Superior Stop，SS）和紧急停止（Emergency Stop，ES）。上级停止的功能和保护机制同常规停止基本一致，是常规停止功能的扩展，主要用于连接安全 PLC 等外部设备，具体见表 1-1。

表 1-1

安全保护	保护机制
常规停止	在任何操作模式下都有效
自动停止	在自动模式下有效
上级停止	在任何模式下都有效
紧急停止	在急停按钮被按下时有效

1.2.1 ABB 工业机器人标准型控制柜急停控制回路

自动停止（AS1、AS2）、常规停止（GS1、GS2）、上级停止（SS1、SS2）、紧急停止（ES1、ES2）对应的指示灯点亮，表示对应的回路接通，如图 1-25 所示；若指示灯灭，表示对应的回路断路。

图 1-25

X1、X2 端子用于紧急停止回路，X5 端子用于常规停止、自动停止回路，X6 端子用于上级停止回路，如图 1-26 所示。

X1、X2 端子用于紧急停止控制回路如图 1-27、图 1-28、表 1-2 所示。

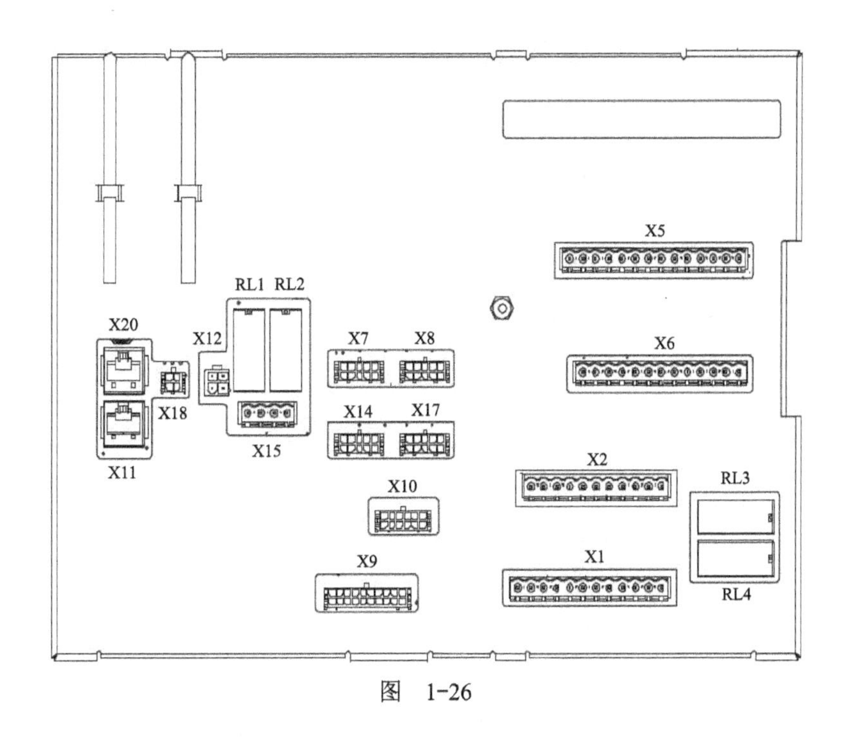
X5
RL1 RL2
X20
X12
X7 X8
X6
X18
X14 X17
X15
X11
X2
RL3
X10
X1
X9
RL4

图 1-26

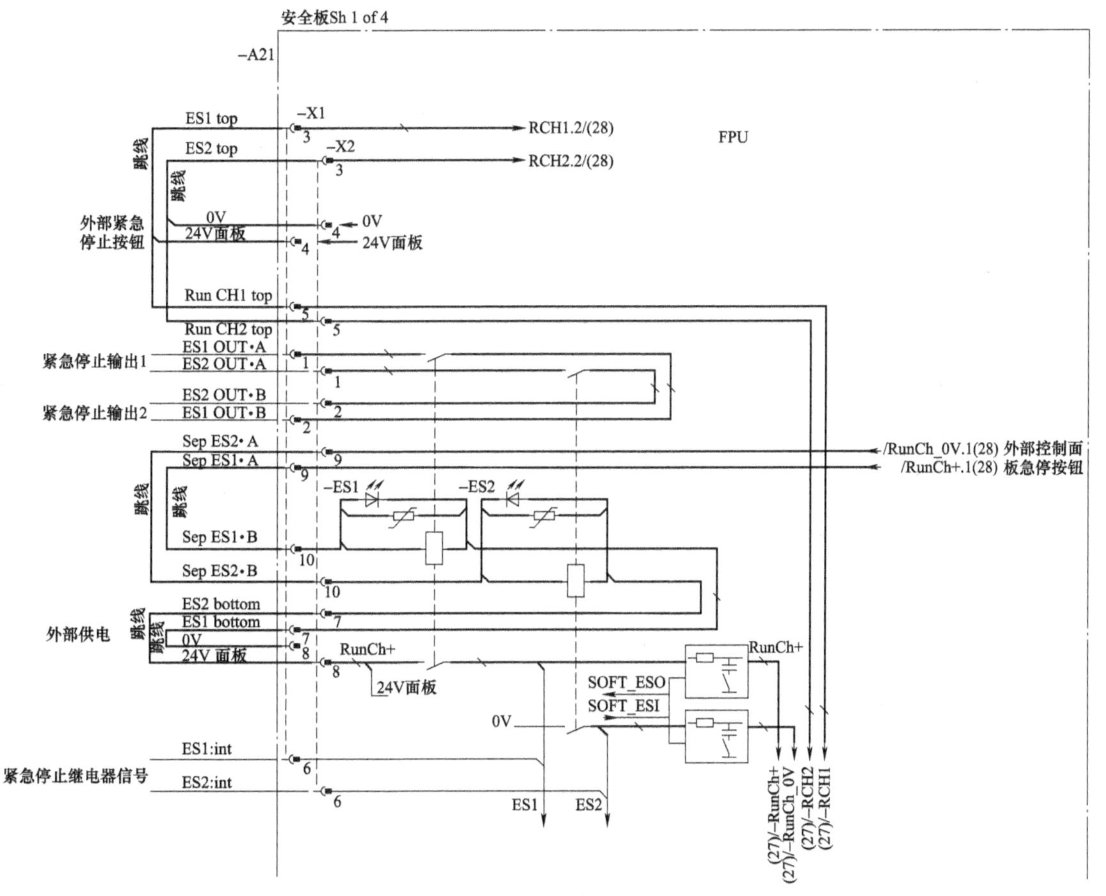
安全板Sh 1 of 4
–A21
ES1 top
–X1
RCH1.2/(28)
ES2 top
–X2
RCH2.2/(28)
FPU
跳线
跳线
外部紧急
停止按钮
0V
24V面板
0V
24V面板
Run CH1 top
Run CH2 top
ES1 OUT•A
紧急停止输出1
ES2 OUT•A
ES2 OUT•B
紧急停止输出2
ES1 OUT•B
Sep ES2• A
Sep ES1• A
/RunCh_0V.1(28) 外部控制面
/RunCh+.1(28) 板急停按钮
–ES1
–ES2
跳线
跳线
Sep ES1•B
Sep ES2•B
ES2 bottom
外部供电
跳线
ES1 bottom
跳线
0V
24V 面板
RunCh+
RunCh+
24V面板
SOFT_ESO
SOFT_ESI
0V
ES1:int
紧急停止继电器信号
ES2:int
ES1
ES2
(27)/–RunCh+
(27)/–RunCh_0V
(27)/–RCH2
(27)/–RCH1

图 1-27

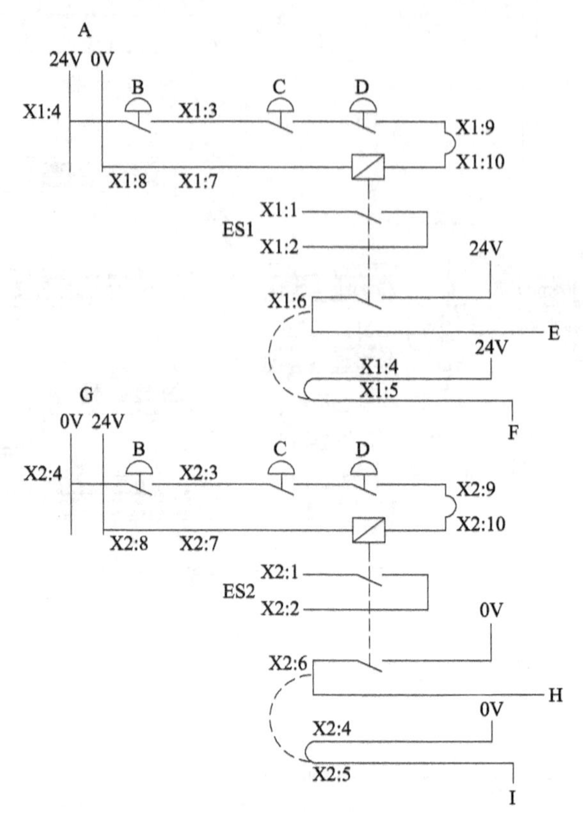

图 1-28

表 1-2

字母编号	说明	字母编号	说明
A	内部 24V 电源	G	内部 24V 电源
B	外接紧急停止	H	紧急停止内部回路 2
C	示教器紧急停止	I	运行链 2（Top：Run CH2 top）
D	控制柜紧急停止	ES1	急停输出回路 1
E	紧急停止内部回路 1	ES2	急停输出回路 2
F	运行链 1（Top：Run CH1 top）	—	—

下面对图 1-27、图 1-28 进行详细说明：

安全板的 X1、X2 是急停控制回路接线端子，为双链路控制。

链路一：X1 的 4 端子为 24V 电源起始端，通过外接急停按钮 B 依次接到 X1 的 3 端子、RCH1.2、示教器（FPU）的急停按钮 C、控制柜操作面板的急停按钮 D、RunCh+.1、X1 的 9 端子，再通过短接片接到 X1 的 10 端子给继电器线圈供电，继电器线圈的另一端通过 X1 的 7 端子的短接片接到 X1 的 8 端子的 0V，形成完整通路。

链路二：X2 的 8 端子为 24V 电源起始端，通过短接片接到 X2 的 7 端子，给继电器线圈供电，继电器线圈的另一端接 X2 的 10 端子，通过短接片接到 X2 的 9 端子、RunCh_0V.1。RunCh_0V.1 接控制柜操作面板的急停按钮 D，再接到示教器的急停按钮 C、RCH2.2、X2 的 3 端子，然后通过外接急停按钮 B 接到 X2 的 4 端子的 0V，形成完整通路。

连接实例如图 1-29 所示，外部急停回路的两路触点分别接到 X1 和 X2 的 3、4 端子上。

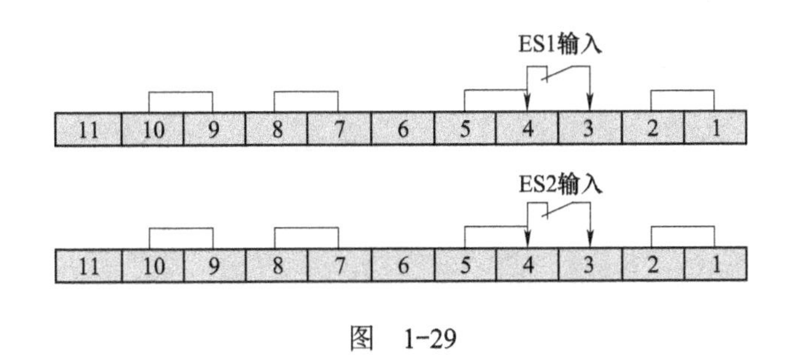

图 1-29

1.2.2 ABB 工业机器人标准型控制柜自动停止、常规停止、上级停止控制回路

ABB 工业机器人系统可以配置多种安全保护装置，例如门互锁开关、安全光栅等。常用机器人工作站的门互锁开关作为自动停止控制回路，打开此装置机器人就停止自动运行，如图 1-30 所示。

下面对图 1-30 中的 AS1、AS2、GS1、GS2、SS1、SS2 回路进行详解。

1）AS1 自动停止控制回路，如图 1-31 所示。

2）AS2 自动停止控制回路，如图 1-32 所示。

3）GS1 常规停止控制回路，如图 1-33 所示。

4）GS2 常规停止控制回路，如图 1-34 所示。

5）SS1 上级停止控制回路，如图 1-35 所示。

6）SS2 上级停止控制回路，如图 1-36 所示。

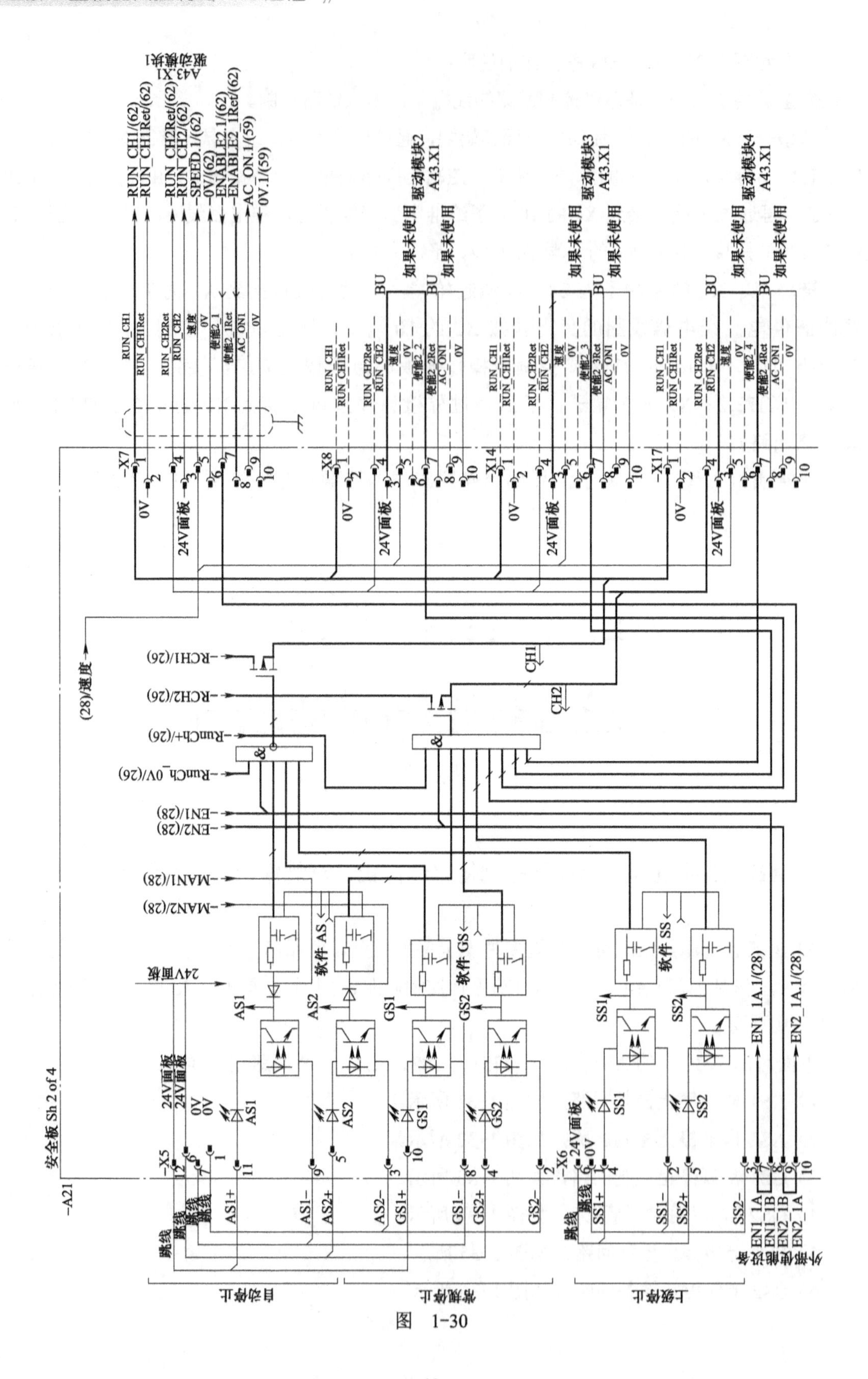

驱动模块1
A43.X1
RUN_CH1/(62)
RUN_CH1Ret/(62)
RUN_CH2Ret/(62)
RUN_CH2/(62)
SPEED.1/(62)
0V/(62)
ENABLE2.1/(62)
ENABLE2_1Ret/(62)
AC_ON.1/(59)
0V.1/(59)
驱动模块2
A43.X1
驱动模块3
A43.X1
驱动模块4
A43.X1
如果未使用
BU
-X7
-X8
-X14
-X17
0V
24V面板
(28)/速度
-RCH1/(26)
-RCH2/(26)
-RunCh+/(26)
-RunCh_0V/(26)
-EN1/(28)
-EN2/(28)
-MAN1/(28)
-MAN2/(28)
CH1
CH2
24V面板
软件 AS
软件 GS
软件 SS
AS1
AS2
GS1
GS2
SS1
SS2
EN1_1A.1/(28)
EN2_1A.1/(28)
安全板 Sh 2 of 4
-A21
-X5
-X6
AS1+
AS1-
AS2+
AS2-
GS1+
GS1-
GS2+
GS2-
SS1+
SS1-
SS2+
SS2-
EN1_1A
EN1_1B
EN2_1B
EN2_1A
跳线
外部使能设备
自动停止
常规停止
上级停止

图 1-30

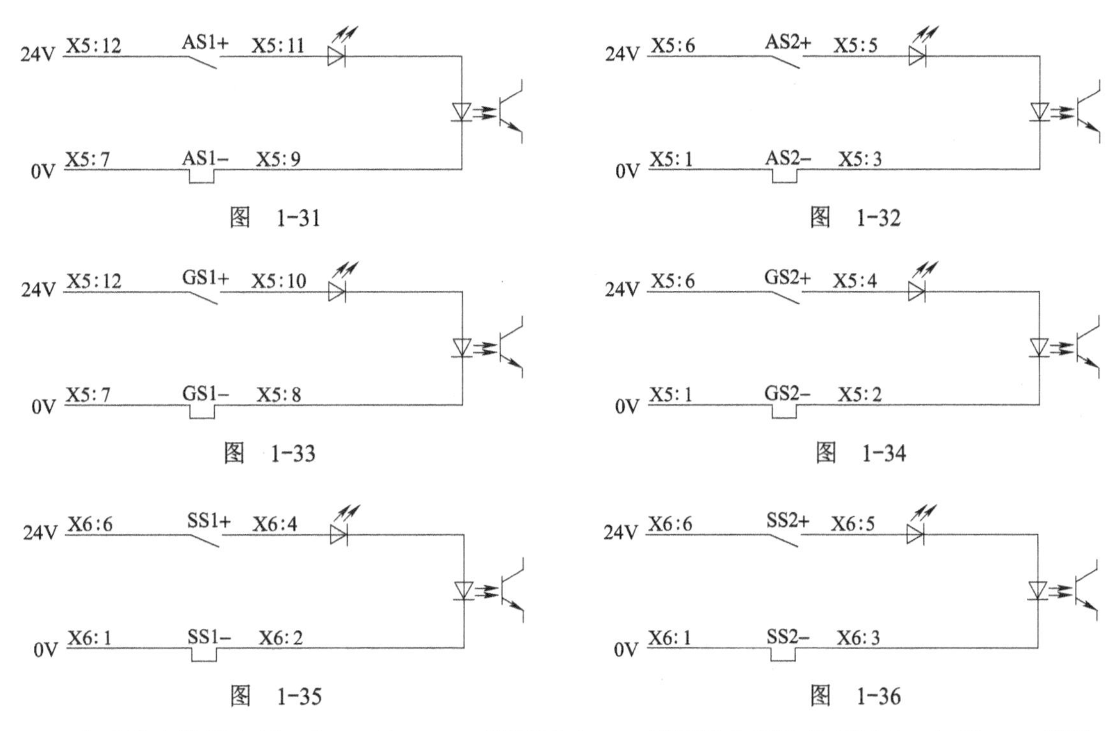

图 1-31

图 1-32

图 1-33

图 1-34

图 1-35

图 1-36

自动停止接线实例：在 X5 的 11、12 端子以及 5、6 端子接入两路常闭触点，如图 1-37 所示。

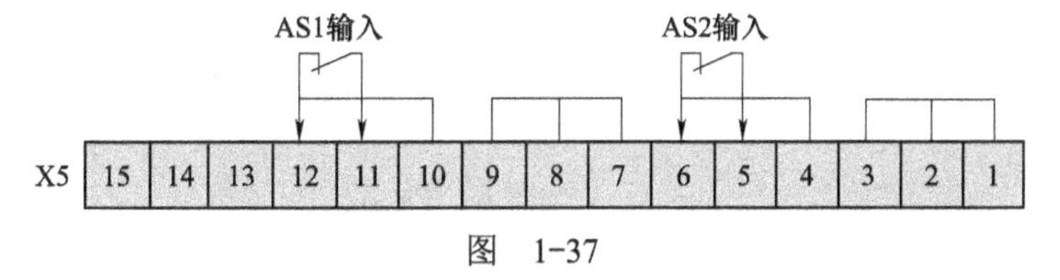

图 1-37

常规停止接线实例：在 X5 的 10、12 端子以及 4、6 端子接入两路常闭触点，如图 1-38 所示。

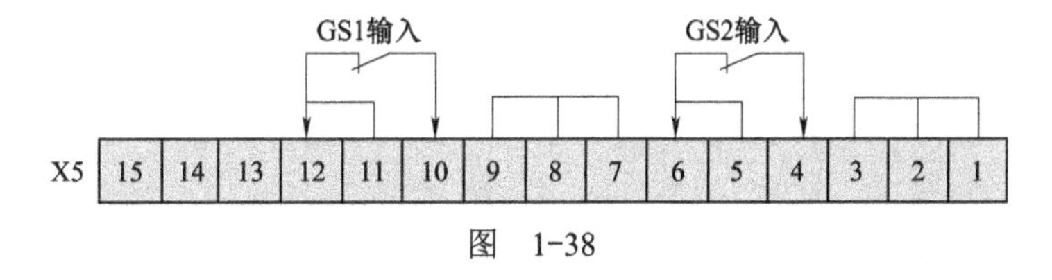

图 1-38

1.2.3 ABB 工业机器人紧凑型控制柜的急停回路

ABB 工业机器人紧凑型控制柜的急停回路如图 1-39、图 1-40 所示。急停控制回路实例：在 X7、X8 的 1、2 端接入两路常闭触点，如图 1-41 所示。

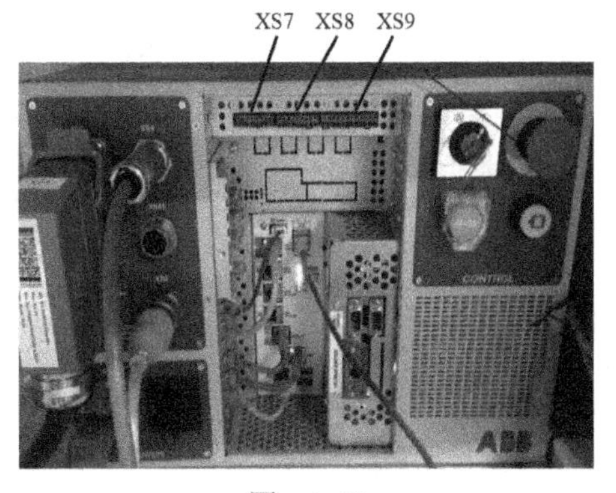

图 1-39

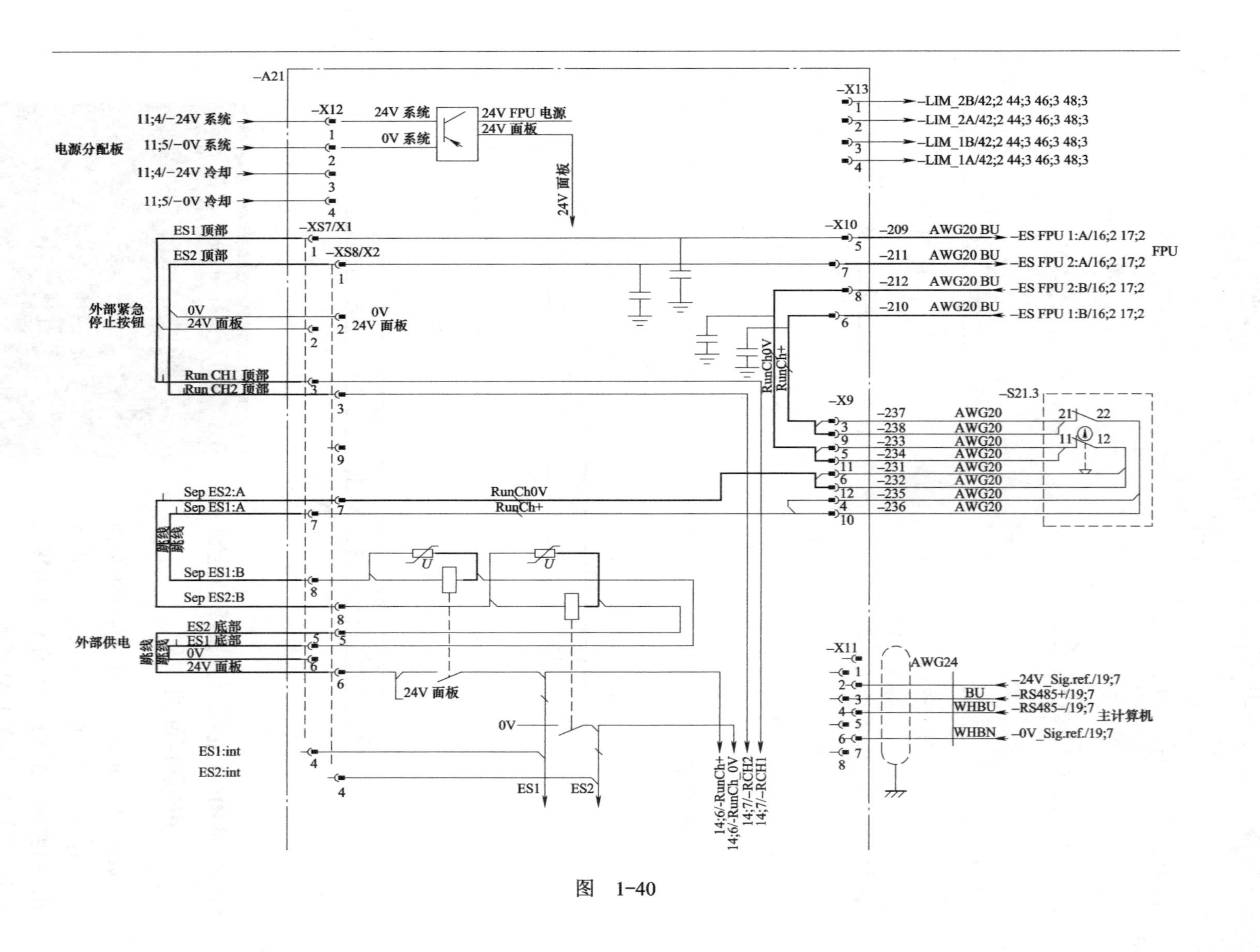
-A21
电源分配板
11;4/-24V 系统
11;5/-0V 系统
11;4/-24V 冷却
11;5/-0V 冷却
-X12
24V 系统
0V 系统
24V FPU 电源
24V 面板
24V 面板
-X13
-LIM_2B/42;2 44;3 46;3 48;3
-LIM_2A/42;2 44;3 46;3 48;3
-LIM_1B/42;2 44;3 46;3 48;3
-LIM_1A/42;2 44;3 46;3 48;3
ES1 顶部
ES2 顶部
-XS7/X1
-XS8/X2
外部紧急停止按钮
0V
24V 面板
0V
24V 面板
Run CH1 顶部
Run CH2 顶部
-X10
-209 AWG20 BU -ES FPU 1:A/16;2 17;2
-211 AWG20 BU -ES FPU 2:A/16;2 17;2
-212 AWG20 BU -ES FPU 2:B/16;2 17;2
-210 AWG20 BU -ES FPU 1:B/16;2 17;2
FPU
RunCh0V
RunCh+
-X9
-S21.3
-237 AWG20
-238 AWG20
-233 AWG20
-234 AWG20
-231 AWG20
-232 AWG20
-235 AWG20
-236 AWG20
Sep ES2:A
Sep ES1:A
RunCh0V
RunCh+
跳线
跳线
Sep ES1:B
Sep ES2:B
外部供电
ES2 底部
ES1 底部
0V
24V 面板
跳线
跳线
24V 面板
0V
ES1:int
ES2:int
ES1
ES2
14;6/-RunCh+
14;6/-RunCh_0V
14;7/-RCH2
14;7/-RCH1
-X11
AWG24
-24V_Sig.ref./19;7
BU -RS485+/19;7
WHBU -RS485-/19;7
WHBN -0V_Sig.ref./19;7
主计算机

图 1-40

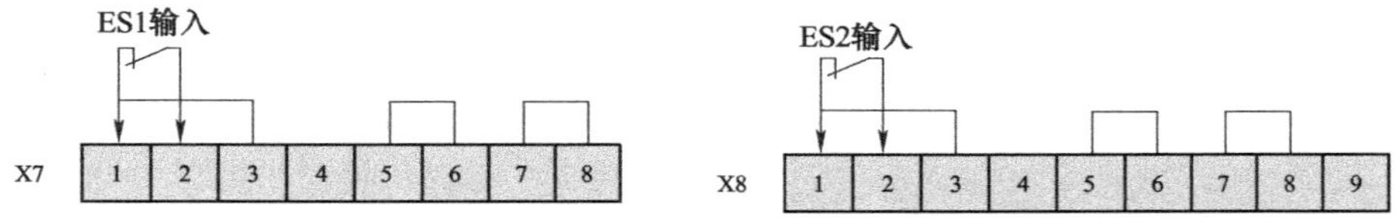

图 1-41

1.2.4 ABB 工业机器人紧凑型控制柜的安全回路

紧凑型控制柜暂不支持 SS 安全保护机制，如图 1-42 所示。

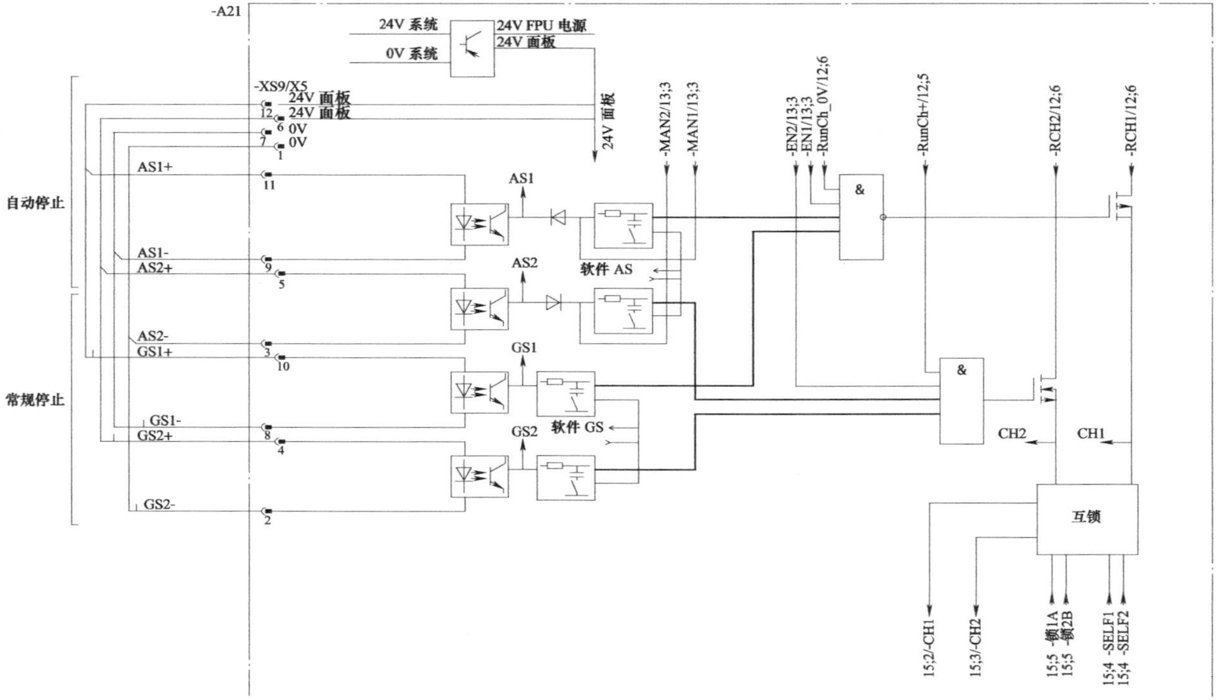

图 1-42

自动停止回路连接实例：分别在 X9 的 5、6 端子以及 11、12 端子接入两路常闭触点信号，如图 1-43 所示。

常规停止回路连接实例：分别在 X9 的 4、6 端子以及 10、12 端子接入两路常闭触点信号，如图 1-44 所示。

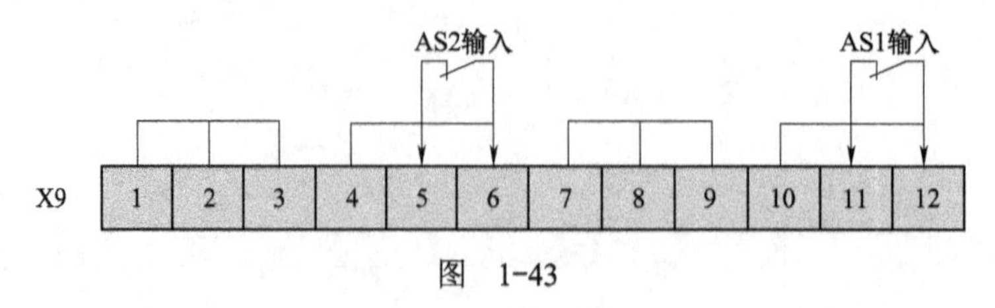

图 1-43

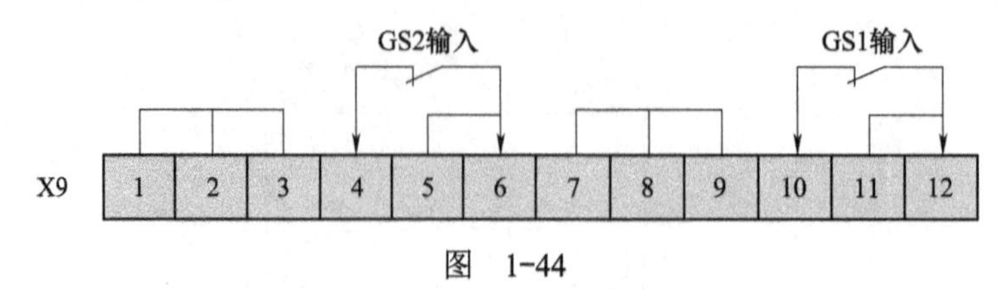

图 1-44

第2章 ABB工业机器人与PLC的通信

ABB 工业机器人支持 PROFIBUS、PROFINET、CCLink、EtherNet/IP 等多种通信方式，在硬件上可以使用工业机器人控制柜的 WAN、LAN、SERVICE（服务）等通信口，也可以使用 DSQC667、DSQC688、DSQC378B、DSQC669 等适配器模块。

2.1 ABB 工业机器人与西门子 PLC 的 PROFIBUS 通信

PROFIBUS 是过程现场总线（Process Field Bus）的缩写。PROFIBUS 的传输速度为 9.6Kbit/s ～ 12Mbit/s。在同一总线网络中，每个部件的节点地址必须不同，通信波特率必须一致。ABB 工业机器人需要有 840-2 PROFIBUS Anybus Device 选项才能作为从站进行 PROFIBUS 通信，如图 2-1 所示。

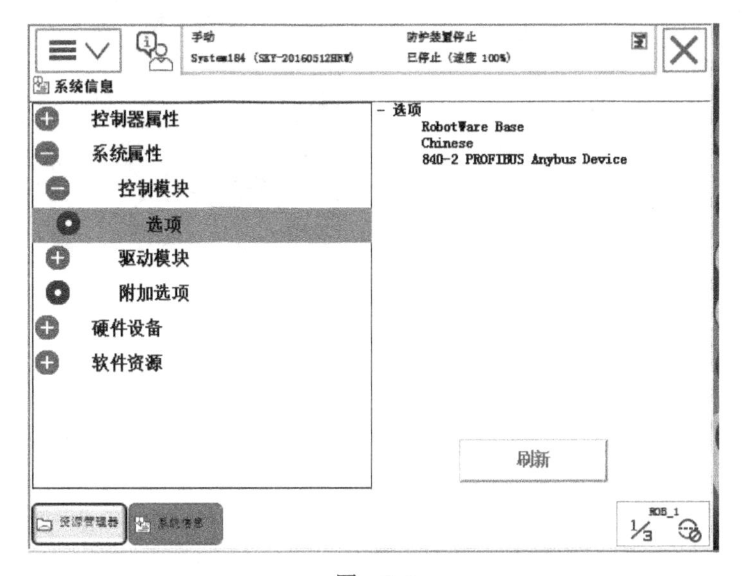

图 2-1

下面以西门子 S7-300 的 PLC 做主站、ABB 工业机器人做从站为例介绍 PROFIBUS 通信。ABB 工业机器人通过 DSQC667 模块与 PLC 通信，如图 2-2 ～图 2-5 所示。

图 2-2

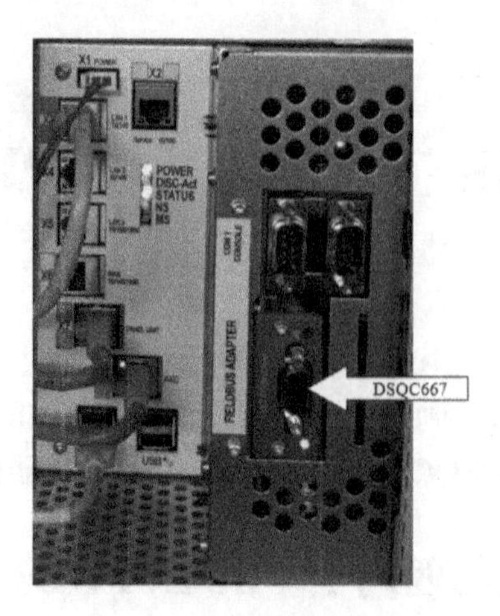

图 2-3

图 2-4

图 2-5

PROFIBUS 电缆为专用的屏蔽双绞线，外层为紫色，如图 2-6 所示。编织网防护层主要防止低频干扰，金属箔片层可防止高频干扰。有红绿两根信号线，红色线接总线连接器的第 8 引脚，绿色线接总线连接器的第 3 引脚。

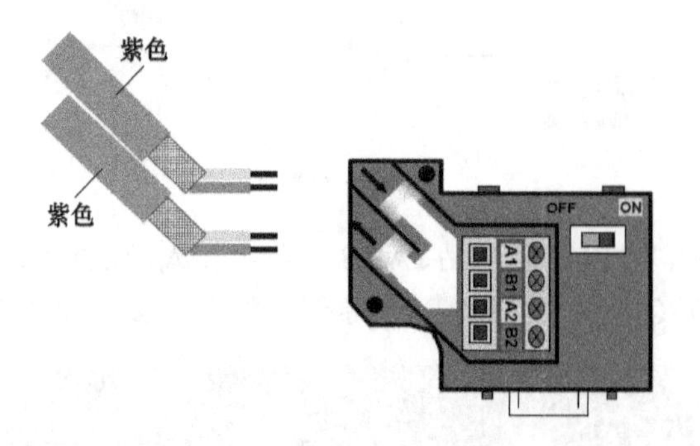

图 2-6

总线两端必须以终端电阻结束。终端电阻的作用是吸收网络反射波，有效增强信号强度，即第一个和最后一个总线连接器开关必须拨到 ON，接入 220Ω 的终端电阻，其余总线连接器拨到 OFF，如图 2-7 所示。

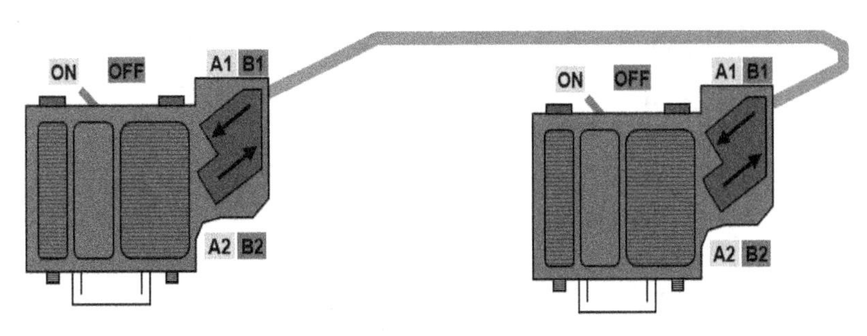

图　2-7

2.1.1　ABB工业机器人PROFIBUS配置

在表2-1中给机器人配置PROFIBUS地址，本例为8，需要与PLC中配置的机器人PROFIBUS地址一致。

表　2-1

参数名称	设定值	说明
Name	PROFIBUS_Anybus	总线网络
Identification Label	PROFIBUS_Anybus Network	识别标签
Address	8	总线地址

在表2-2中设置机器人端PROFIBUS通信的输入输出字节大小。这里设置为“4”，1B包含8位信号，表示本台ABB工业机器人与PLC通信支持32个数字输入信号和32个数字输出信号。该参数允许设置的最大值为64，即最多支持512个数字输入信号和512个数字输出信号。

表　2-2

参数名称	设定值	说明
Name	PB_Internal_Anybus	板卡名称
Network	PROFIBUS_Anybus	总线网络
VendorName	ABB Robotics	供应商名称
Product Name	PROFIBUSInternalAnybusDevice	产品名称
Label	—	标签
InputSize（bytes）	4	输入大小（B）
OutputSize（bytes）	4	输出大小（B）

ABB工业机器人PROFIBUS配置具体操作步骤如下：

1）单击ABB主菜单，选择“控制面板”，如图2-8所示。

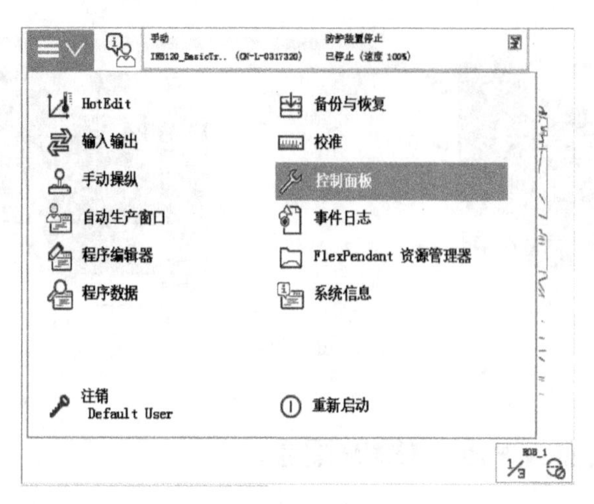

图 2-8

2）选择“配置”，如图 2-9 所示。

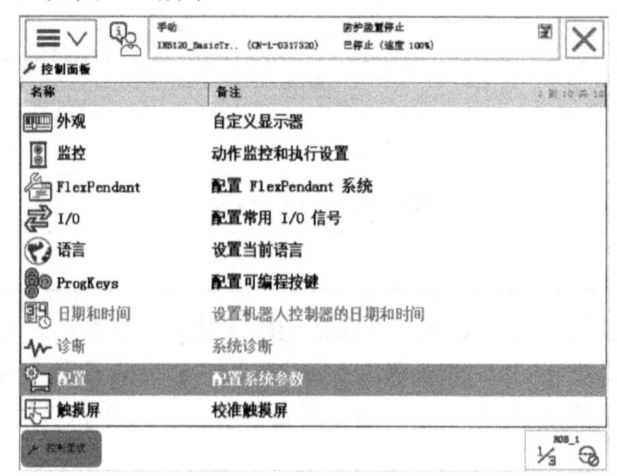

图 2-9

3）双击“Industrial Network”，如图 2-10 所示。

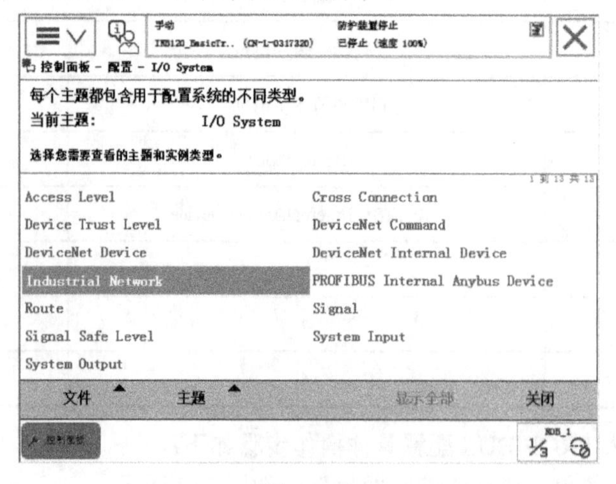

图 2-10

4）双击“PROFIBUS_Anybus”，如图 2-11 所示。

图　2-11

5）双击“Address”，如图 2-12 所示。

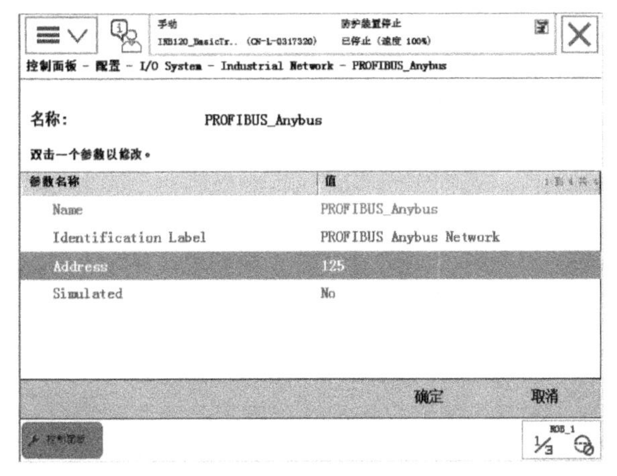

图　2-12

6）输入“8”，然后单击“确定”，如图 2-13 所示。

图　2-13

7）单击“确定”，如图 2-14 所示。

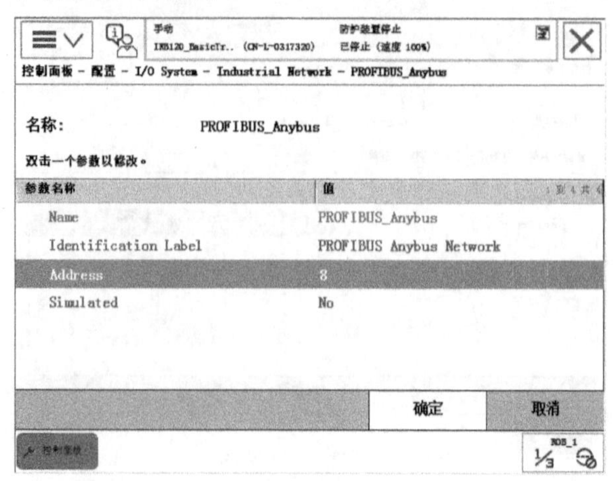

图 2-14

8）单击“否”，待所有参数设定完毕再重启，如图 2-15 所示。

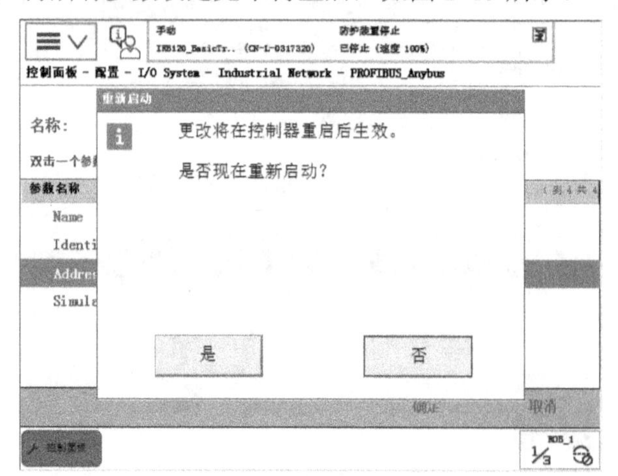

图 2-15

9）单击“后退”，如图 2-16 所示。

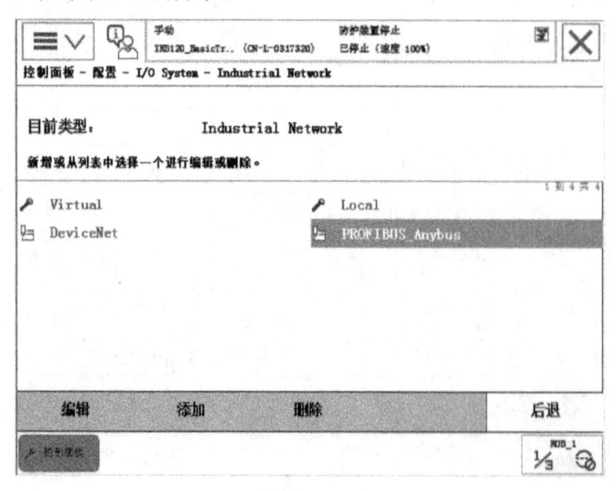

图 2-16

10）双击“PROFIBUS Internal Anybus Device”，如图 2-17 所示。

图　2-17

11）双击“PB_Internal_Anybus”，如图 2-18 所示。

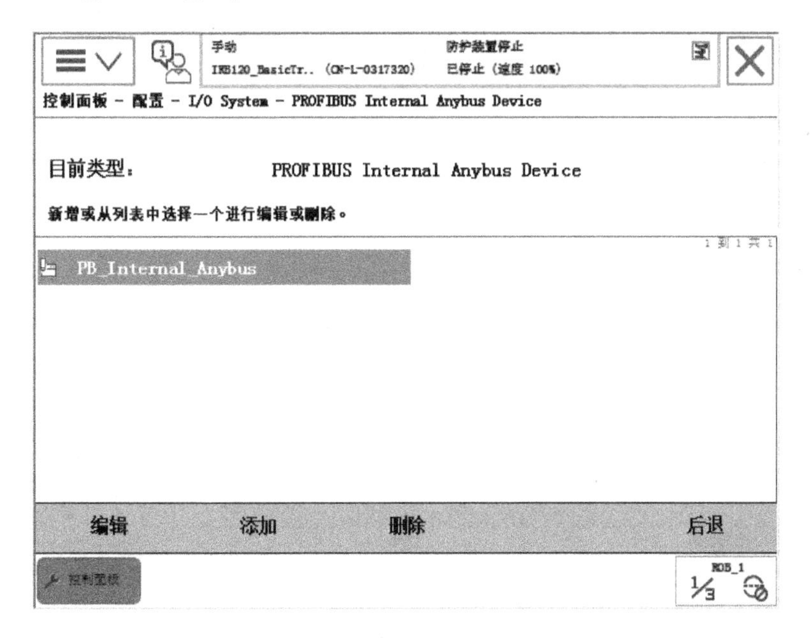

图　2-18

12）将“Input Size（bytes）”和“Output Size（bytes）”设定为“4”。该工业机器人的 PROFIBUS 通信支持 32 个数字输入信号和 32 个数字输出信号，单击“确定”，如图 2-19 所示。

13）单击“是”，如图 2-20 所示。

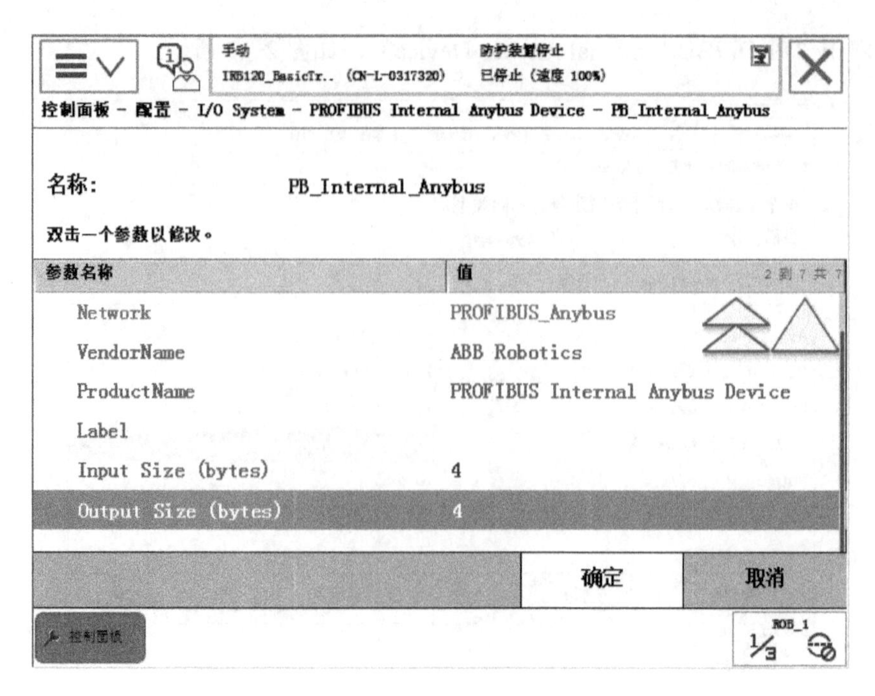

图 2-19

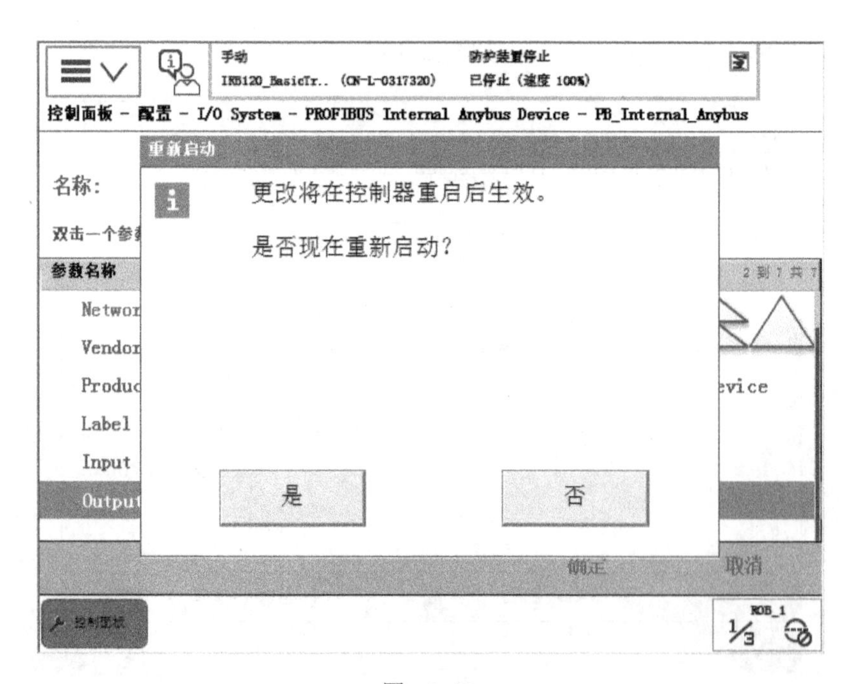

图 2-20

2.1.2 创建 PROFIBUS 的 I/O 信号

根据需要创建 ABB 工业机器人的输入、输出信号，本例中创建 32 个输入信号和 32 个输出信号。表 2-3 中定义了一个输入信号 di0，表 2-4 中定义了一个输出信号 do0。

表　2-3

参数名称	设定值	说明
Name	di0	信号名称
Type of Signal	Digitial Input	信号类型（数字输入信号）
Assign to Device	PB_Internal_Anybus	分配的设备
Device Mapping	0	信号地址

表　2-4

参数名称	设定值	说明
Name	do0	信号名称
Type of Signal	Digitial Output	信号类型（数字输出信号）
Assign to Device	PB_Internal_Anybus	分配的设备
Device Mapping	0	信号地址

创建 PROFIBUS I/O 信号的具体步骤如下：

1）添加输入信号 di0：双击“Signal”，单击“添加”，输入“di0”，双击“Type of Signal”，选择“Digital Input”，需要注意的是“Assigned to Device”选择“PB_Internal_Anybus”，“Device Mapping”设为 0，如图 2-21 ～图 2-23 所示。按前面方法可以继续创建输入信号 di1 ～ di31。

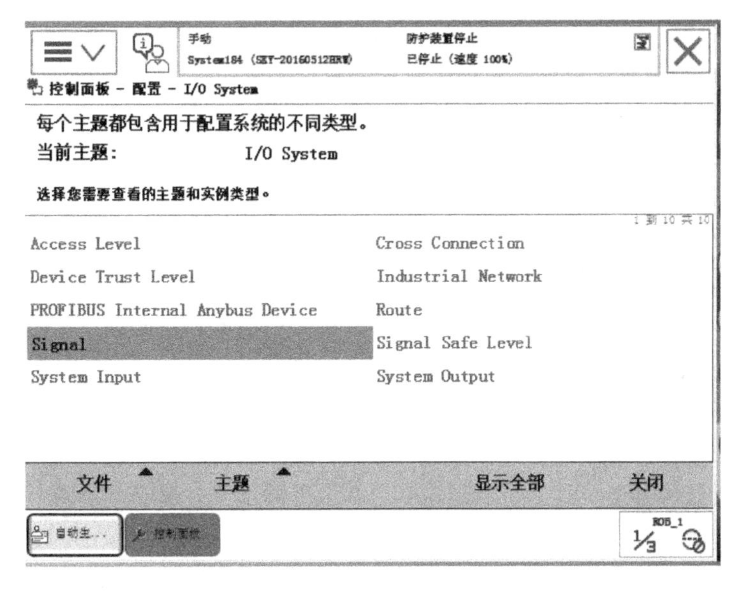

图　2-21

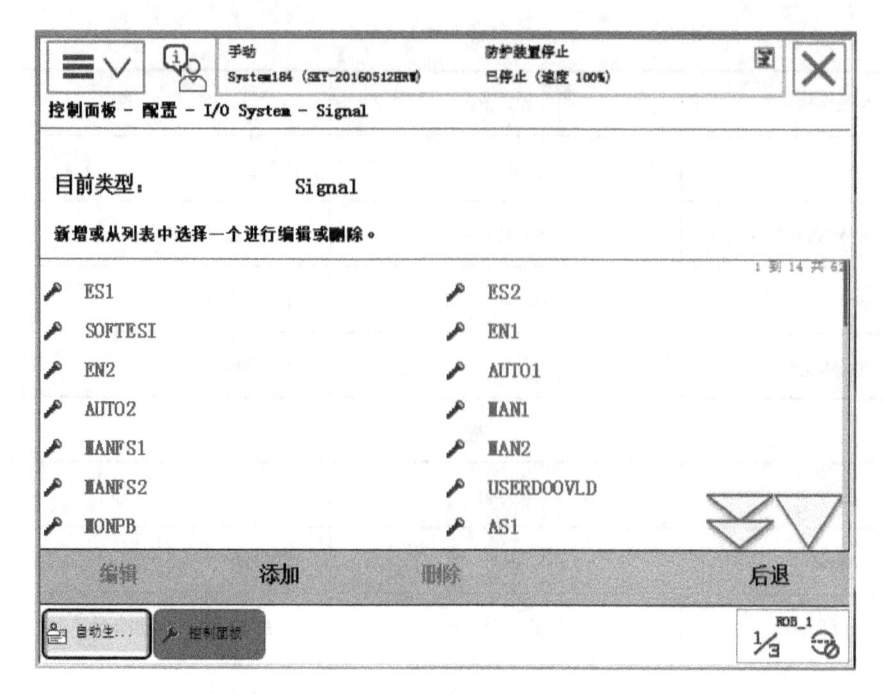

图 2-22

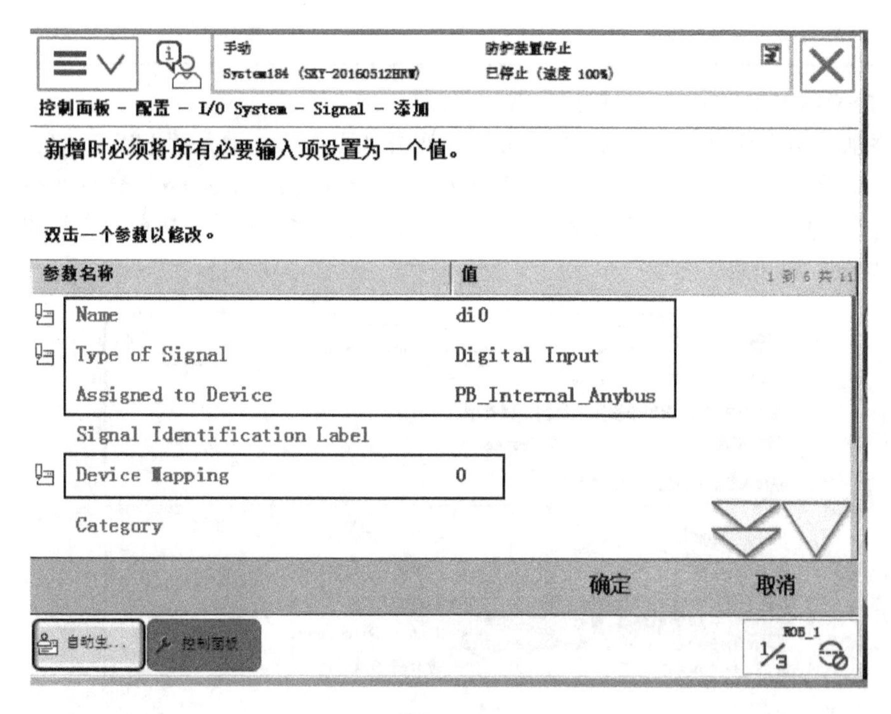

图 2-23

2）添加输出信号 do0：双击“Signal”，单击“添加”，输入“do0”，双击“Type of Signal”，选择“Digital Output”，需要注意的是“Assigned to Device”选择“PB_Internal_Anybus”，“Device Mapping”设为 0，如图 2-24 所示。按前面方法可以继续创建输出信号 do1 ～ do31。

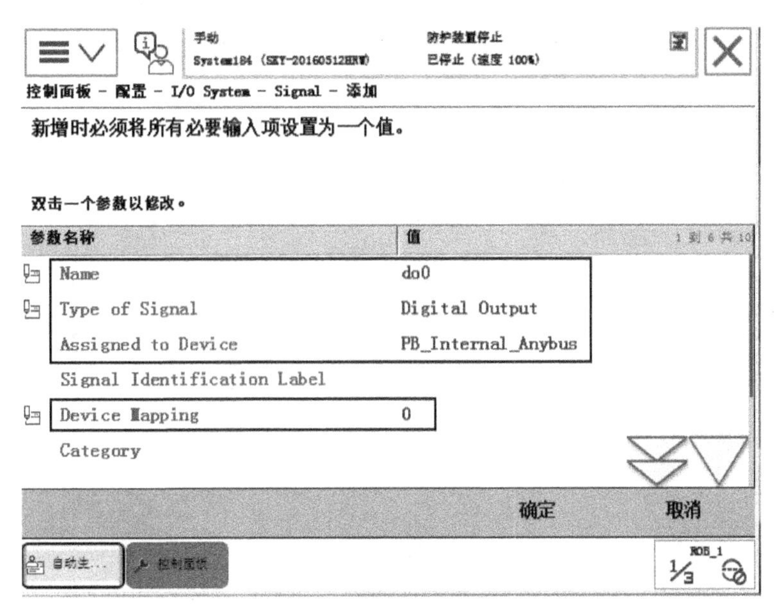

图　2-24

2.1.3　PLC 配置

TIA 博途是西门子公司推出的面向工业自动化领域的新一代工程软件平台，主要包括 SIMATIC STEP7、SIMATIC WinCC、SIMATIC StartDrive 三个部分。

1. PLC 配置前的准备工作

将 ABB 工业机器人的 DSQC667 配置文件（即 GSD 文件）安装到 PLC 组态软件中。具体步骤如下：

1）选择“FlexPendant 资源管理器”，如图 2-25 所示。

图　2-25

ABB 的 GSD 文件保存路径为：PRODUCTS/RobotWare_6XX/utility/service/GSD，如图 2-26 所示，找到 GSD 下的 HMS_1811.gsd 文件。

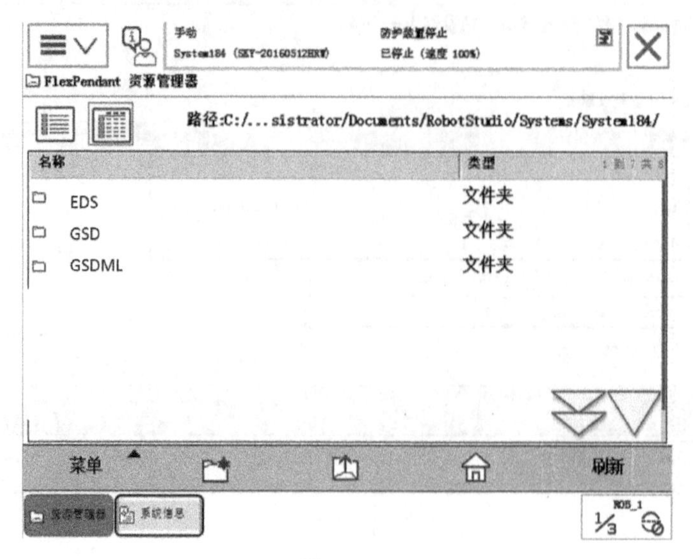

图 2-26

2）用 U 盘将 HMS_1811.gsd 复制出来，保存到计算机中。

2. 创建项目

打开 TIA 博途软件，选择“启动”，单击“创建新项目”，在“项目名称”中输入创建的项目名称（本例为项目 3），如图 2-27、图 2-28 所示，单击“创建”按钮。

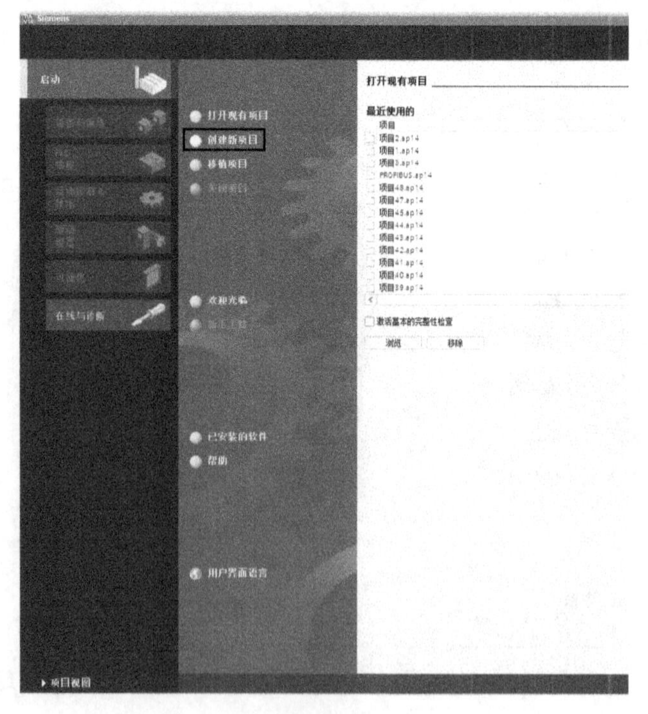

图 2-27

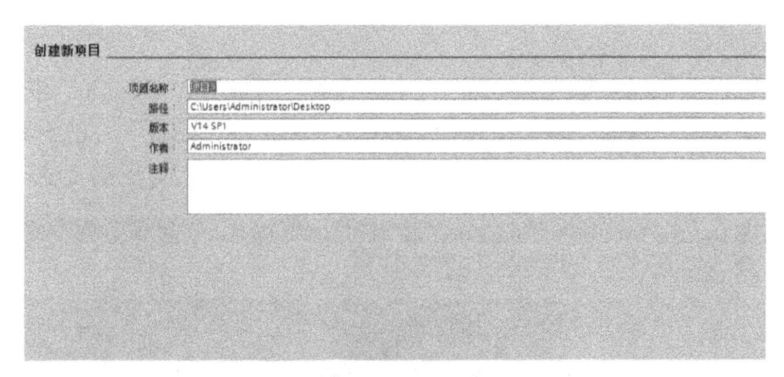

图　2-28

3. 安装 GSD 文件

当博途软件需要配置第三方设备进行PROFIBUS通信时（例如和ABB工业机器人通信），需要安装第三方设备的 GSD 文件。

在项目对话框中单击“选项”，选择“管理通用站描述文件（GSD）”命令，选中“hms_1811.gsd”，单击“安装”，如图 2-29、图 2-30 所示，将 ABB 工业机器人的 GSD 文件安装到博途软件中。

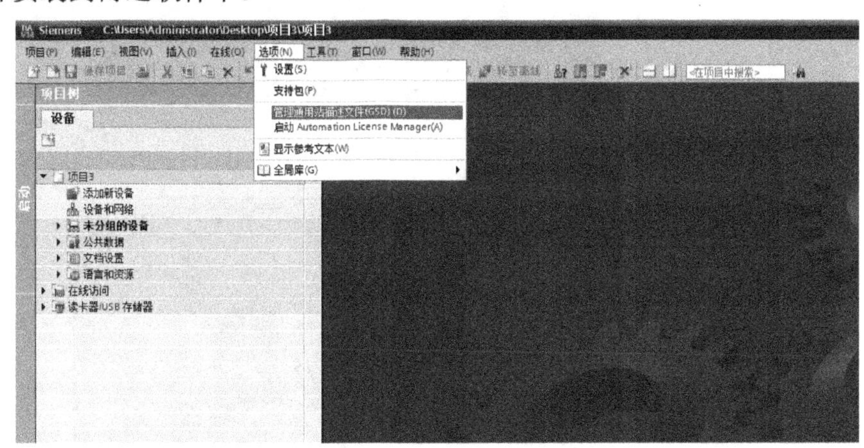

图　2-29

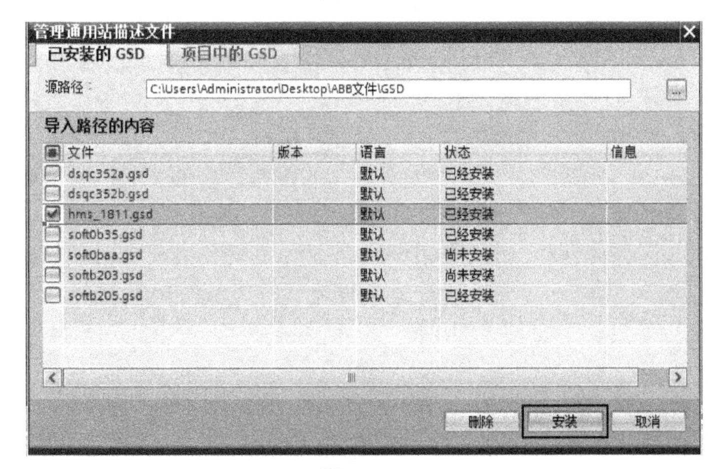

图　2-30

4. 添加 PLC

单击“添加新设备”，选择“控制器”，本例选择“SIMATIC S7-300”中的“CPU314C-2 PN/DP”，选择订货号“6ES7 314-6EH04-0AB0”，版本为“V3.3”，注意订货号和版本号要与实际的 PLC 一致，单击“确定”，打开设备视图，如图 2-31 ～图 2-33 所示。

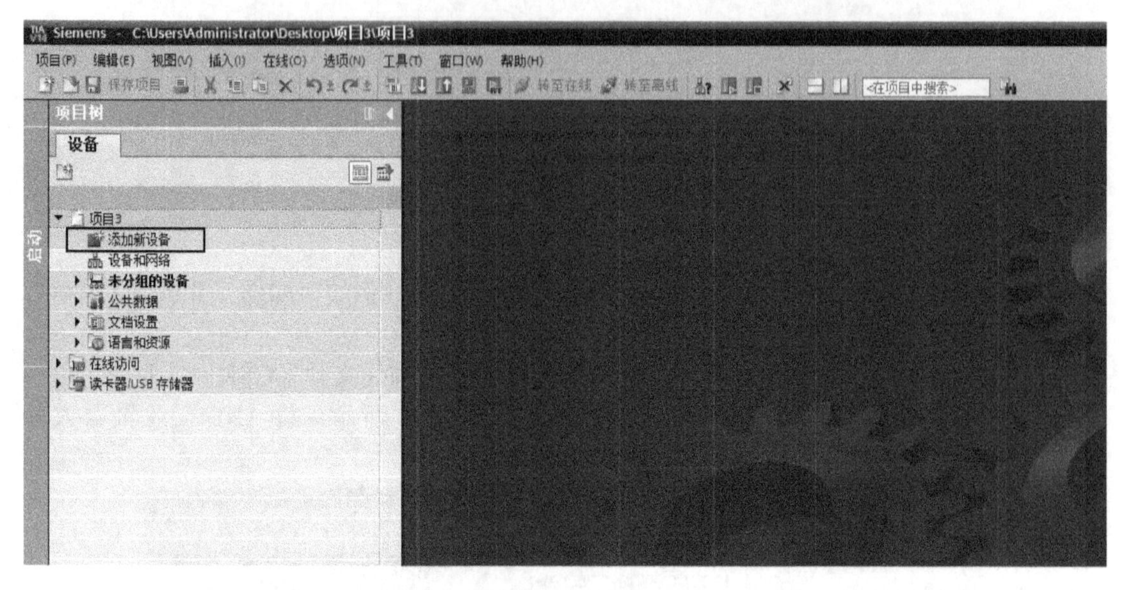

图 2-31

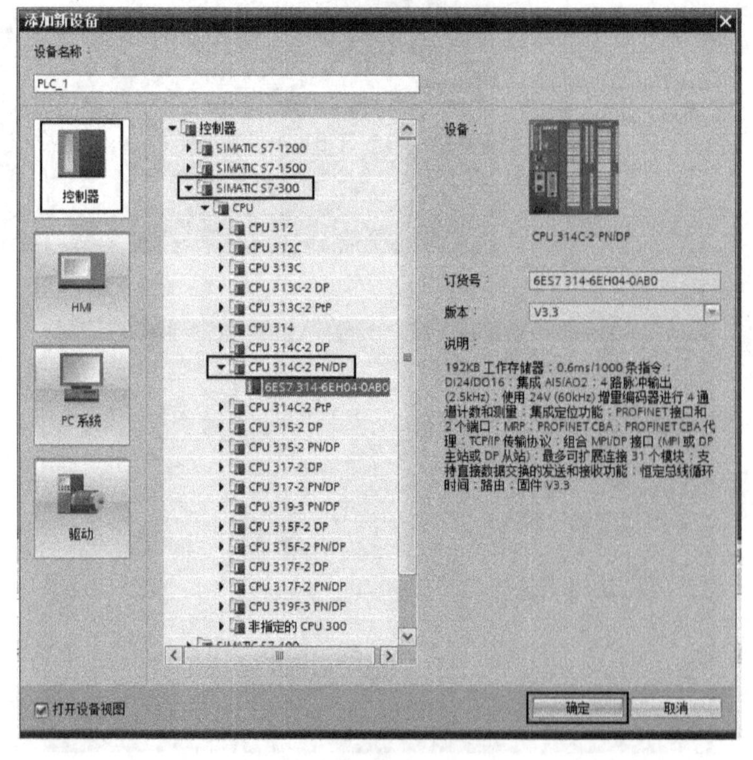

图 2-32

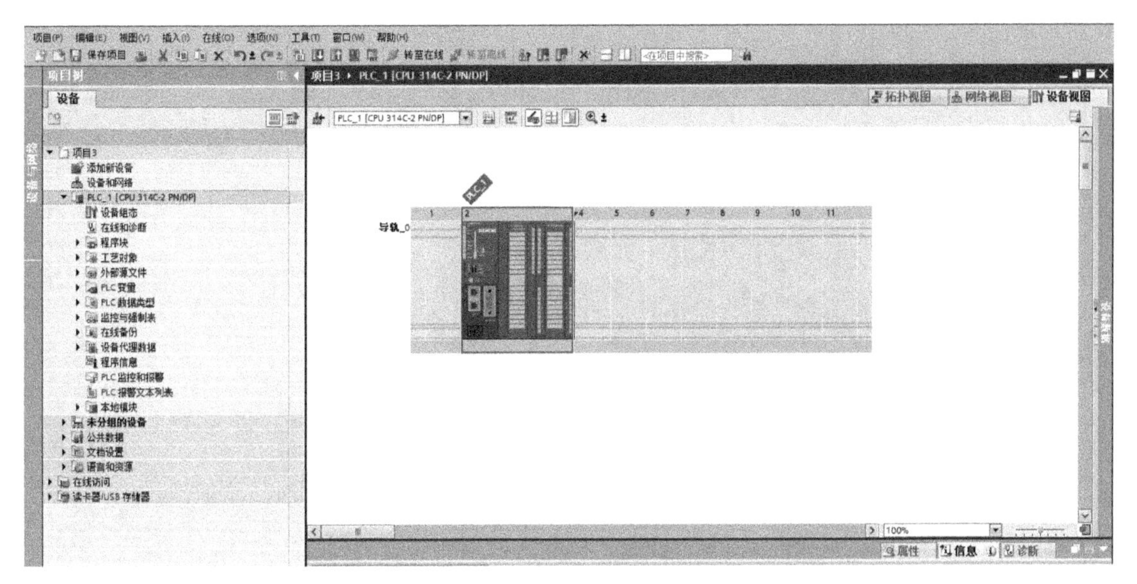

图　2-33

5. 添加 ABB 工业机器人

在“网络视图”选项卡中，依次选择“其它现场设备”→“PROFIBUS DP”→“常规”→“HMS Industrial Networks”→“Anybus-CC PROFIBUS DP-V1”，将图标“Anybus-CC PROFIBUS DP-V1”拖入“网络视图”中，如图 2-34 所示。在“属性”选项卡中设置“PROFIBUS 地址”为“8”，注意与 ABB 工业机器人示教器设置的地址相同，如图 2-35 所示。

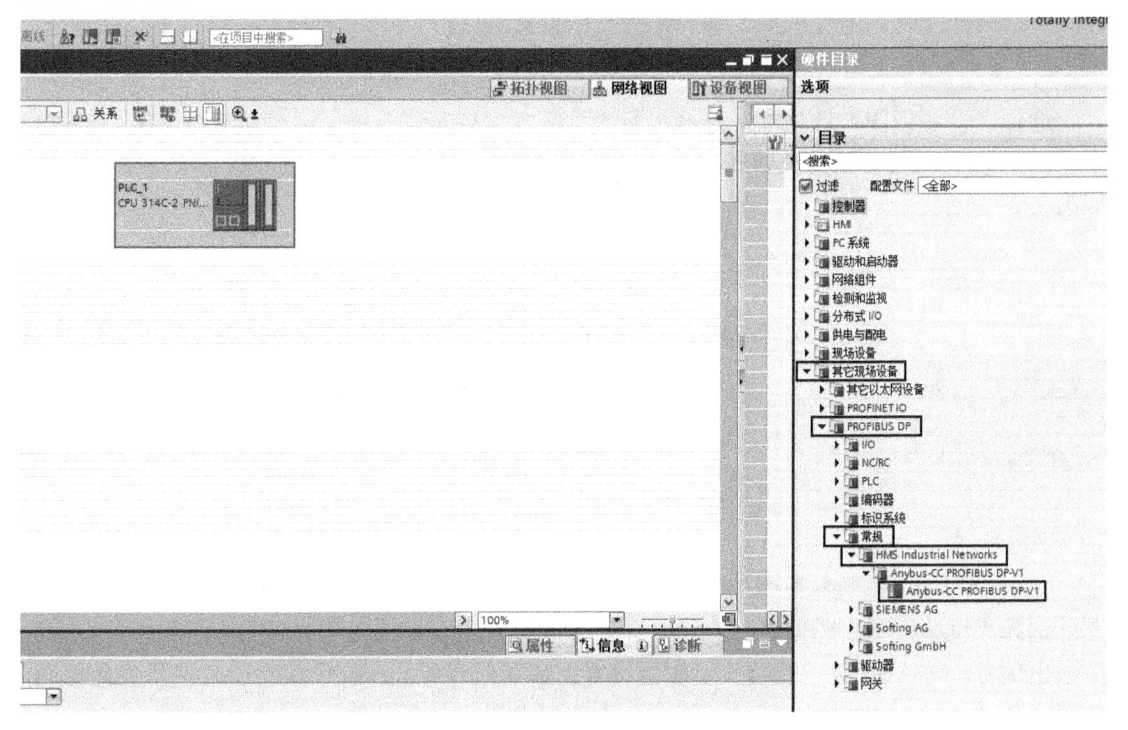

图　2-34

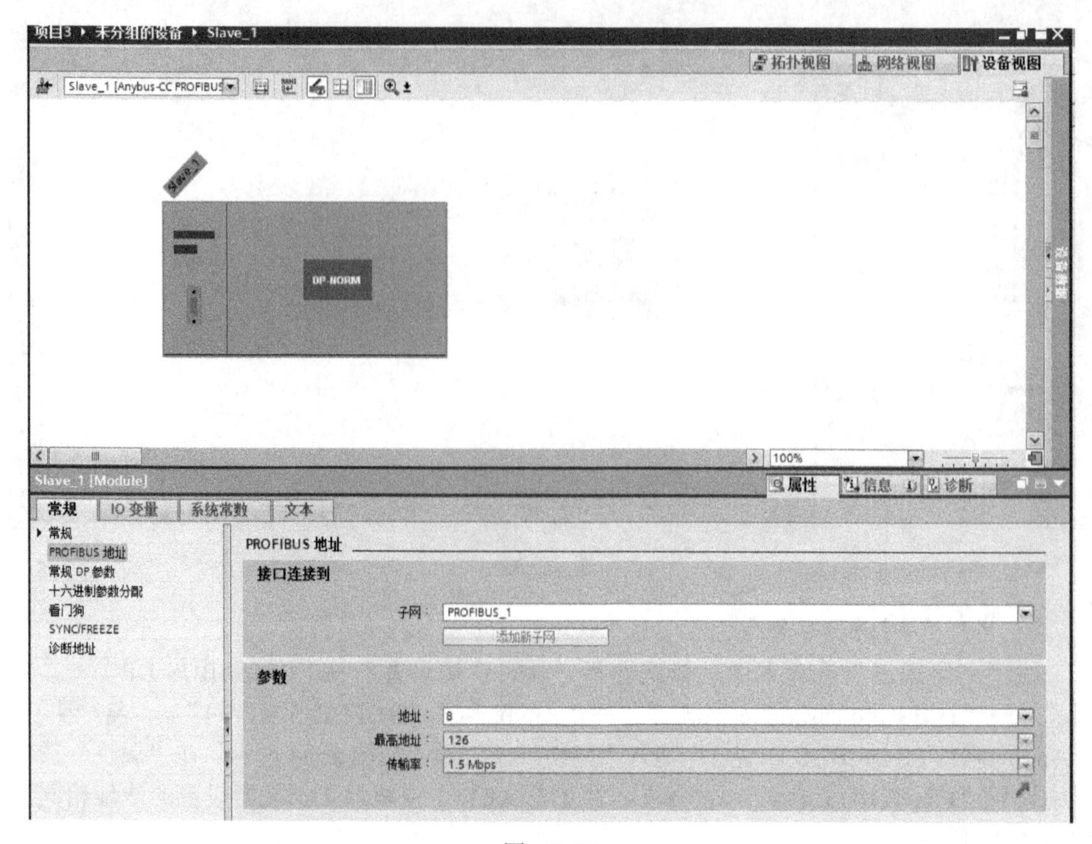

图 2-35

6. 设置ABB工业机器人通信输入信号

选择“设备视图”选项卡，选择“目录”下的“input 1 byte”，连续输入4B，包含32个输入信号，与ABB工业机器人示教器设置的输出信号do0～do31相对应，信号数量相同，如图2-36所示。

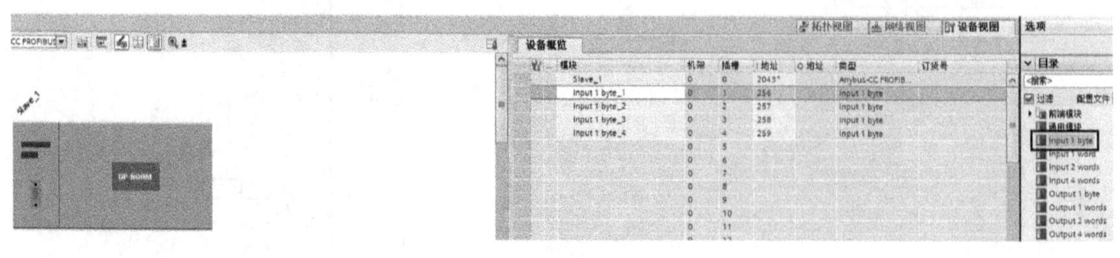

图 2-36

7. 设置ABB工业机器人通信输出信号

选择“设备视图”选项卡，选择“目录”下的“output 1 byte”，连续输出4B，包含32个输出信号，与ABB工业机器人示教器设置的输入信号di0～di31相对应，信号数量相同，如图2-37所示。

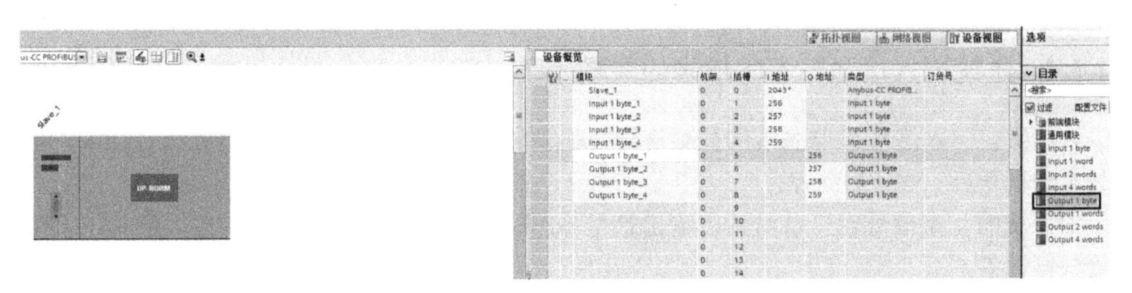

图　2-37

8. ***建立 PLC 与 ABB 工业机器人 PROFIBUS 通信***

用鼠标点住 PLC 的粉色 PROFIBUS DP 通信口，拖至“Anybus-CC PROFIBUS DP-V1”粉色PROFIBUS DP通信口上，即建立起PLC和ABB工业机器人之间的PROFIBUS通信连接，如图 2-38 所示。表 2-5 中机器人输出信号地址和 PLC 输入信号地址等效，机器人输入信号地址和 PLC 输出信号地址等效。所谓信号等效是指它们同时通断。例如 ABB 工业机器人中 Device Mapping 为 0 的输出信号 do0 和 PLC 的 I256.0 信号等效，Device Mapping 为 0 的输入信号 di0 和 PLC 的 Q256.0 信号等效。

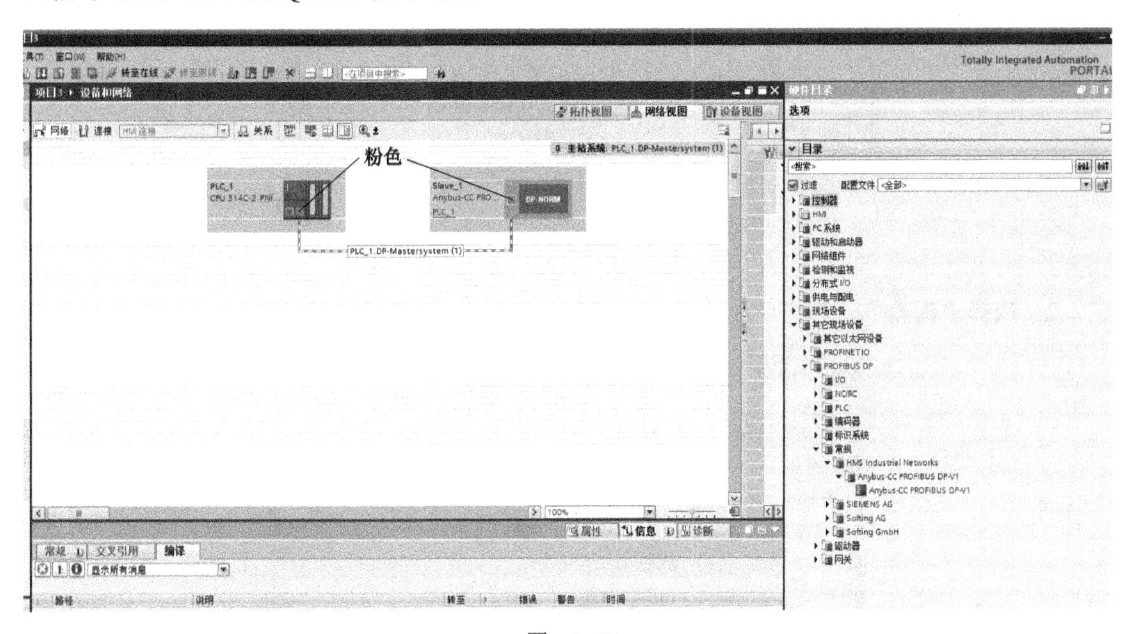

图　2-38

表　2-5

机器人输出信号地址	PLC 输入信号地址	机器人输入信号地址	PLC 输出信号地址
0, …, 7 ←→ PIB256		0, …, 7 ←→ PQB256	
8, …, 15 ←→ PIB257		8, …, 15 ←→ PQB257	
16, …, 23 ←→ PIB258		16, …, 23 ←→ PQB258	
24, …, 31 ←→ PIB259		24, …, 31 ←→ PQB259	

2.1.4　系统输入输出与 I/O 信号的关联

将数字输入信号 di 与系统的控制信号关联起来，可以对 ABB 工业机器人进行控制，例如电动机开启、程序启动等。

系统的状态信号也可以与数字输出信号 do 关联起来，将 ABB 工业机器人的状态输出给外围设备。

下面建立系统输入“电动机开启”与数字输入信号 di1 的关联。具体步骤如下：

1）单击 ABB 主菜单，选择“控制面板”，如图 2-39 所示。

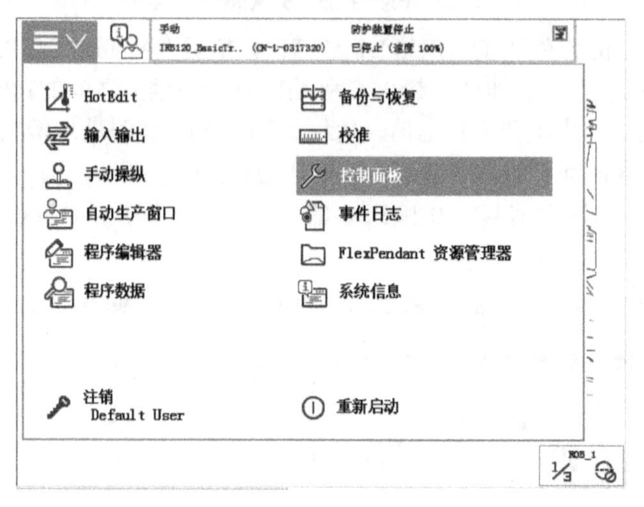

图　2-39

2）选择“配置”，双击“System Input”，如图 2-40、图 2-41 所示。

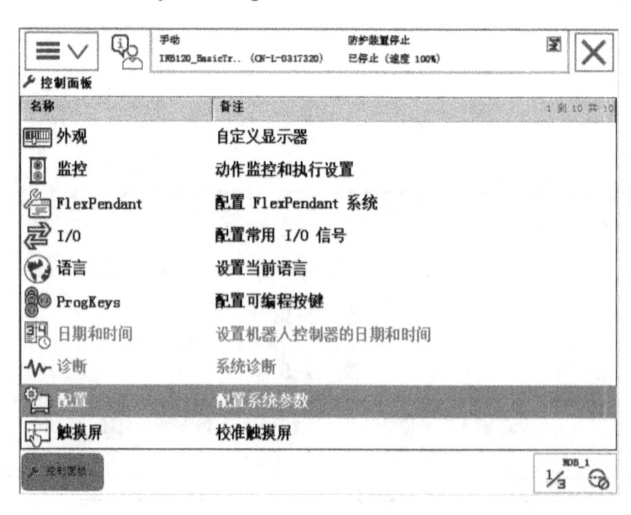

图　2-40

3）双击“添加”，如图 2-42 所示。

4）双击“Signal Name”，选择“di1”，单击“确定”，如图 2-43、图 2-44 所示。

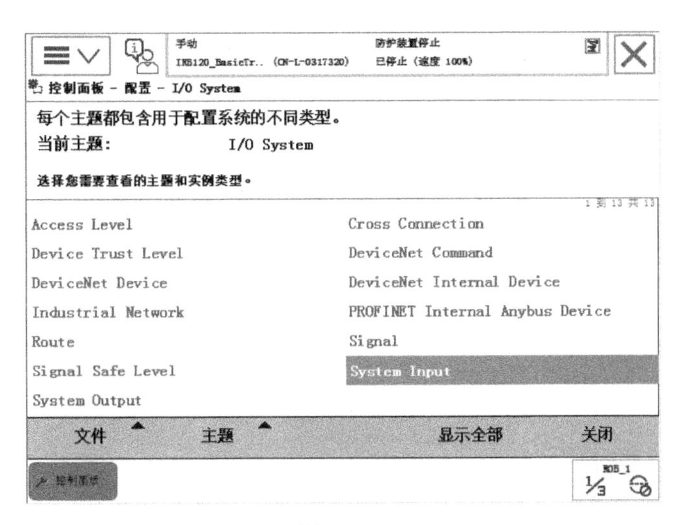

图　2-41

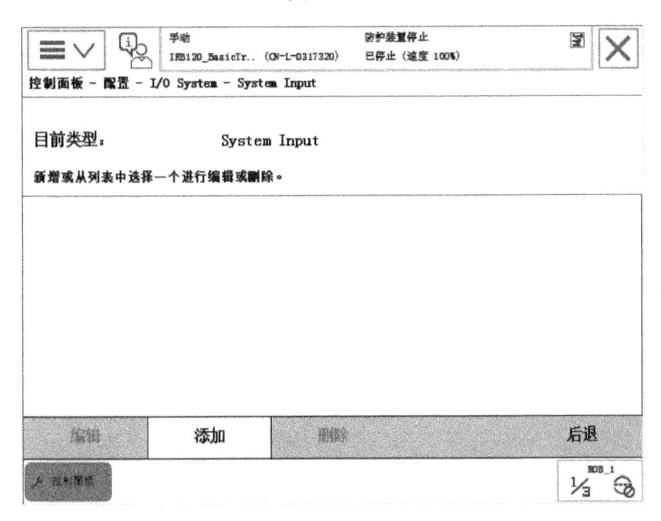

图　2-42

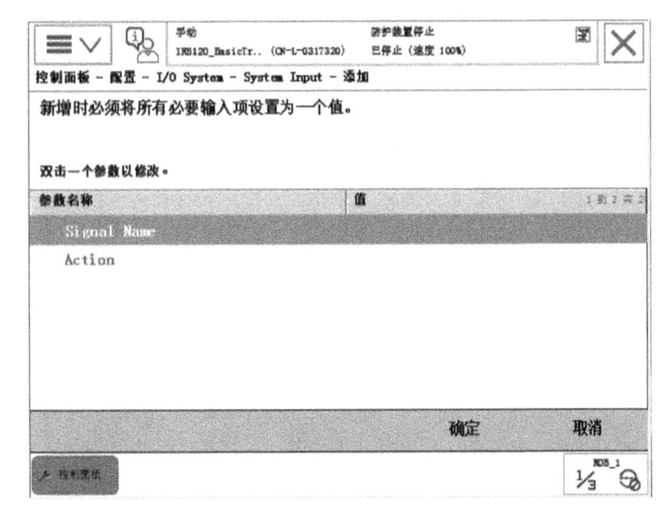

图　2-43

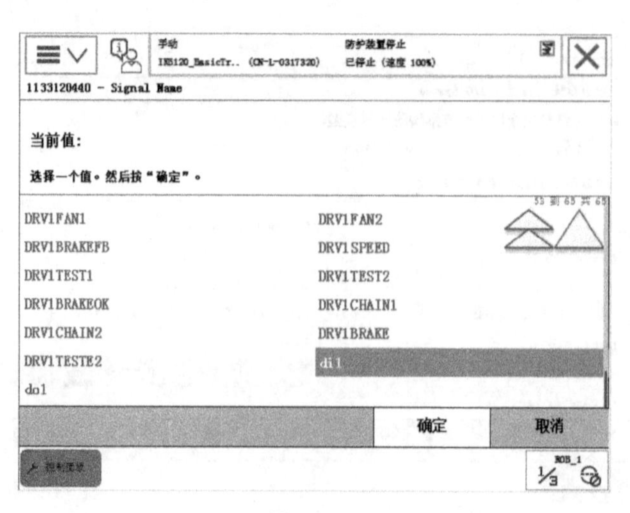

图 2-44

5）双击“Action”，选择“Motors On”，单击“确定”，如图2-45～图2-47所示。

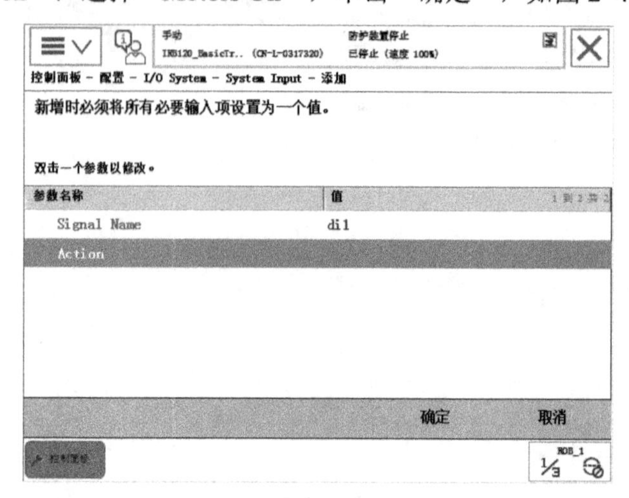

图 2-45

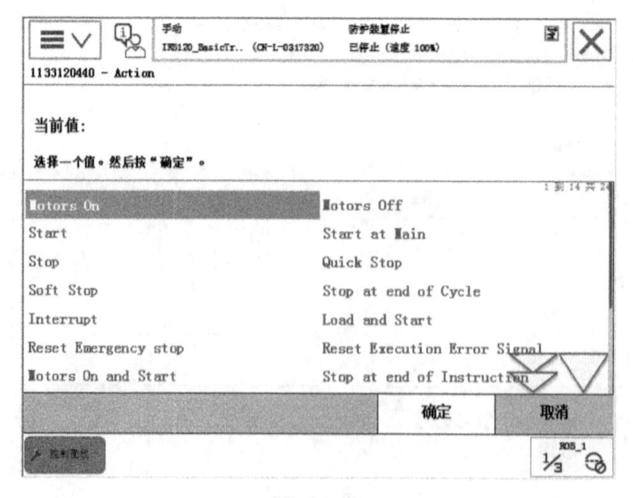

图 2-46

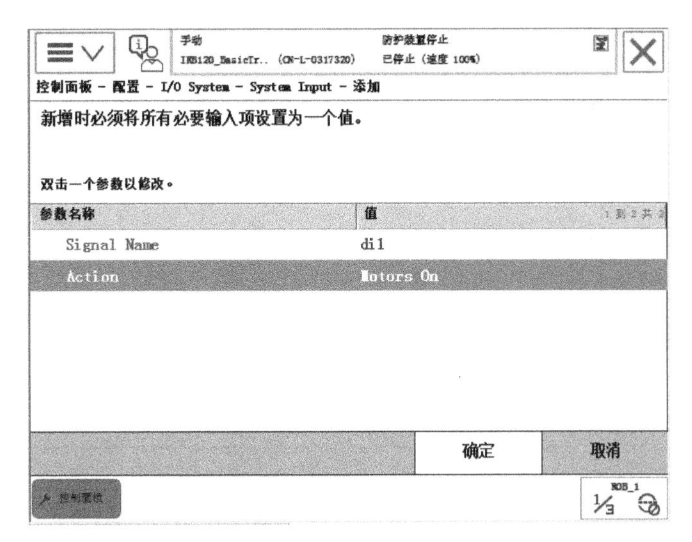

图　2-47

6）单击“是”，完成设置，如图 2-48 所示。

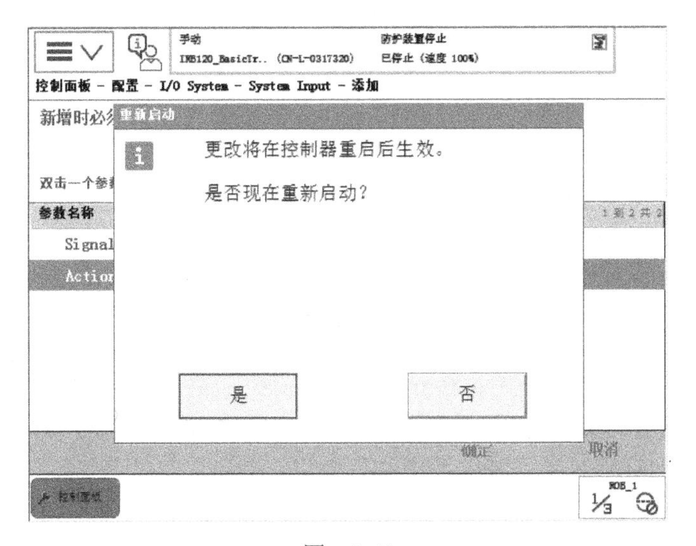

图　2-48

7）依次完成表 2-6 中的信号关联。

表　2-6

名称	关联信号	对应 PLC 信号	说明
di0	Start at Main（主程序启动）	Q256.0	从 Main 开始
di1	Motors On（电动机上电）	Q256.1	电动机上电
di2	Start（启动）	Q256.2	程序启动
di3	Stop（停止）	Q256.3	程序停止

2.1.5　PLC 编程

在博途软件中选择“程序块”，在 OB1 编写程序，如图 2-49 所示。

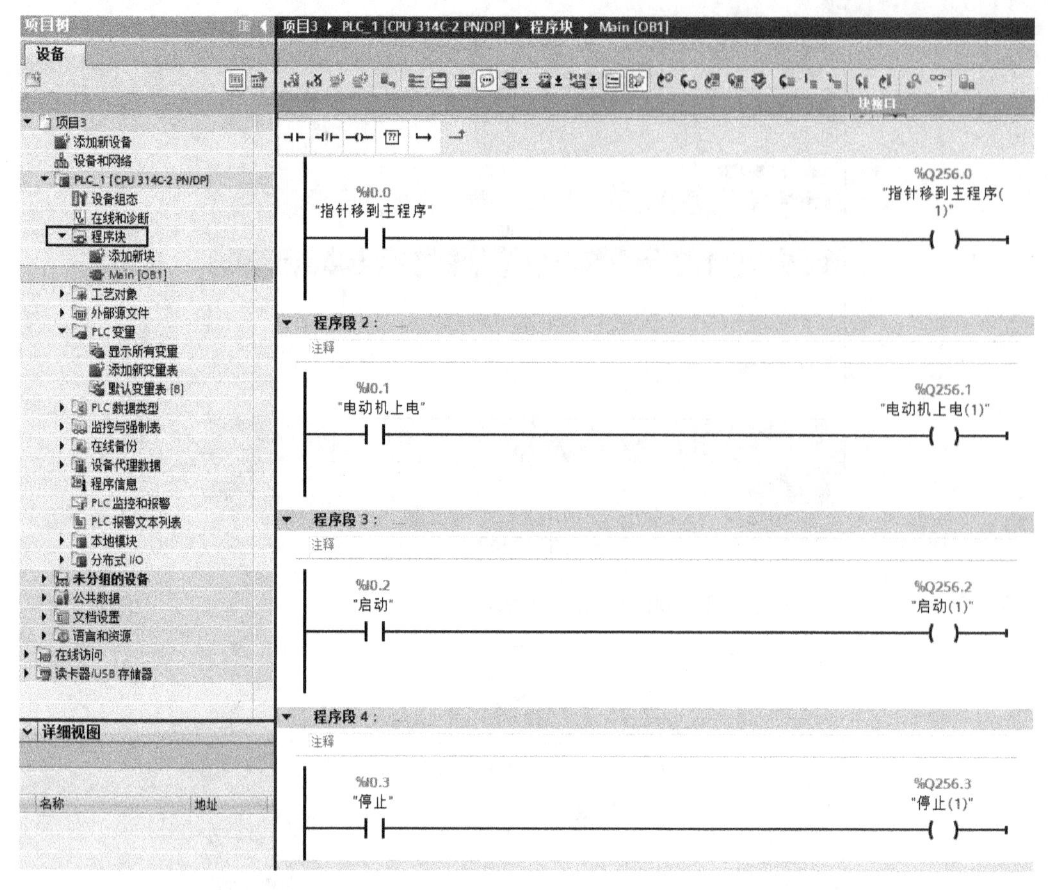

图 2-49

PLC 中 I0.0 导通，Q256.0 得电，同时 ABB 工业机器人中的 di0 为 1，因为 di0 与 Start at Main 关联，则 ABB 机器人开始执行 main 主程序。

PLC 中 I0.1 导通，Q256.1 得电，同时 ABB 工业机器人中的 di1 为 1，因为 di1 与 Motors On 关联，则 ABB 机器人各关节电动机得电。

PLC 中 I0.2 导通，Q256.2 得电，同时 ABB 工业机器人中的 di2 为 1，因为 di2 与 Start 关联，则 ABB 工业机器人执行程序。

PLC 中 I0.3 导通，Q256.3 得电，同时 ABB 工业机器人中的 di3 为 1，因为 di3 与 Stop 关联，则 ABB 工业机器人停止执行程序。

2.2 ABB 工业机器人与西门子 PLC 的 PROFINET 通信

PROFINET 是 Process Field Net 的简称。PROFINET 基于工业以太网技术，使用 TCP/IP 和 IT 标准，是一种实时以太网技术，基于设备名字的寻址。也就是说，需要给设备分配名字和 IP 地址。

ABB 工业机器人的 PROFINET 通信选项如下：

（1）888-2 PROFINET Controller/Device 该选项支持机器人同时作为控制器 / 设备（Controller/Device），机器人不需要额外的硬件，可以直接使用控制器上的 LAN3 和

WAN 端口，如图 2-50 中的 X5 和 X6 端口。控制柜部分接口详细说明见表 2-7。

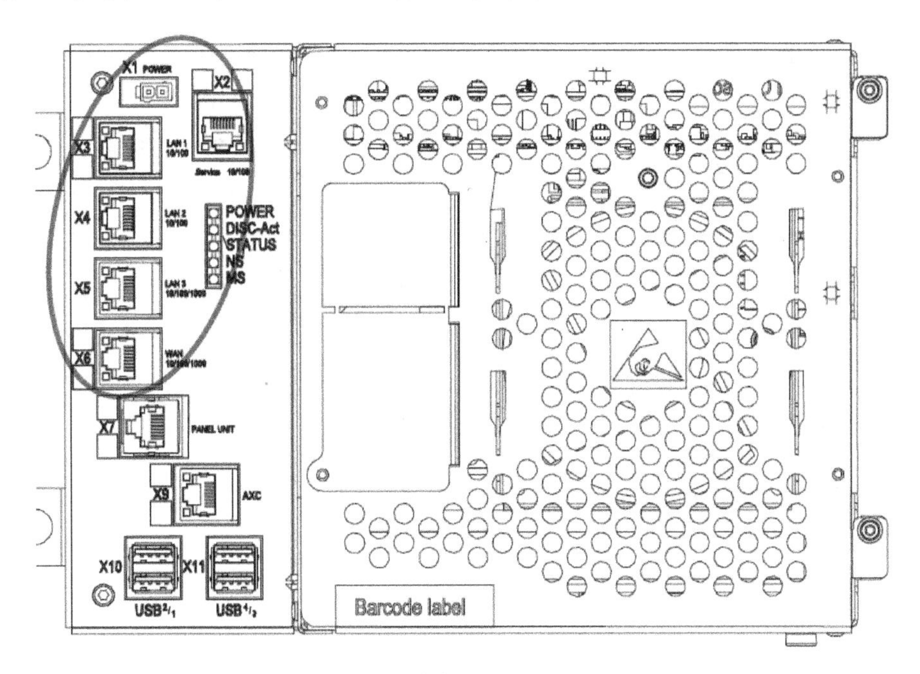

图　2-50

表　2-7

标签	名称	作用
X2	Service Port	服务端口，IP 地址固定为 192.168.125.1，可以使用 RobotStudio 等软件连接
X3	LAN1	连接示教器
X4	LAN2	通常内部使用，如连接新的 I/O DSQC1030 等
X5	LAN3	可以配置为 PROFINET/EtherNetIP/ 普通 TCP/IP 等通信端口
X6	WAN	可以配置为 PROFINET/EtherNetIP/ 普通 TCP/IP 等通信端口
X7	PANEL UNIT	连接控制柜的安全板
X9	AXC	连接控制柜内的轴计算机

（2）888-3 PROFINET Device　该选项仅支持机器人作为设备（Device），机器人不需要额外的硬件。

（3）840-3 PROFINET Anybus Device　该选项仅支持机器人作为设备（Device），机器人需要额外的硬件 PROFINET Anybus Device，如图 2-51 所示的 DSQC688。

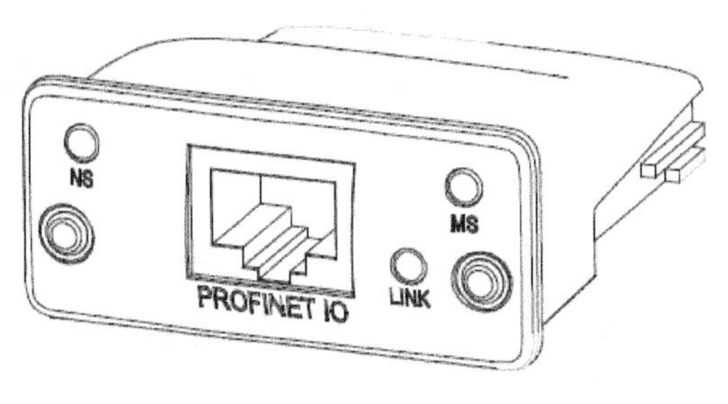

图　2-51

2.2.1 ABB 工业机器人通过 DSQC688 模块与 PLC 进行 PROFINET 通信

ABB 工业机器人需要有 840-3 PROFINET Anybus Device 选项，才能作为设备通过 DSQC688 模块进行 PROFINET 通信，如图 2-52 所示。硬件连接如图 2-53、图 2-54 所示。

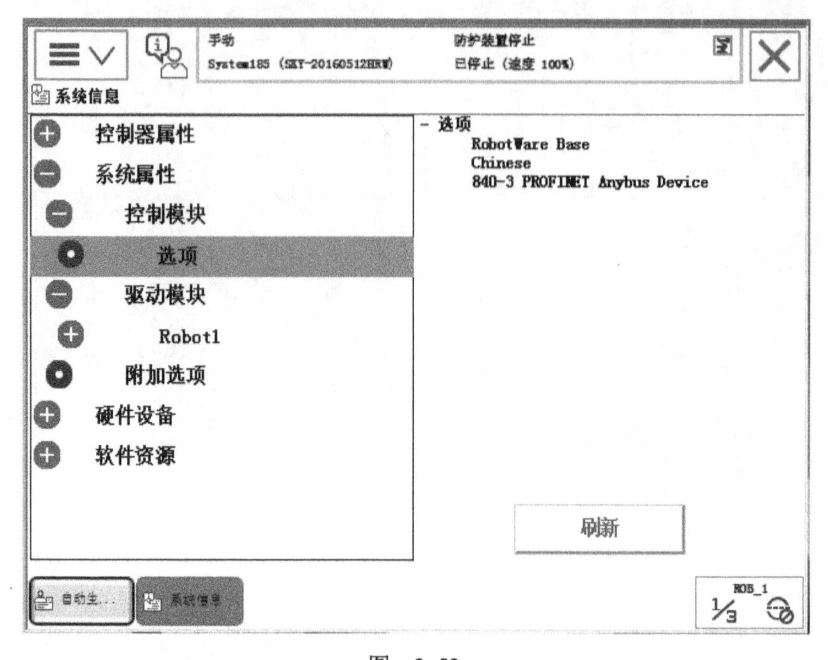

图 2-52

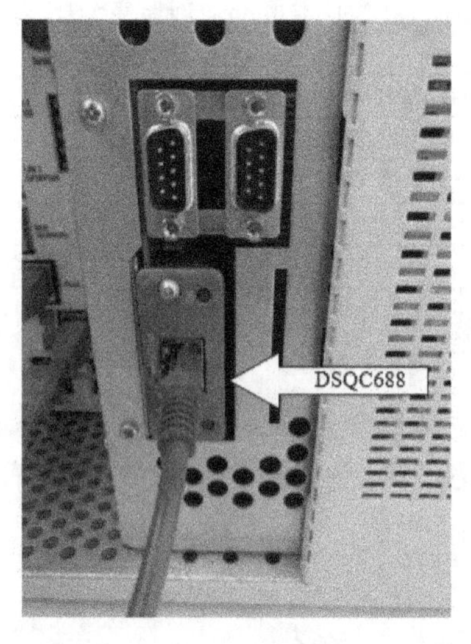

图 2-53

图 2-54

2.2.1.1 ABB 工业机器人通过 DSQC688 进行 PROFINET 通信的配置

在表 2-8 中设置机器人端 PROFINET 通信的输入输出字节大小。这里设置为 4B，表示本台 ABB 工业机器人与 PLC 通信支持 32 个数字输入和 32 个数字输出。该参数允许设置的最大值为 128，即最多支持 1024 个数字输入和 1024 个数字输出。

表　2-8

参数名称	设定值	说明
Name	PN_Internal_Anybus	板卡名称
Network	PROFINET_Anybus	总线网络
VendorName	ABB Robotics	供应商名称
Product Name	PROFINET Internal Anybus Device	产品名称
Label		标签
Input Size（bytes）	4	输入大小（单位：B）
OutputSize（bytes）	4	输出大小（单位：B）

ABB 工业机器人通过 DSQC688 进行 PROFINET 通信配置的具体步骤如下：

1）单击 ABB 主菜单，选择“控制面板”，如图 2-55 所示。

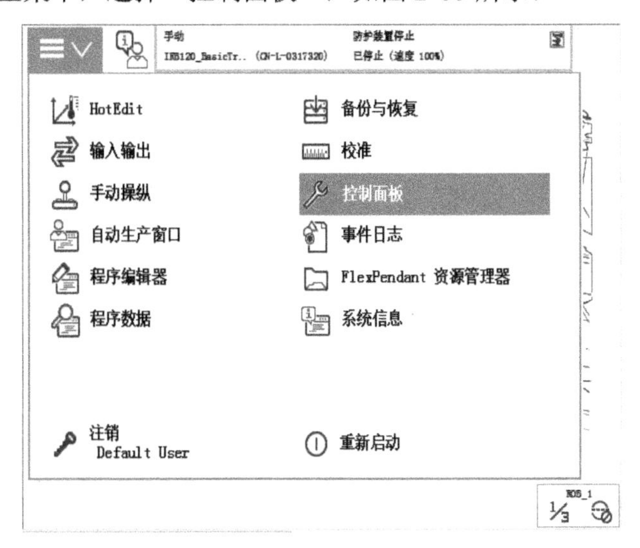

图　2-55

2）选择“配置”，如图 2-56 所示。

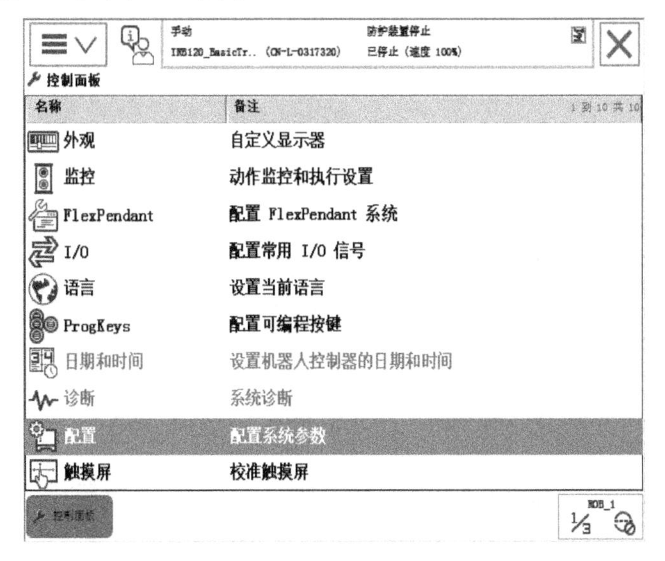

图　2-56

3）双击图 2-57 的“Industrial Network”，选择“PROFINET_Anybus”，如图 2-58 所示。

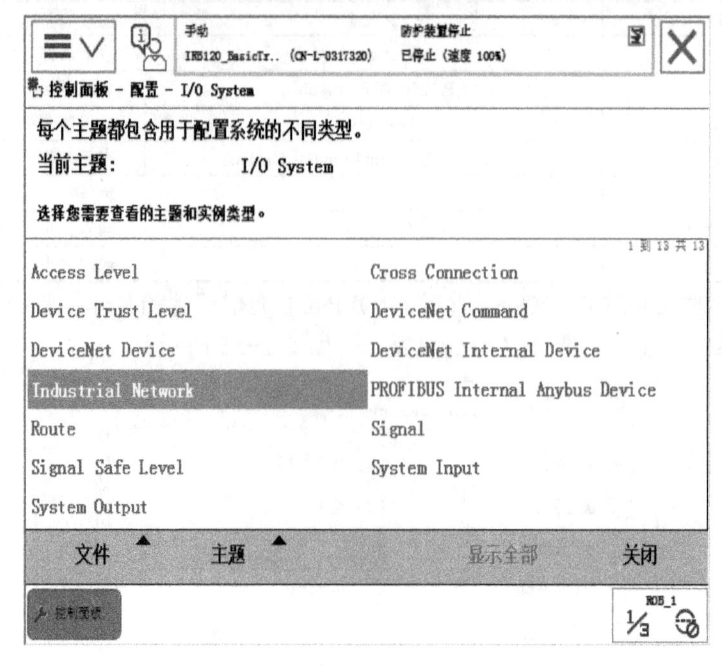

图 2-57

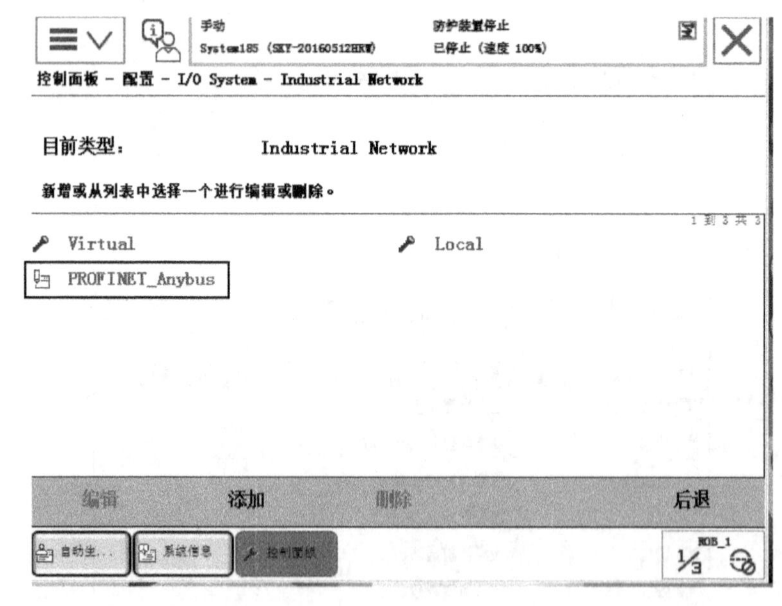

图 2-58

4）设置 ABB 工业机器人的 IP 地址“192.168.0.2”、子网掩码“255.255.255.0”，单击“确定”，如图 2-59 所示。

5）双击“PROFINET Internal Anybus Device”，如图 2-60 所示。

6）双击“PN_Internal_Anybus”，如图 2-61 所示。

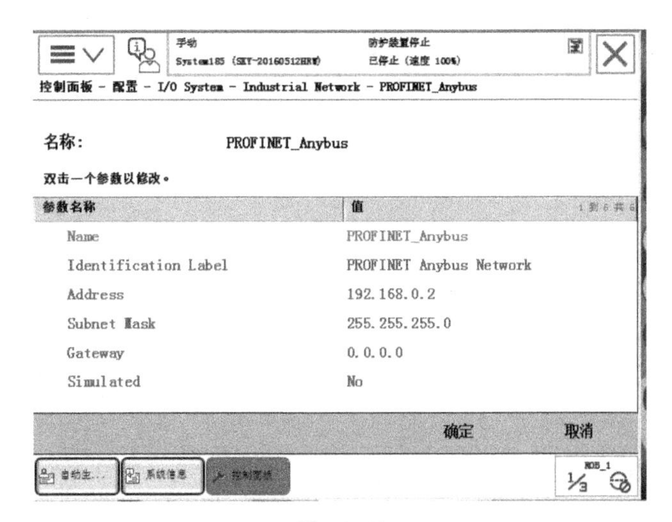

图　2-59

图　2-60

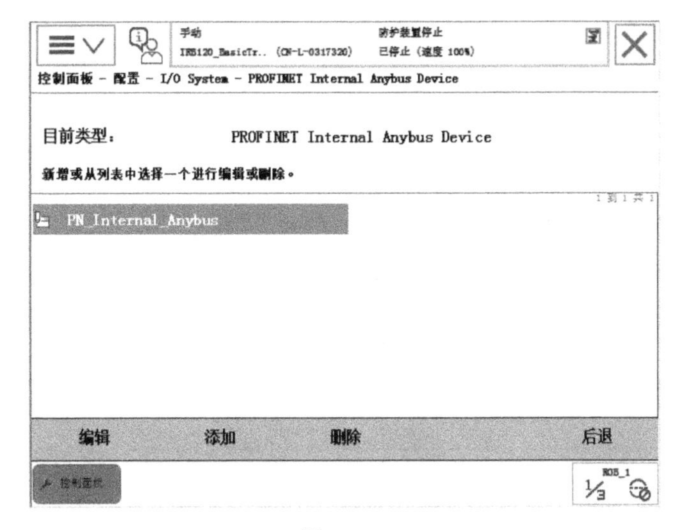

图　2-61

7）将“Input Size（bytes）”和“Output Size（bytes）”设定为“4”。该机器人的PROFINET通信支持32个数字输入信号和32个数字输出信号，如图2-62所示，单击“确定”。

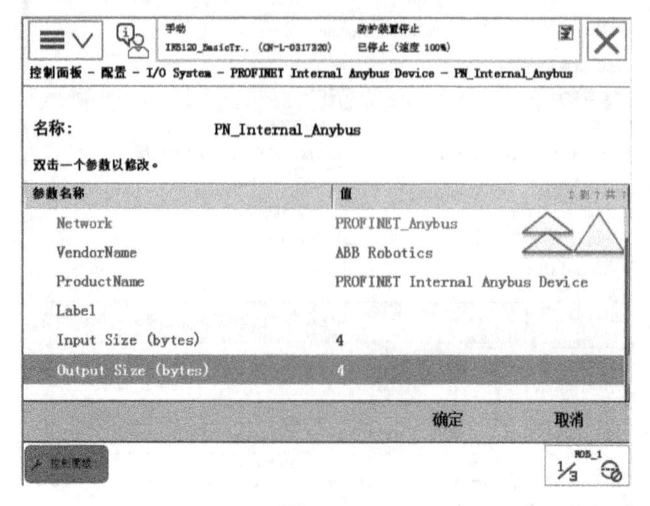

图 2-62

8）单击“是”，如图2-63所示。

图 2-63

2.2.1.2 创建 PROFINET 的 I/O 信号

根据需要创建 ABB 工业机器人的输入、输出信号，表2-9中定义了一个输入信号 di0，表2-10中定义了一个输出信号 do0。

表 2-9

参数名称	设定值	说明
Name	di0	信号名称
Type of Signal	Digital Input	信号类型（数字输入信号）
Assign to Device	PN_Internal_Anybus	分配的设备
Device Mapping	0	信号地址

表 2-10

参数名称	设定值	说明
Name	do0	信号名称
Type of Signal	Digital Output	信号类型（数字输出信号）
Assign to Device	PN_Internal_Anybus	分配的设备
Device Mapping	0	信号地址

创建 PROFINET I/O 信号的具体步骤如下：

1）添加输入信号 di0：双击“Signal”，单击“添加”，输入“di0”，双击“Type of Signal”，选择“Digital Input”，需要注意的是“Assigned to Device”选择“PN_Internal_Anybus”，“Device Mapping”设为 0，如图 2-64 ～图 2-66 所示。按前面方法可以继续设置输入信号 di1 ～ di31。

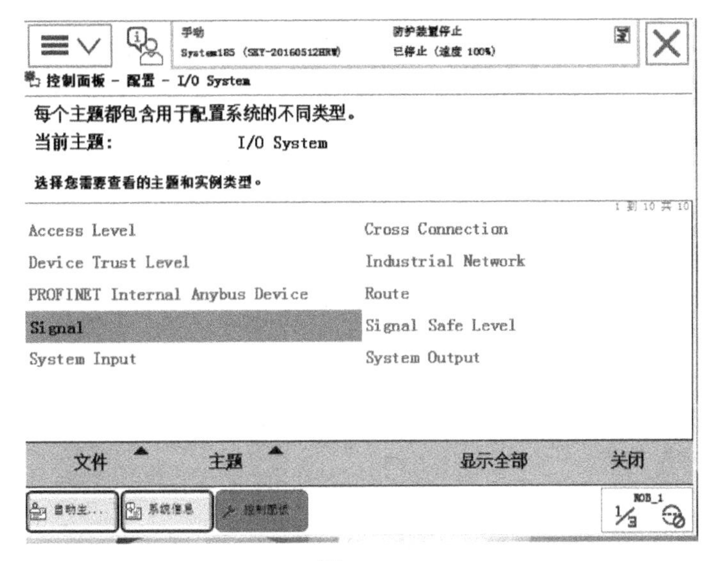

图 2-64

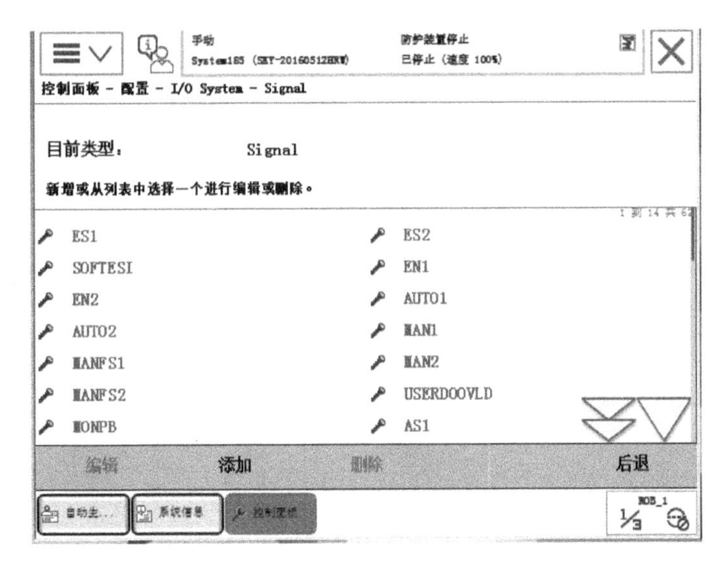

图 2-65

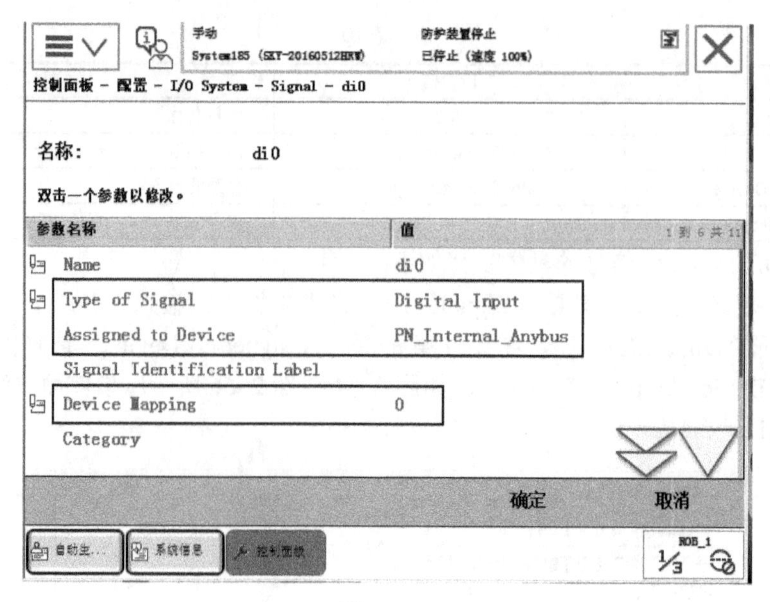

图 2-66

2）添加输出信号 do0：双击“Signal”，单击“添加”，输入“do0”，双击“Type of Signal”，选择“Digital Output”，需要注意的是“Assigned to Device”选择“PN_Internal_Anybus”，“Device Mapping”设为 0，如图 2-67 所示。按前面方法可以继续设置输入信号 do1 ～ do31。

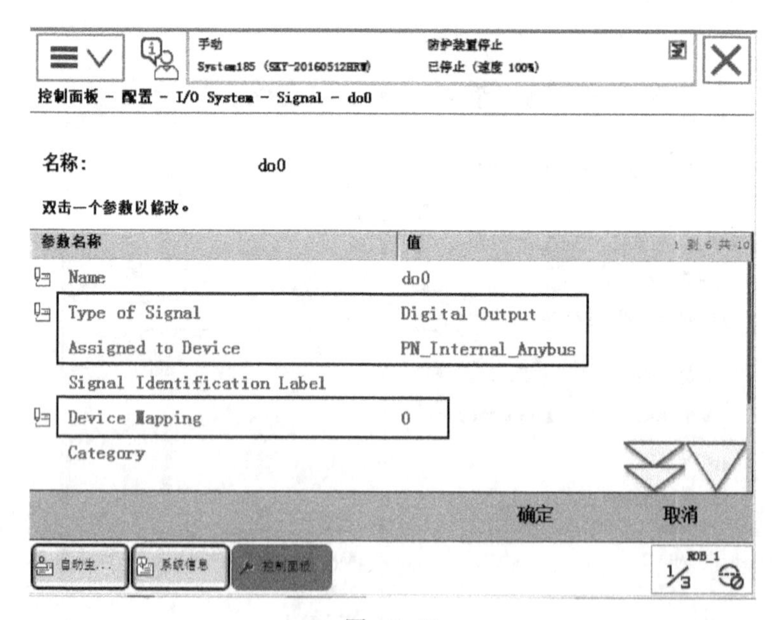

图 2-67

2.2.1.3 PLC 配置

1. PLC 配置前的准备工作

将 ABB 工业机器人的 DSQC688 配置文件（即 GSDML 文件）安装到 PLC 组态软件中。

1）选择“FlexPendant资源管理器”，如图2-68所示。

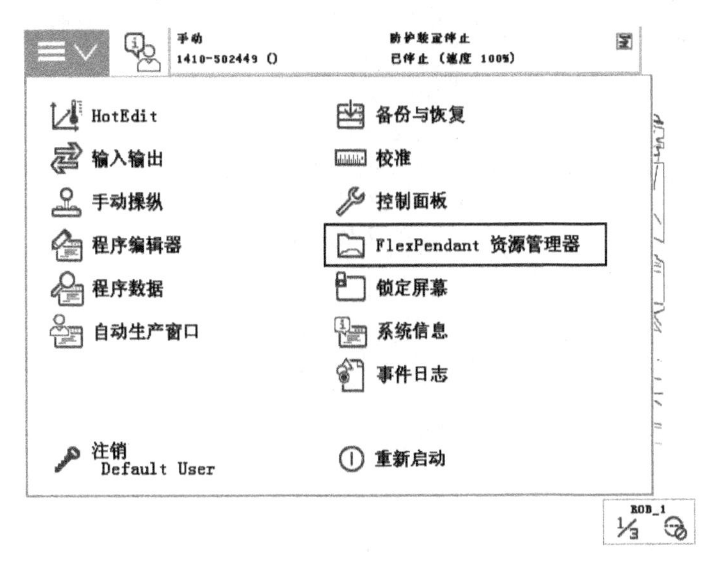

图 2-68

ABB的GSDML文件存放路径为PRODUCTS/RobotWare_6XX/utility/service/GSDML/GSDML-V2.0-PNET-FA-20100510.xml，如图2-69所示，找到GSDML下的GSDML-V2.0-PNET-FA-20100510.xml文件。

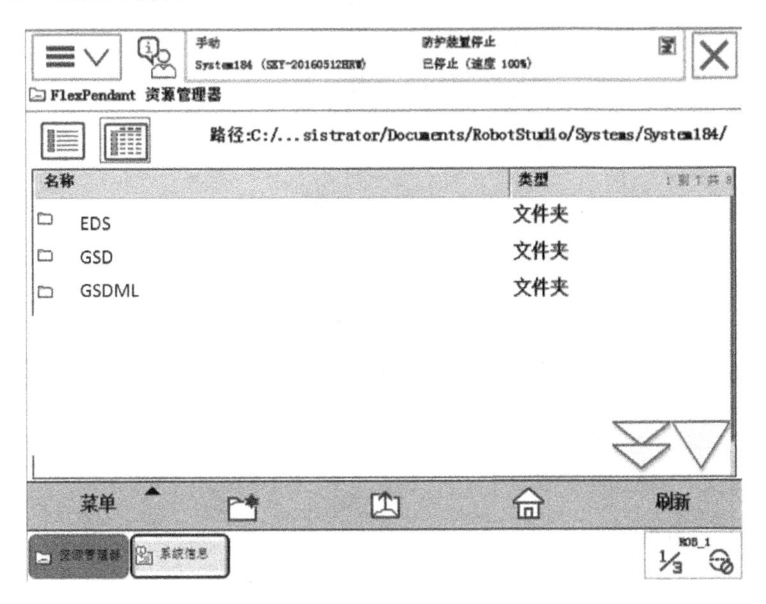

图 2-69

2）用U盘将GSDML-V2.0-PNET-FA-20100510.xml复制出来，保存到计算机中。

2. 创建项目

打开TIA博途软件，选择“启动”，单击“创建新项目”，在“项目名称”输入创建的项目名称（本例为项目3），如图2-70、图2-71所示，单击“创建”按钮。

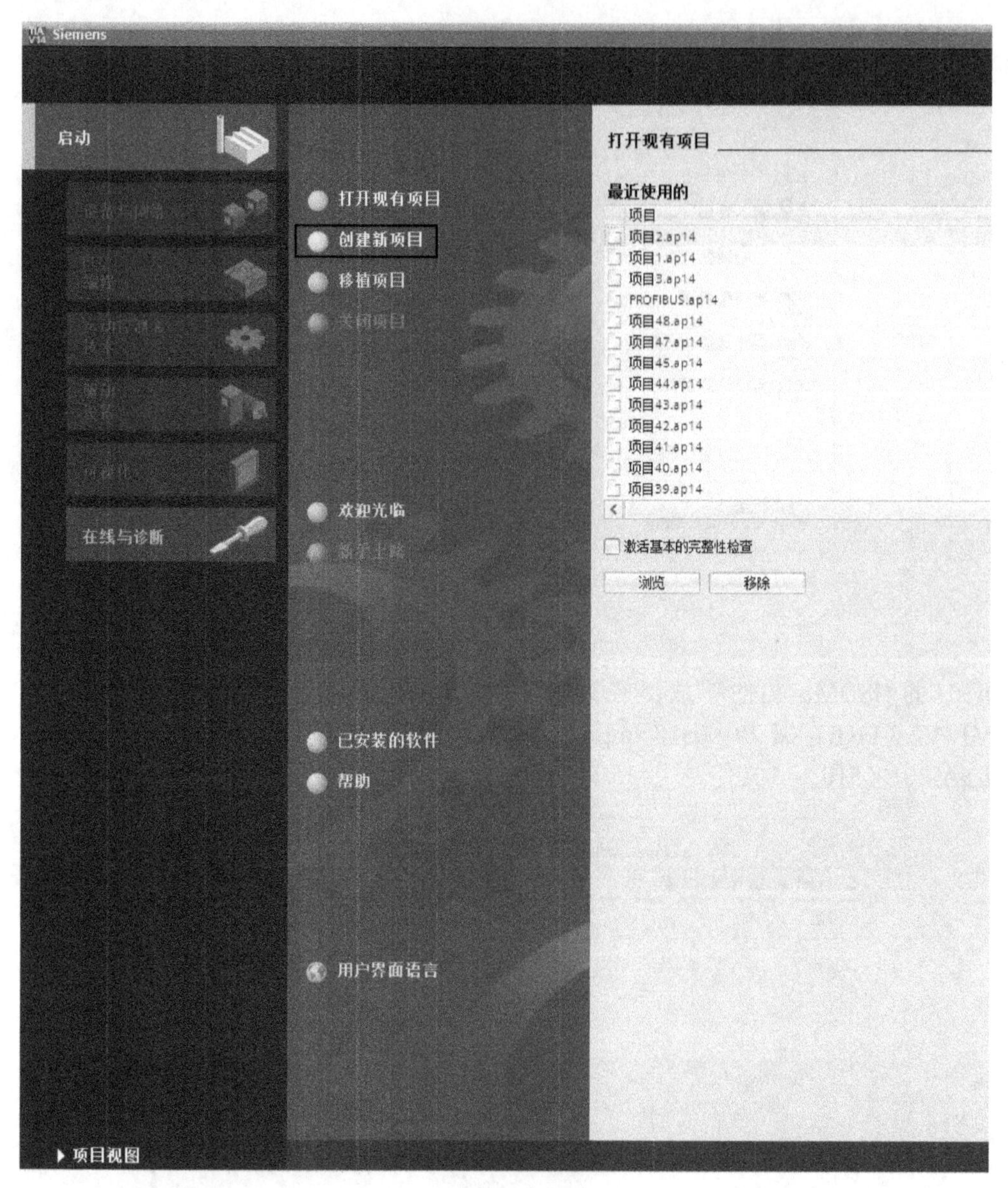

图 2-70

创建新项目

项目名称：项目3
路径：C:\Users\Administrator\Desktop
版本：V14 SP1
作者：Administrator
注释：

图 2-71

3. 安装 GSDML 文件

博途软件需要配置第三方设备进行 PROFINET 通信时（例如和 ABB 工业机器人通信），需要安装第三方设备的 GSDML 文件。

在“项目视图”中单击“选项”，选择“管理通用站描述文件（GSD）命令”，在弹出的“管理通用站描述文件”对话框中选中“GSDML-V2.0-PNET-FA-20100510.xml”，单击“安装”，如图 2-72 所示，将 ABB 工业机器人的 GSD 文件安装到博途软件中。

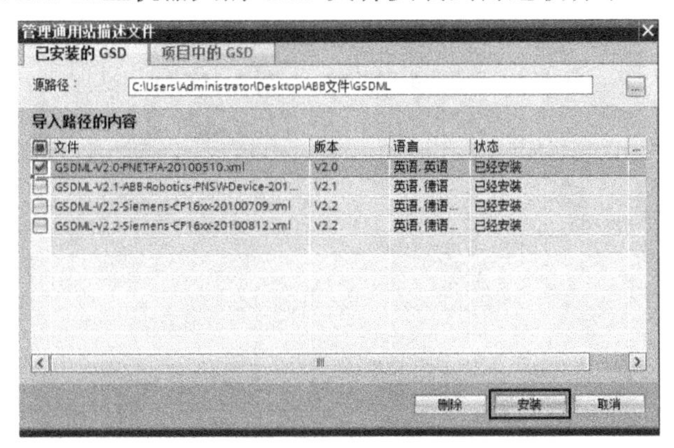

图　2-72

4. 添加 PLC

单击“添加新设备”，如图 2-73 所示；在弹出的对话框中选择“控制器”，本例选择“SIMATIC S7-300”中的“CPU 314C-2 PN/DP”，订货号选择 6ES7 314-6EH04-0AB0，版本为 V3.3，如图 2-74 所示。注意订货号和版本号要与实际的 PLC 一致，单击“确定”，打开设备视图。

5. PLC 的 IP 地址、设备名称的设置

单击 PLC 绿色的 PROFINET 接口，在“属性”中设置以太网地址“192.168.0.1”、子网掩码“255.255.255.0”、PROFINET 设备名称“plc_1”，如图 2-75 所示。

图　2-73

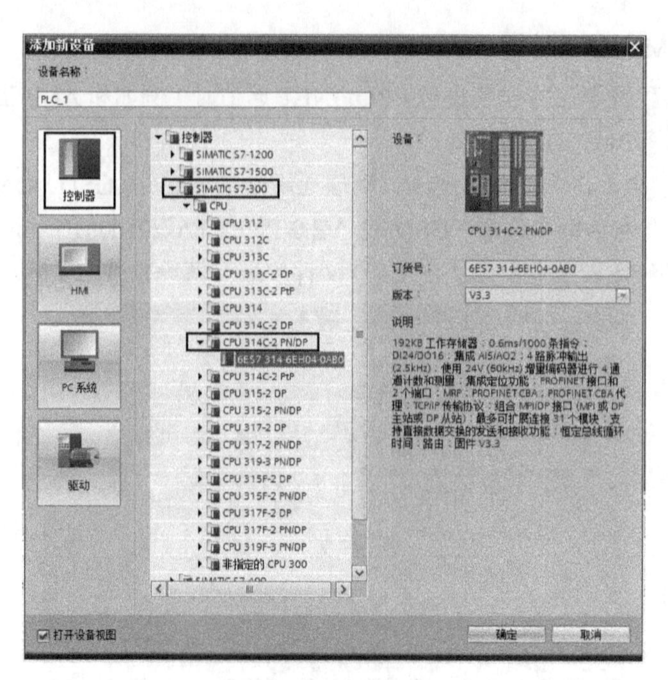

添加新设备
设备名称：
PLC_1
控制器
HMI
PC 系统
驱动
控制器
SIMATIC S7-1200
SIMATIC S7-1500
SIMATIC S7-300
CPU
CPU 312
CPU 312C
CPU 313C
CPU 313C-2 DP
CPU 313C-2 PtP
CPU 314
CPU 314C-2 DP
CPU 314C-2 PN/DP
6ES7 314-6EH04-0AB0
CPU 314C-2 PtP
CPU 315-2 DP
CPU 315-2 PN/DP
CPU 317-2 DP
CPU 317-2 PN/DP
CPU 319-3 PN/DP
CPU 315F-2 DP
CPU 315F-2 PN/DP
CPU 317F-2 DP
CPU 317F-2 PN/DP
CPU 319F-3 PN/DP
非指定的 CPU 300
设备：
CPU 314C-2 PN/DP
订货号：
6ES7 314-6EH04-0AB0
版本：
V3.3
说明：
打开设备视图
确定
取消

图 2-74

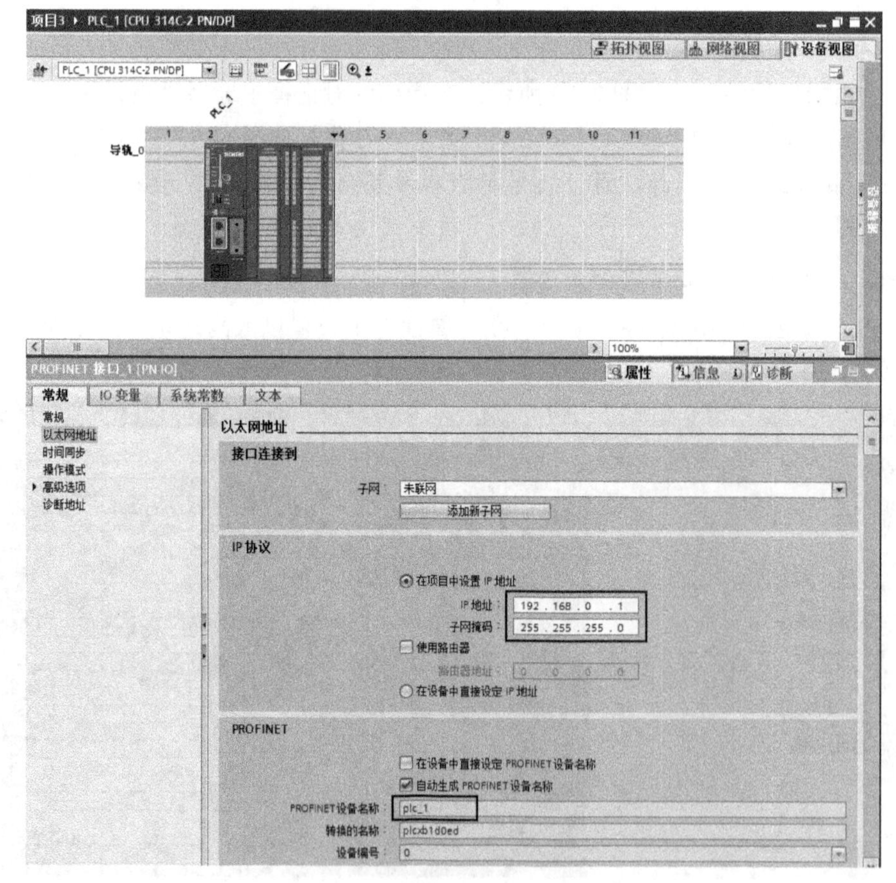

项目3 ▸ PLC_1 [CPU 314C-2 PN/DP]
拓扑视图
网络视图
设备视图
PLC_1 [CPU 314C-2 PN/DP]
导轨_0
100%
PROFINET 接口_1 [PN IO]
属性
信息
诊断
常规
IO 变量
系统常数
文本
常规
以太网地址
时间同步
操作模式
高级选项
诊断地址
以太网地址
接口连接到
子网：
未联网
添加新子网
IP 协议
在项目中设置 IP 地址
IP 地址：
192 . 168 . 0 . 1
子网掩码：
255 . 255 . 255 . 0
使用路由器
路由器地址：
0 . 0 . 0 . 0
在设备中直接设定 IP 地址
PROFINET
在设备中直接设定 PROFINET 设备名称
自动生成 PROFINET 设备名称
PROFINET设备名称：
plc_1
转换的名称：
plcxb1d0ed
设备编号：
0

图 2-75

6. 添加ABB工业机器人

在“网络视图”选项卡中选择“其它现场设备”，选择“PROFINET IO”，单击“General”，单击“ABB Robotics”，选择“Fieldbus Adapter”，将图标“DSQC688”拖入“网络视图”中，如图2-76所示。在“属性”选项卡中设置“以太网地址”的IP地址为“192.168.0.2”，如图2-77所示。注意与ABB工业机器人示教器设置的IP地址相同。图2-78中DSQC688已被拖入“网络视图”。“DSQC688”的IP地址“192.168.0.2”和PROFINET设备名称“abbplc”在博途软件的“在线与诊断”窗口分配后下载，与图2-77中的IP地址和PROFINET设备名称一致。

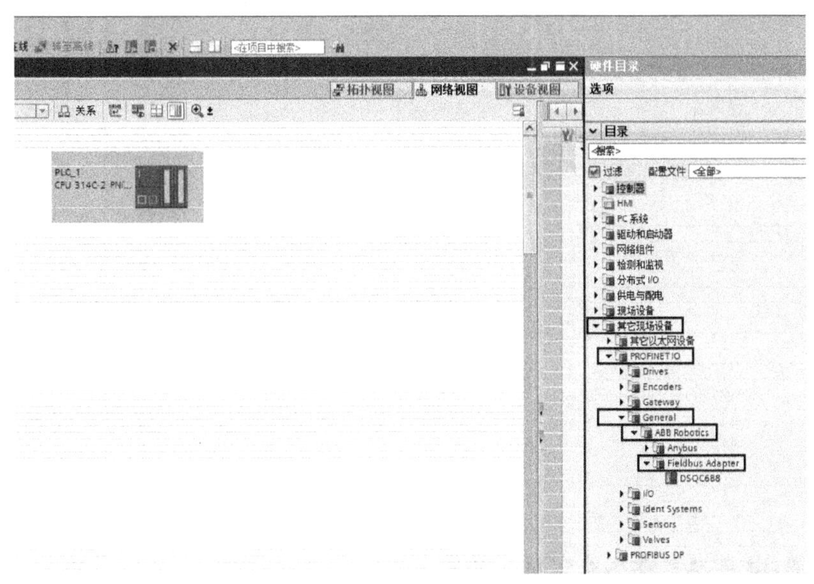

图 2-76

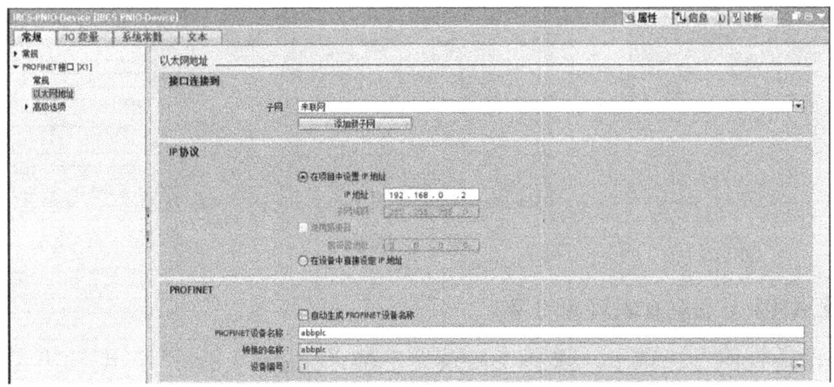

图 2-77

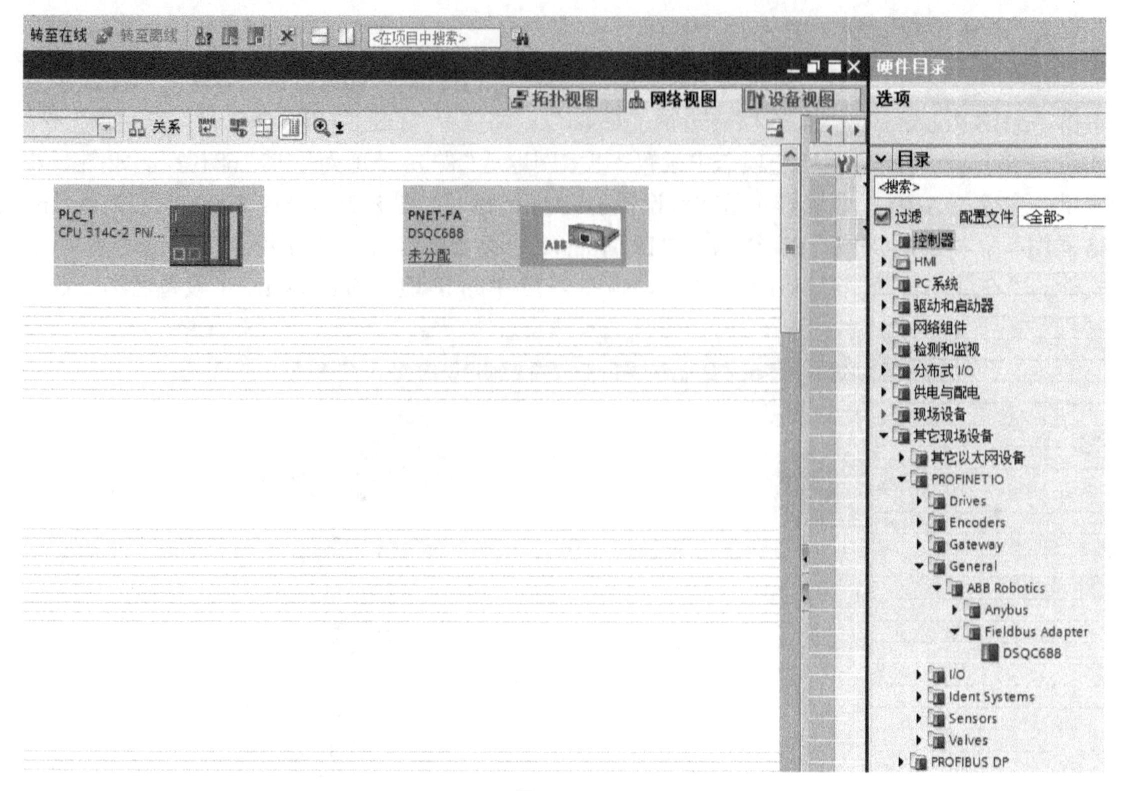

图 2-78

7. 设置 ABB 工业机器人通信输入信号

选择“设备视图”选项卡，选择“目录”下的“input 4 byte”，即输入 4B，包含 32 个输入信号，与 ABB 工业机器人示教器设置的输出信号 do0 ～ do31 对应，如图 2-79 所示。

图 2-79

8. 设置 ABB 工业机器人输出信号

选择“设备视图”选项卡，选择“目录”下的“output 4 byte”，即输出 4B，包含 32 个输出信号，与 ABB 工业机器人示教器设置的输入信号 di0 ～ di31 对应，如图 2-80 所示。

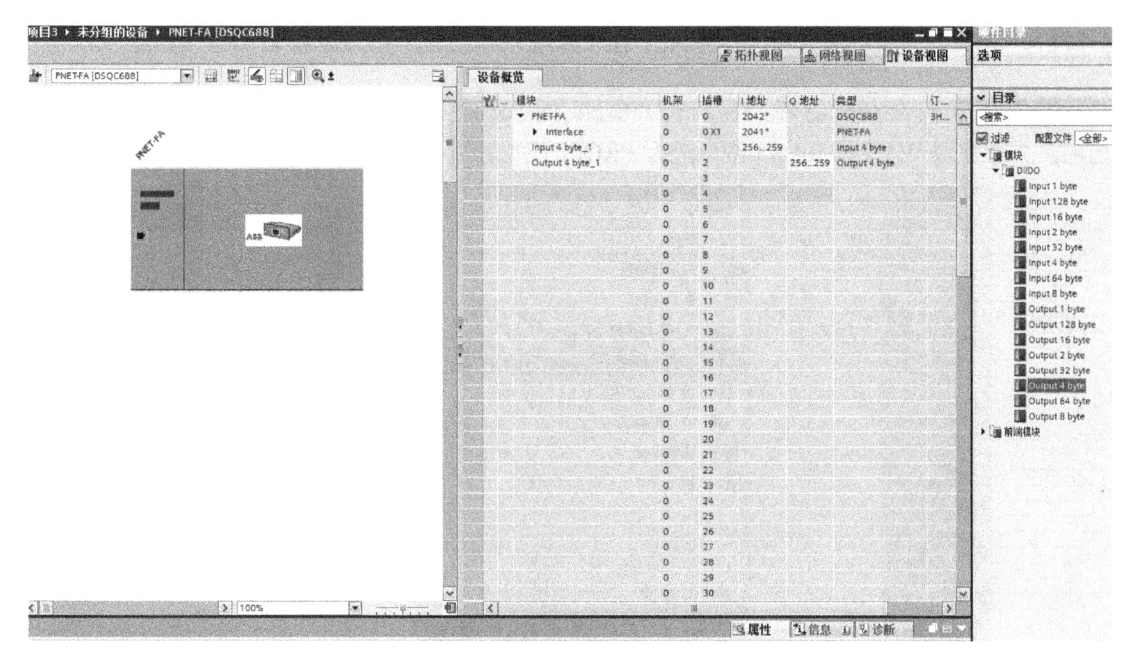

图　2-80

2.2.1.4　建立 PLC 与 ABB 工业机器人 PROFINET 通信

用鼠标点住 PLC 的绿色 PROFINET 通信口，拖至“DSQC688”绿色 PROFINET 通信口上，即建立起 PLC 和 ABB 工业机器人之间的 PROFINET 通信连接，如图 2-81 所示。表 2-11 中机器人输出信号地址和 PLC 输入信号地址等效，机器人输入信号地址和 PLC 输出信号地址等效。例如 ABB 工业机器人中 Device Mapping 为 0 的输出信号 do0 和 PLC 的 I256.0 信号等效，Device Mapping 为 0 的输入信号 di0 和 PLC 的 Q256.0 信号等效。

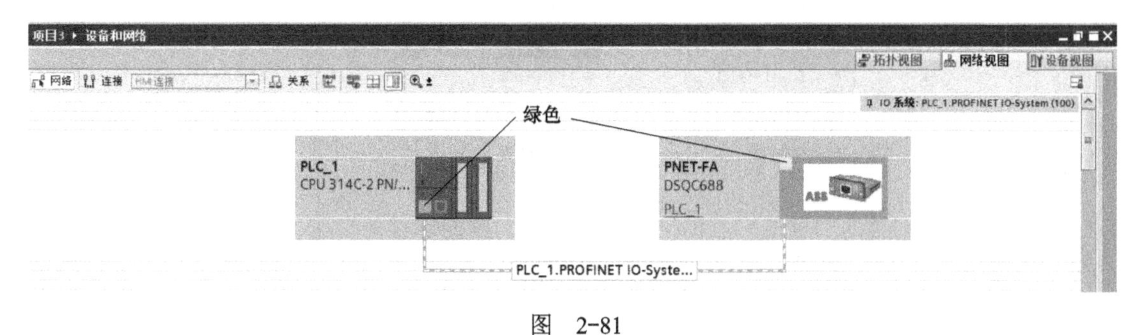

图　2-81

表　2-11

机器人输出信号地址	PLC 输入信号地址	机器人输入信号地址	PLC 输出信号地址
0, …, 7 ←→ PIB256		0, …, 7 ←→ PQB256	
8, …, 15 ←→ PIB257		8, …, 15 ←→ PQB257	
16, …, 23 ←→ PIB258		16, …, 23 ←→ PQB258	
24, …, 31 ←→ PIB259		24, …, 31 ←→ PQB259	

2.2.2 ABB 工业机器人通过 WAN 和 LAN3 网口进行 PROFINET 通信

ABB 工业机器人需要有 888-3 PROFINET Device 或者 888-2 PROFINET Controller/Device 选项，才能通过 WAN 和 LAN3 网口进行 PROFINET 通信，如图 2-82、图 2-83 所示。

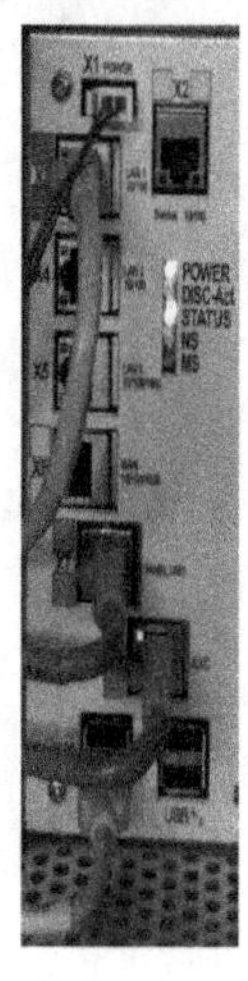

图 2-82

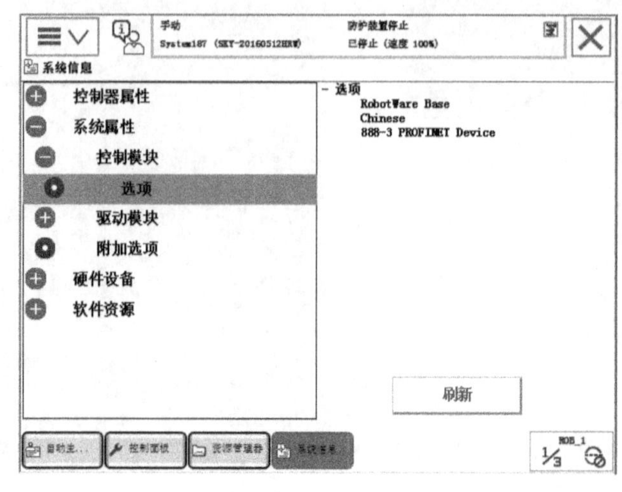

图 2-83

2.2.2.1 ABB 工业机器人通过 WAN 和 LAN3 网口进行 PROFINET 通信的配置

ABB 工业机器人通过 WAN 和 LAN3 网口进行 Profinet 通信配置的步骤如下：

1）单击 ABB 主菜单，选择“控制面板”，如图 2-84 所示。

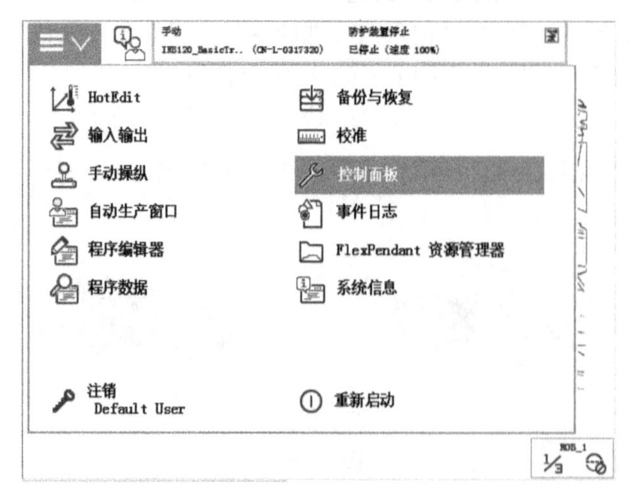

图 2-84

2）单击“配置”，如图 2-85 所示。

3）单击“主题”，选择“Communication”，如图 2-86 所示。

4）选择“IP Setting”，图 2-87 所示。

5）单击“PROFINET Network”，如图 2-88 所示。

6）设置 IP 地址“192.168.0.2”、子网掩码“255.255.255.0”，Interface 选择“LAN3”，如图 2-89 所示，对应 ABB 工业机器人控制柜的接口 X5。

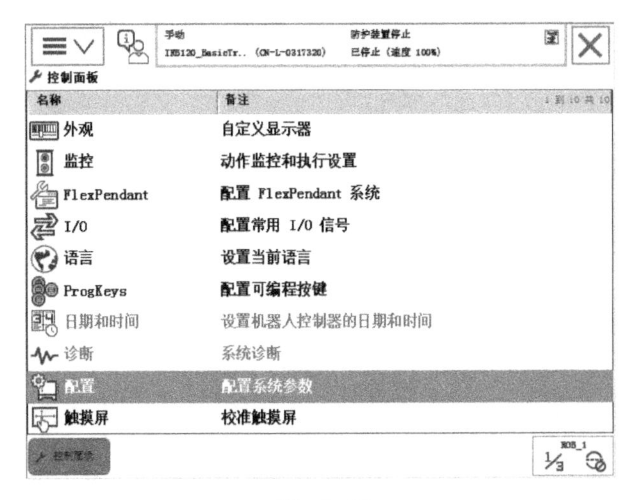

图 2-85

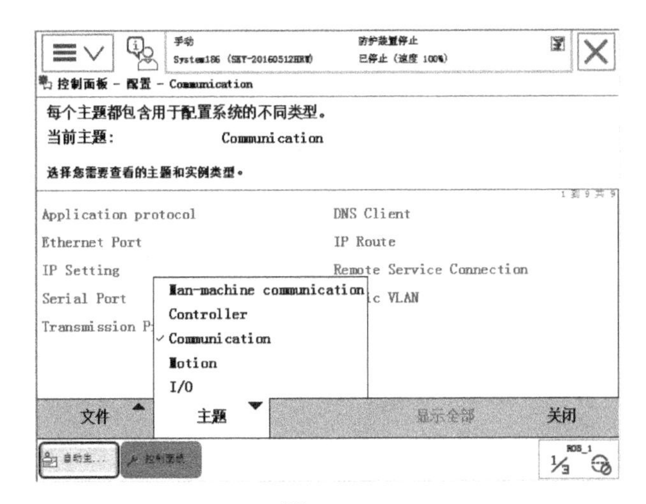

图 2-86

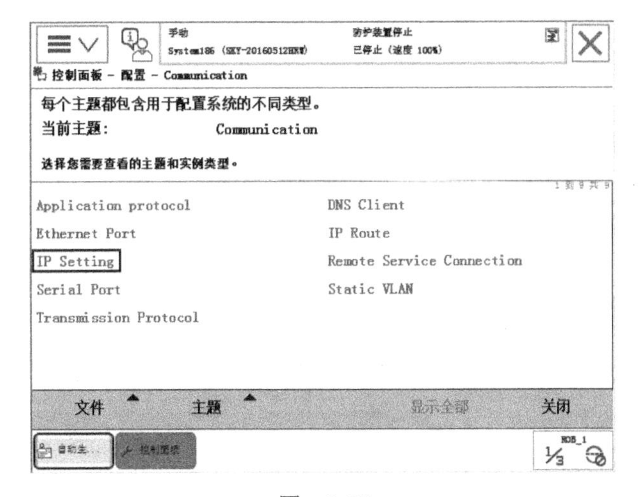

图 2-87

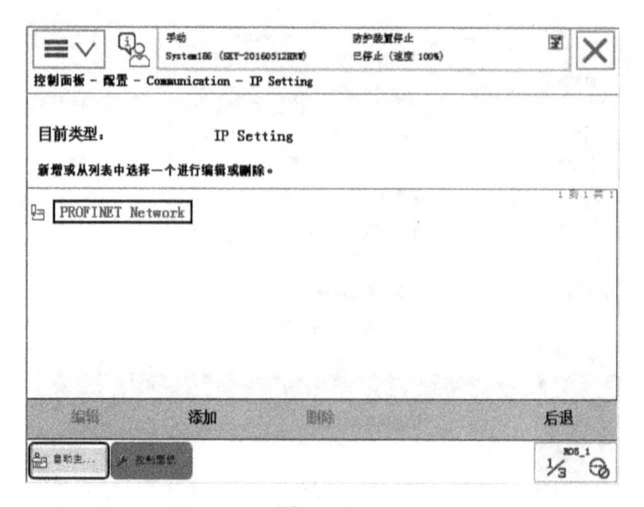

图 2-88

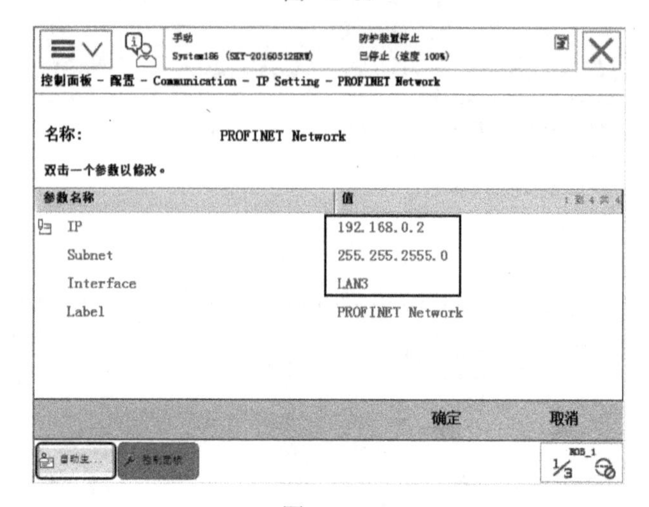

图 2-89

7）单击“主题”，选择“I/O”，如图 2-90 所示。

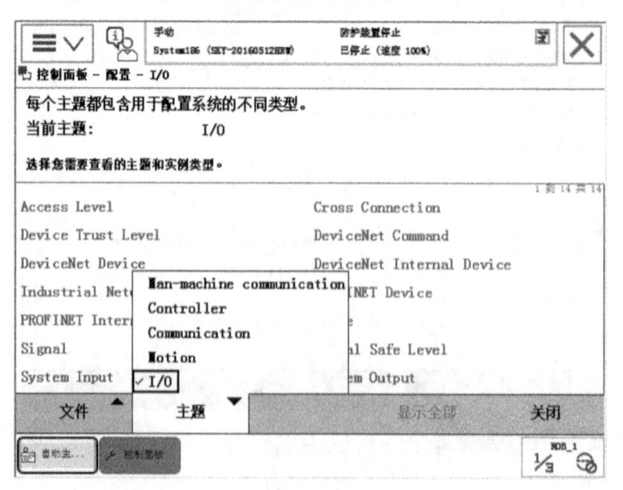

图 2-90

8）选择“Industrial Network”，如图2-91所示。

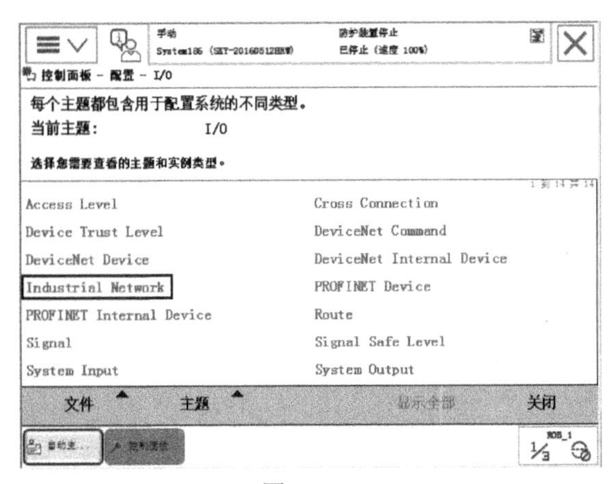

图 2-91

9）选择“PROFINET”，如图2-92所示。

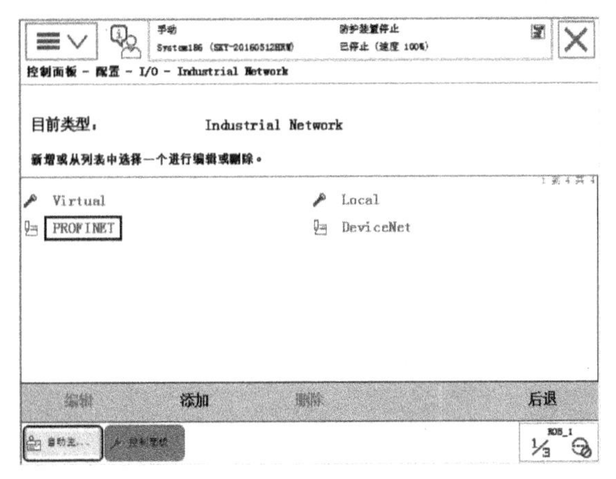

图 2-92

10）设置“PROFINET Station Name”的名字“abbplc”，要与PLC中组态的名字一致，如图2-93所示。

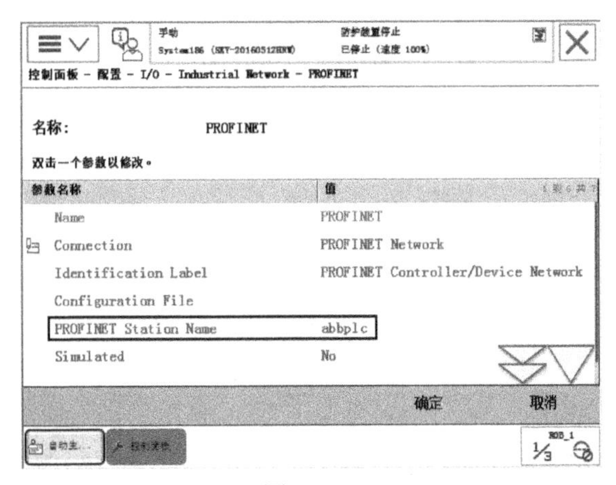

图 2-93

11）选择“PROFINET Internal Device”，如图 2-94 所示。

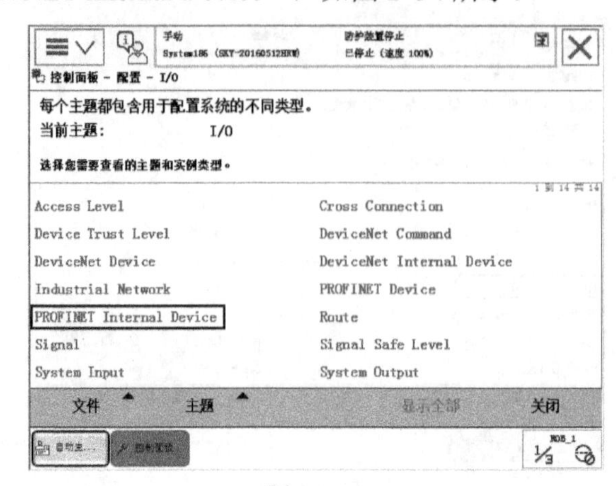

图 2-94

12）选择“PN_Internal_Device”，如图 2-95 所示。

图 2-95

13）选择“InputSize”“OutputSize”，设置需要的输入输出字节数，需要与 PLC 的一致，本例为 8B，如图 2-96 所示。

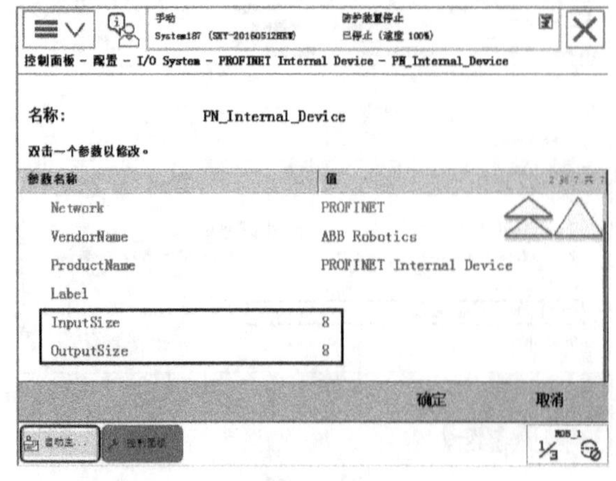

图 2-96

2.2.2.2　创建 PROFINET 的 I/O 信号

根据需要创建 ABB 工业机器人的输入、输出信号，表 2-12 定义了一个输入信号 di0，表 2-13 定义了一个输出信号 do0。

表　2-12

参数名称	设定值	说明
Name	di0	信号名称
Type of Signal	Digital Input	信号类型（数字输入信号）
Assign to Device	PN_Internal_Device	分配的设备
Device Mapping	0	信号地址

表　2-13

参数名称	设定值	说明
Name	do0	信号名称
Type of Signal	Digital Output	信号类型（数字输出信号）
Assign to Device	PN_Internal_ Device	分配的设备
Device Mapping	0	信号地址

创建 PROFINET 的 I/O 信号步骤如下：

1）输入信号 di0：双击“Signal”，单击“添加”，输入“di0”，双击“Type of Signal”，选择“Digital Input”，需要注意的是“Assigned to Device”选择“PN_Internal_Device”，“Device Mapping”设为 0，如图 2-97 ～图 2-99 所示。按前面方法可以继续设置输入信号 di1 ～ di63。

2）输出信号 do0：双击“Signal”，单击“添加”，输入“do0”，双击“Type of Signal”，选择“Digital Output”，需要注意的是“Assigned to Device”选择“PN_Internal_ Device”，“Device Mapping”设为 0，如图 2-100 所示。按前面方法可以继续设置输入信号 do1 ～ do63。

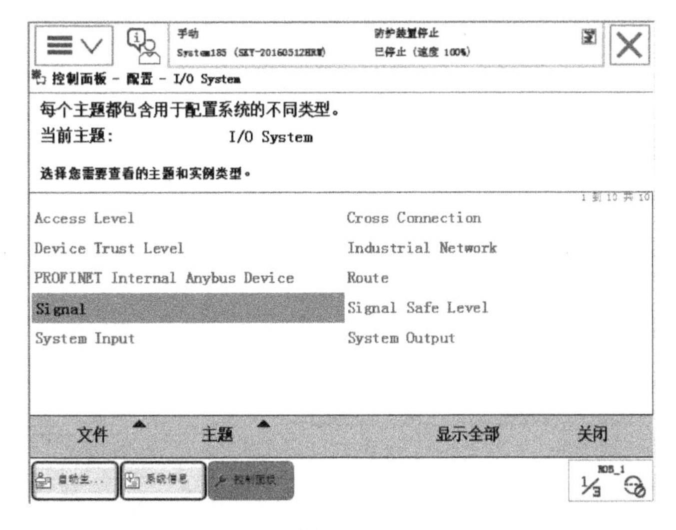

图　2-97

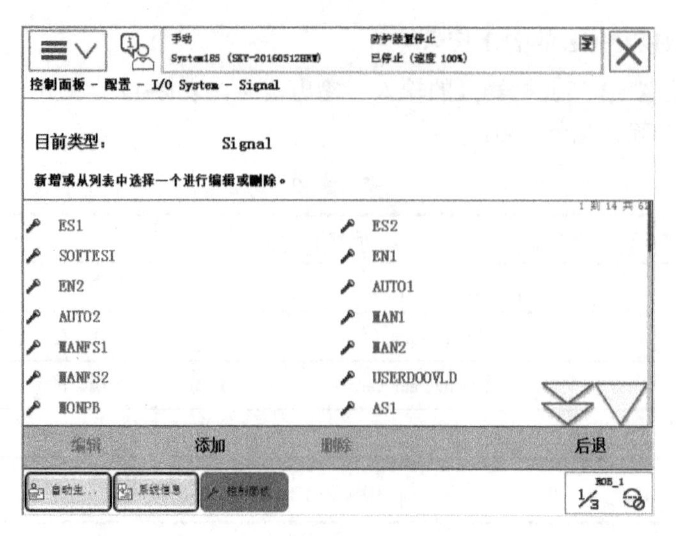

图 2-98

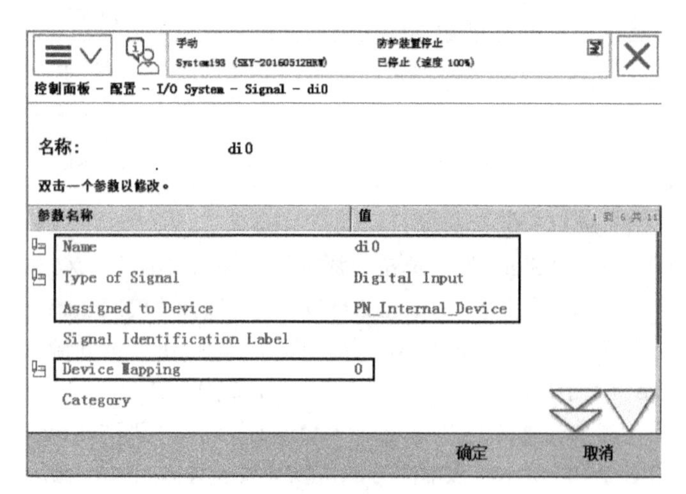

图 2-99

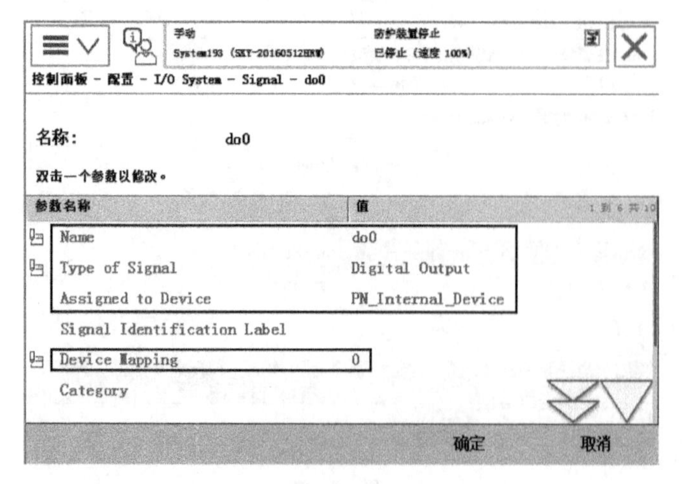

图 2-100

2.2.2.3 PLC 配置

1. PLC 配置前的准备工作

将 ABB 工业机器人 GSDML 文件安装到 PLC 组态软件中。

1）选择“FlexPendant 资源管理器”，如图 2-101 所示。

图 2-101

ABB 的 GSDML 文件存放路径为 PRODUCTS/RobotWare_6XX/utility/service/GSDML，如图 2-102 所示。找到 GSMDL 下的 GSMDL-V2.1-ABB-Robotics-PNSW-Device-20111221.xml。

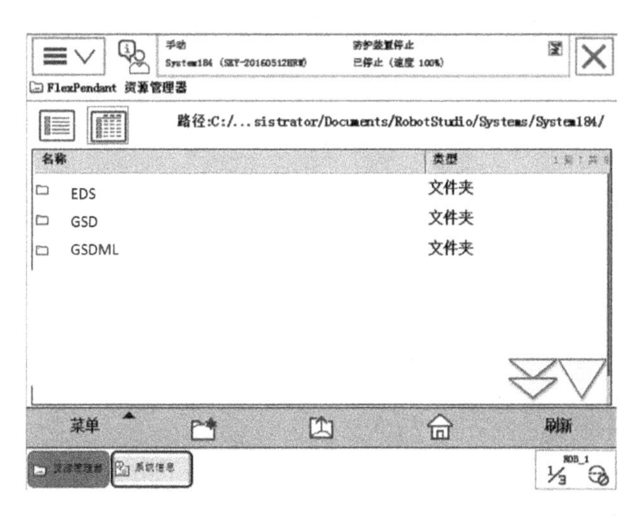

图 2-102

2）用 U 盘将 GSMDL-V2.1-ABB-Robotics-PNSW-Device-20111221.xml 复制出来，保存到计算机中。

2. 创建项目

打开 TIA 博途软件，选择“启动”，单击“创建新项目”，在“项目名称”输入创建的项目名称（本例为项目 3），如图 2-103、图 2-104 所示，单击“创建”按钮。

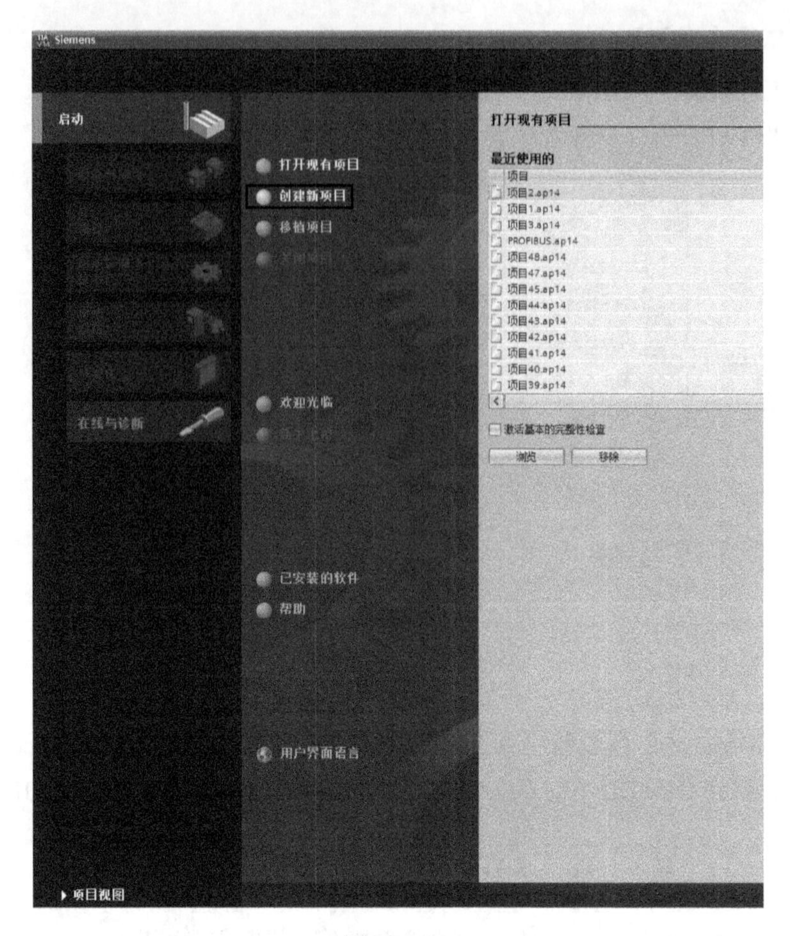

图 2-103

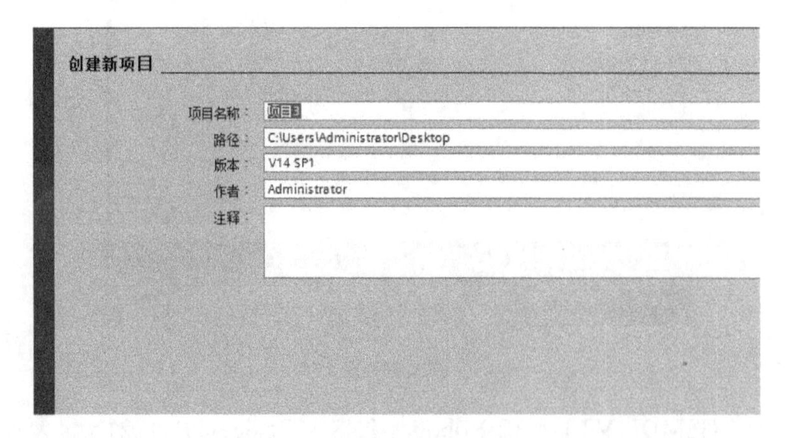

图 2-104

3. 安装 GSDML 文件

当博途软件需要配置第三方设备进行 PROFINET 通信时（例如和 ABB 工业机器人通信），

需要安装第三方设备的 GSDML 文件。

在“项目视图”中单击“选项”，选择“管理通用站描述文件（GSD）命令”，在弹出的“管理通用站描述文件”对话框中选中“GSMDL-V2.1-ABB-Robotics-PNSW-Device-20111221.xml”，单击“安装”，如图 2-105 所示，将 ABB 工业机器人的 GSD 文件安装到博途软件中。

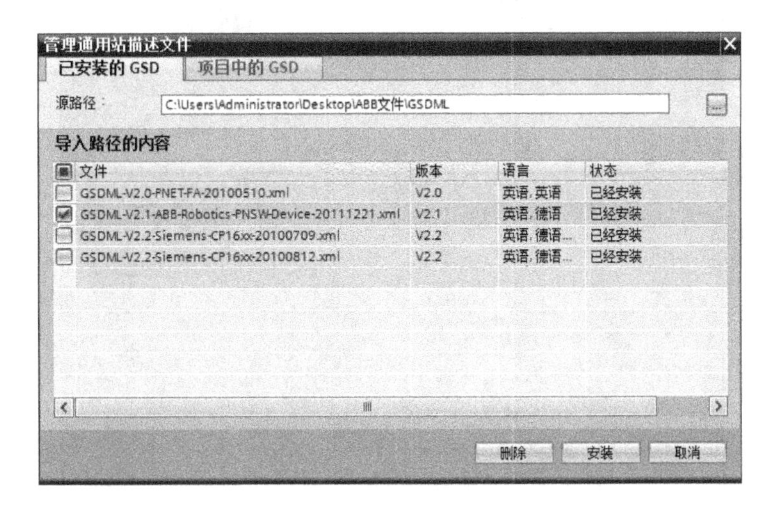

图 2-105

4. 添加 PLC

单击“添加新设备”，选择“控制器”，本例选择“SIMATIC S7-300”中的“CPU 314C-2 PN/DP”，订货号选“6ES7 314-6EH04-0AB0”，版本为 V3.3，如图 2-106、图 2-107 所示。注意订货号和版本号要与实际的 PLC 一致，单击“确定”，打开设备视图。

5. PLC 的 IP 地址、设备名称的设置

单击 PLC 绿色的 PROFINET 接口，在“属性”中设置以太网地址“192.168.0.1”、子网掩码“255.255.255.0”、PROFINET 设备名称“plc_1”，如图 2-108 所示。

图 2-106

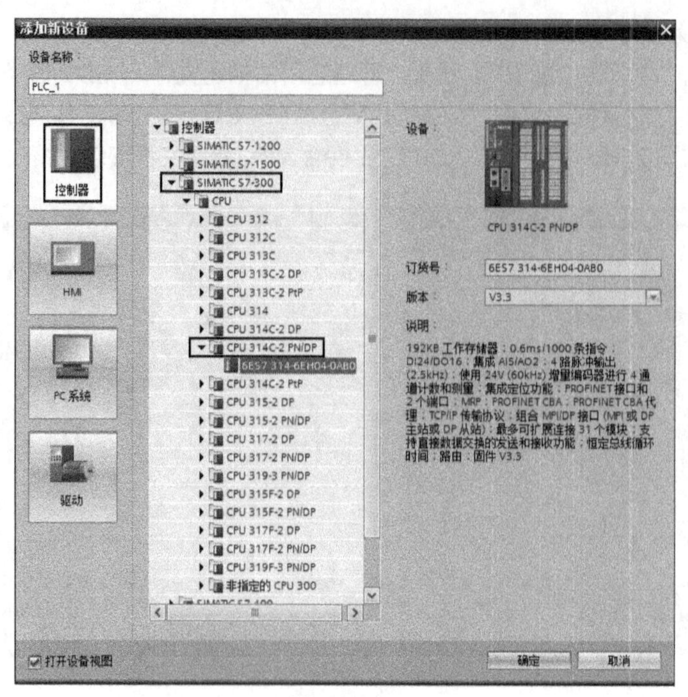

图 2-107

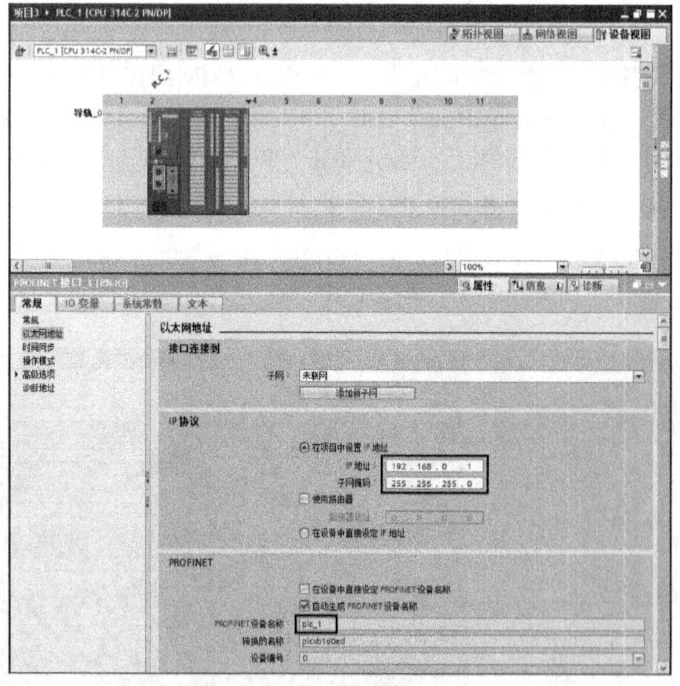

图 2-108

6. **添加 ABB 工业机器人**

在“网络视图”选项卡中选择“其它现场设备”，选择“PROFINET IO”，单击“I/O”，单击“ABB Robotics IRC5”，选择“IRC5 PNIO-Device”，将图标“IRC5 PNIO-Device”拖入“网络视图”中，如图 2-109 所示。在“属性”选项卡中设置“以太网地址”的“IP 地址”为“192.168.0.2”，“PROFINET 设备名称”设为“abbplc”，如图 2-110 所示。注意与 ABB 工业机器人示教器设置的 IP 地址和 PROFINET 设备名称“abbplc”相同。

图　2-109

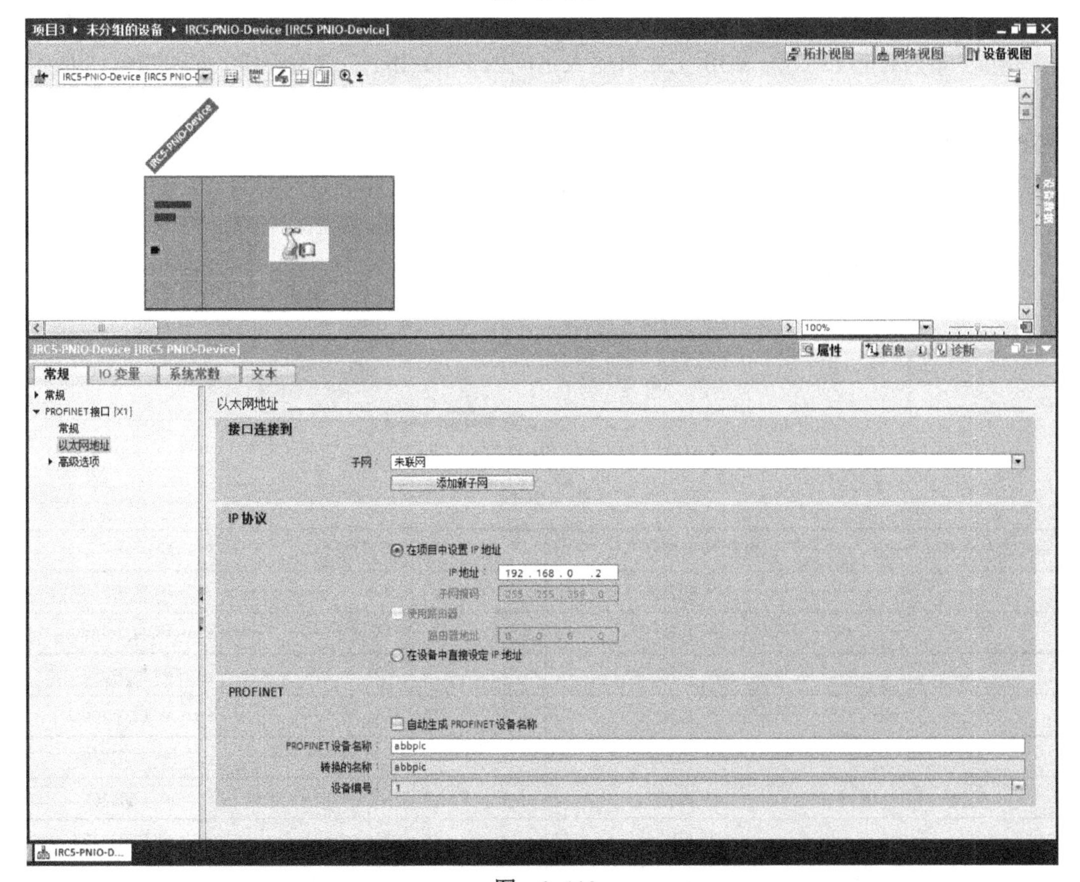

图　2-110

2.2.2.4 设置ABB工业机器人通信输入/输出信号

单击“设备视图”选项卡，选择“目录”下的“DI 8 bytes”，即输入8B，包含64个输入信号，与ABB工业机器人示教器设置的输出信号do0～do63对应。选择“目录”下的“DO 8 bytes”，即输出8B，包含64个输出信号，与ABB工业机器人示教器设置的输入信号di0～di63对应，如图2-111所示。

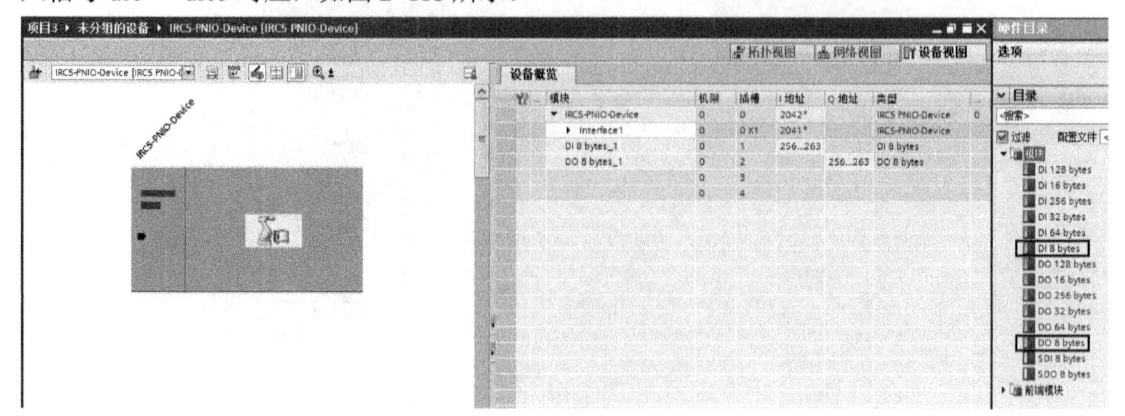

图 2-111

2.2.2.5 建立PLC与ABB工业机器人PROFINET通信

用鼠标点住PLC的绿色PROFINET通信口，拖至“IRC5 PNIO-Device”绿色PROFINET通信口上，即建立起PLC和ABB工业机器人之间的PROFINET通信连接，如图2-112所示。表2-14中机器人输出信号地址和PLC输入信号地址等效，机器人输入信号地址和PLC输出信号地址等效。例如ABB工业机器人中Device Mapping为0的输出信号do0和PLC的I256.0信号等效，Device Mapping为0的输入信号di0和PLC的Q256.0信号等效。

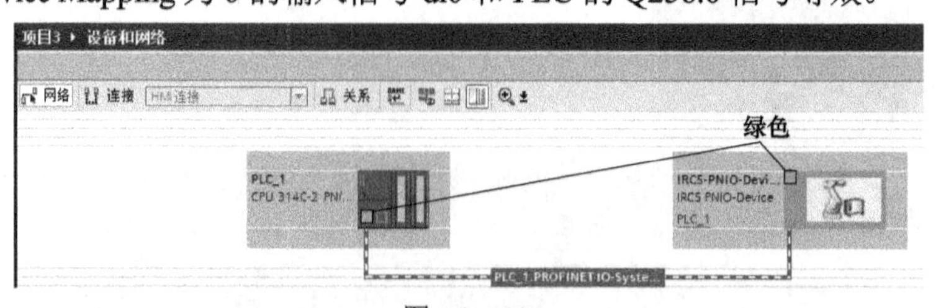

图 2-112

表 2-14

机器人输出信号地址	PLC输入信号地址	机器人输入信号地址	PLC输出信号地址
0, …, 7	PIB256	0, …, 7	PQB256
8, …, 15	PIB257	8, …, 15	PQB257
16, …, 23	PIB258	16, …, 23	PQB258
24, …, 31	PIB259	24, …, 31	PQB259
32, …, 39	PIB260	32, …, 39	PQB260
40, …, 47	PIB261	40, …, 47	PQB261
48, …, 55	PIB262	48, …, 55	PQB262
56, …, 63	PIB263	56, …, 63	PQB263

2.3　ABB 工业机器人与三菱 Q 系列 PLC 的 CCLink 通信

CCLink 是三菱电机推出的一种开放式现场总线，由 1 个主站和 64 个从站组成。本例中以三菱 Q 系列 PLC 做主站，通过通信模块 QJ61BT11N 与 ABB 工业机器人通信。ABB 工业机器人做从站，通过 DSQC378B 模块与 PLC 通信，最高速度可达 10Mb/s。

2.3.1　DSQC378B 模块

DSQC378B 模块把 CCLink 协议转化成 Device Net 协议，与机器人控制器通信，如图 2-113 所示。图 2-113 中 X3 端子备用 24V 电源，X8 端子为 CCLink 连接端，X5 端子为 Device Net 连接端，相应说明见表 2-15 ～表 2-17。

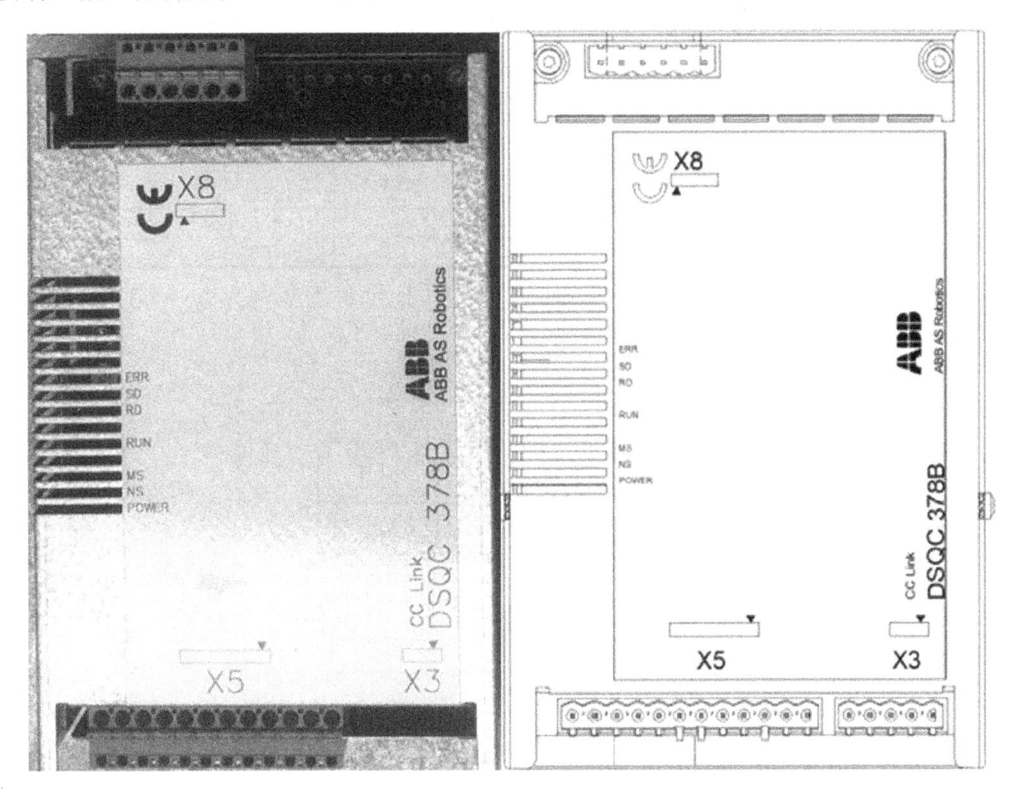

图　2-113

表 2-15　X3 端子备用 24V 电源

X3 端子	信号名称	说明
1	0V DC	电源 0V
2	NC	未使用
3	GND	电源接地
4	NC	未使用
5	+24V	电源 24V

表 2-16　X8 端子 CCLink 连接端

X8 端子	信号名称	说明
1	SLD	屏蔽线
2	DA	信号线 A
3	DG	信号线地
4	DB	信号线 B
5	NC	未使用
6	FG	框架地

表 2-17　X5 端子 DeviceNet 连接端

X5 端子	信号名称	说明
1	0V	0V（黑线）
2	CANL	CANL 信号线（蓝）
3	DRAIN	屏蔽线
4	CANH	CANL 信号线（白）
5	V+	24V（红）
6	0V	I/O 板地址信号选择公共端 0V
7	NA0	板卡 ID Bit0
8	NA1	板卡 ID Bit1
9	NA2	板卡 ID Bit2
10	NA3	板卡 ID Bit3
11	NA4	板卡 ID Bit4
12	NA5	板卡 ID Bit5

端子 X5 的 6 ～ 12 的跳线用来决定模块的地址，地址可用范围为 0 ～ 63，如图 2-114 所示。

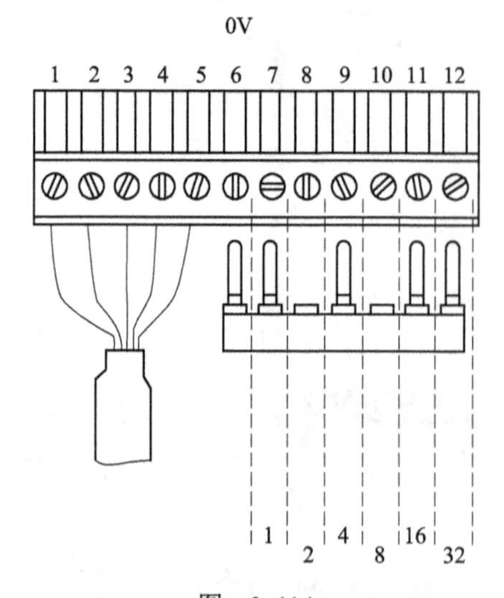

图　2-114

图 2-114 中，将第 8 脚和第 10 脚的跳线剪去，6 脚为 0V，其余脚与 6 脚相连，地址值为 0，第 8 脚对应 2，第 10 脚对应 8，2+8=10，DSQC378B 模块可以获得的地址为 10。

2.3.2　三菱 PLC 设置

图 2-115 为三菱 Q 系列 PLC，CPU 规格是 Q06H。

图 2-116 中，STATION NO（站号）的 X10、X1 开关都指向 0，所以 PLC 站号为 0。

图　2-115

图　2-116

MODE 对应的传送速率见表 2-18。

表　2-18

MODE	传送速率设置	模式
0	156Kb/s	
1	625Kb/s	
2	2.5Mb/s	在线
3	5Mb/s	
4	10Mb/s	

本例设为 1，传输速率设置 625Kb/s。

CCLink 接线端说明见表 2-19。

表　2-19

CCLink 端子	信号名称	说明
1	NC	未使用
2	NC	未使用
3	DA	信号线 A
4	SLD	屏蔽线
5	DB	信号线 B
6	FG	框架地
7	DG	信号线地

双绞屏蔽电缆进行信号传输，DA 接 DA，DB 接 DB，DG 接 DG，SLD 接屏蔽层，FG 接地，两端接终端电阻 110Ω，如图 2-117 所示。

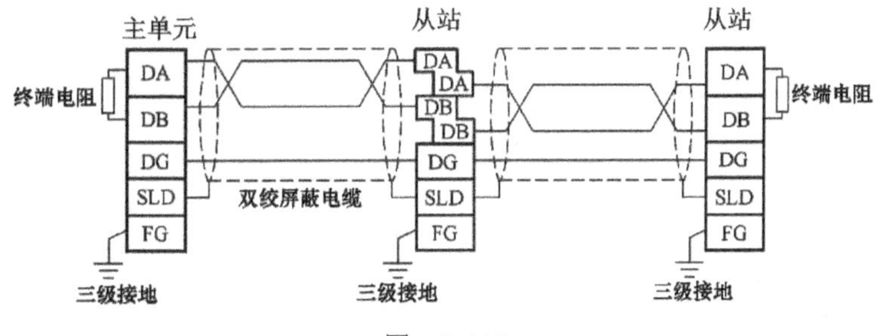

图　2-117

2.3.3　PLC 编程

PLC 编程步骤如下：

1）打开编程软件 GX Works2，如图 2-118 所示。

图　2-118

2）单击新建按钮，弹出“新建工程”对话框创建工程。“工程类型”选择“简单工程”，“PLC 系列”选择“QCPU（Q 模式）”，“PLC 类型”选择“Q06H”，单击“确定”如图 2-119 所示。

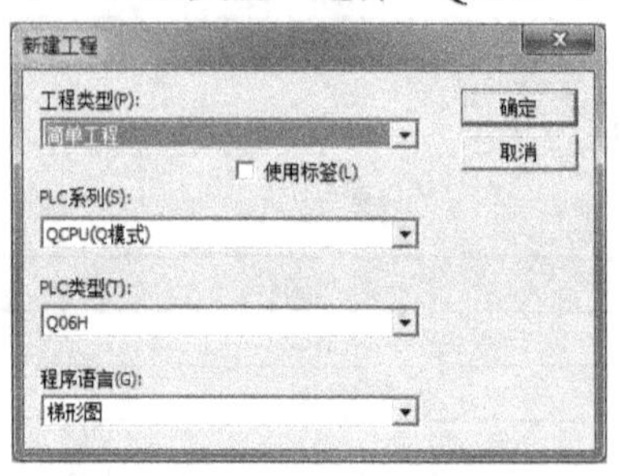

图　2-119

3）单击“参数”，如图 2-120 所示。

4）单击“PLC 参数”，如图 2-121 所示。

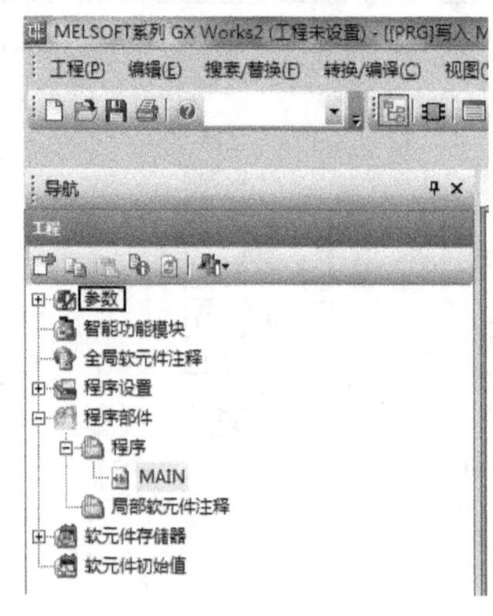

图　2-120

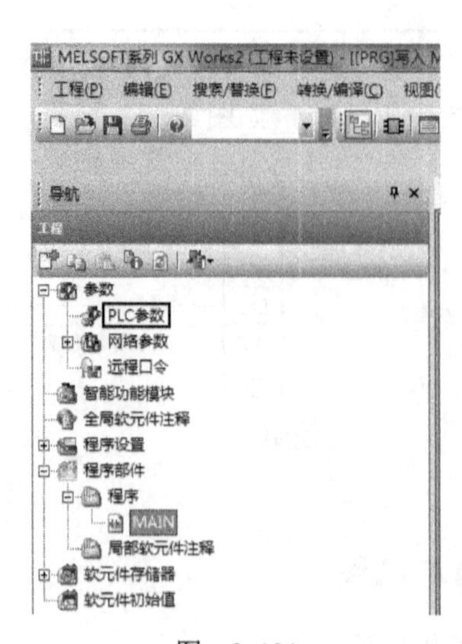

图　2-121

5）选择“I/O 分配设置”，如图 2-122 所示。

图　2-122

6）单击“PLC 数据读取”，PLC 自动读取状态，单击“设置结束”，如图 2-123 所示。

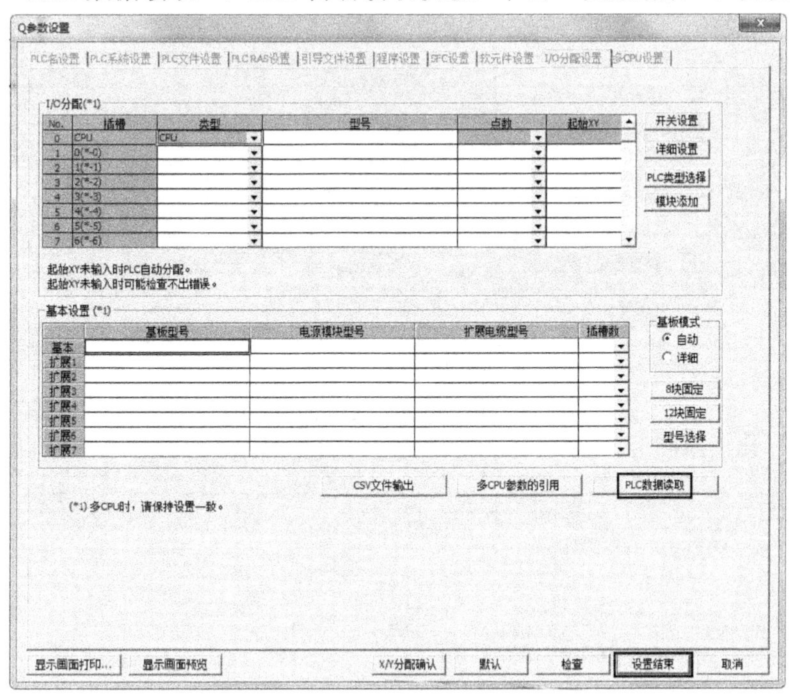

图　2-123

7）选择“网络参数”，选择“CC-Link”，如图 2-124 所示。

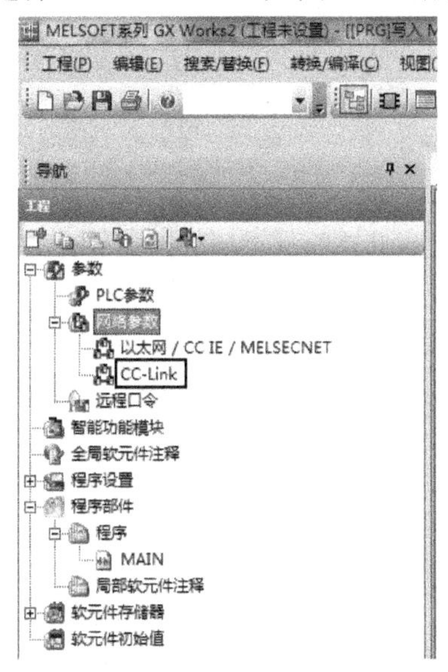

图　2-124

8）“模块块数”是指PLC基板上CCLink通信模块的数量，本例设为1；“起始I/O号”是指基板上CCLink通信模块的起始地址，本例设为0000；“类型”设为“主站”；“远程输入（RX）”是指PLC远程接收首地址，本例设为X200；“远程输出（RY）”是指PLC远程发送首地址，本例设为Y200；“总连接台数”是指外挂CCLink通信模块的数量，即从站的数量，本例设为1，如图2-125所示。

[PRG]写入 MAIN 1步　网络参数 CC-Link 一览设置

模块块数 1 块　空白:无设置　在CC-Link配置窗口中设置站信息

	1	2	3	4
起始I/O号	0000			
运行设置	运行设置			
类型	主站			
数据链接类型	主站CPU参数自动起动			
模式设置	远程网络(Ver.1模式)			
总连接台数	1			
远程输入(RX)	X200			
远程输出(RY)	Y200			
远程寄存器(RWr)	D2000			
远程寄存器(RWw)	D3000			
Ver.2远程输入(RX)				
Ver.2远程输出(RY)				
Ver.2远程寄存器(RWr)				
Ver.2远程寄存器(RWw)				
特殊继电器(SB)				
特殊寄存器(SW)				
重试次数	3			
自动恢复台数	1			
待机主站站号				
CPU宕机指定	停止			
扫描模式指定	非同步			
延迟时间设置	0			
站信息设置	站信息			
远程设备站初始设置	初始设置			
中断设置	中断设置			

必须设置(未设置 / 已设置)　必要时设置(未设置 / 已设置)

设置项目的详细内容：　请输入M,L,B,T,C,ST,D,W,R,ZR的软元件名和软元件号。

显示画面打印...　显示画面预览　X/Y分配确认　清除　检查　设置结束　取消

图 2-125

9）在“CC-Link站信息 模块1”对话框中，“站类型”选择“智能设备站”（工业机器人需要选择“智能设备站”），“占用站数”设为“占用2站”，对应输入输出点数为64点，如图2-126所示。占用2站、对应输入输出点数为64点选择的原因在后面有详述。

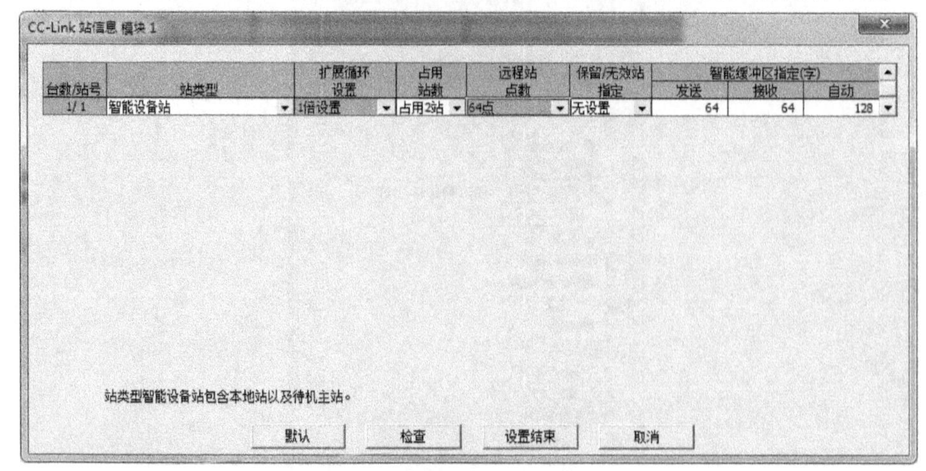

图 2-126

2.3.4　ABB 工业机器人设置

ABB 工业机器人需要设置的参数类型见表 2-20。OccStat、Basic IO 不同的组合提供不同的点数，见表 2-21。例如 OccStat=1、Basic IO=0 时，提供 2B 的信号，1B 为 8 位，2B 的信号为 16 个信号。OccStat=1、Basic IO=1 时，信号为 10B，等于 80 个信号。

本例中需要 32 个输入点和 32 个输出点，所以选择 OccStat=2、Basic IO=0，可通信的点数输入 / 输出 48 个信号，等于 6B。OccStat=2 表示占用站数为 2，与三菱 PLC 的占用站数为 2 一致，如图 2-126 所示。

表　2-20

参数类型	允许值	路径	作用
Station Number	1 ～ 64	6，20，68，24， 01，30，01，C6，1	确定在 CCLink 总线中的地址
BandRate	范围 0 ～ 4 0=156Kb/s 1=625Kb/s 2=2.5Mb/s 3=5Mb/s 4=10Mb/s	6，20，68，24， 01，30，02，C6，1	确定通信速率 此处设置的波特率必须与主站设置一致，否则无法通信
OccStat	范围 0 ～ 4 1= 占用 1 个站数 2= 占用 2 个站数 3= 占用 3 个站数 4= 占用 4 个站数	6，20，68，24， 01，30，03，C6，1	确定此从站所占用的虚拟站数量
Basic IO	范围 0 ～ 1 0= 位数据 1= 位数据 / 字数据	6，20，68，24， 01，30，04，C6，1	确定通信数据类型
Reset	0	4，20，01，24，01，C1，1	网关模块参数值

表　2-21

OccStat 占用站数	Basic IO=0		Basic IO=1	
	提供的字节数 /B	提供的位数	提供的字节数 /B	提供的位数
1	2	16	10	80
2	6	48	22	176
3	10	80	34	272
4	14	112	46	368

OccStat、BasicIO 分配的原则：

1）机器人和 PLC 占用的站数要一样，本例中三菱 PLC 和 ABB 工业机器人都占用两站。

2）通信的点数要满足要求。本例中要求 ABB 工业机器人可通信的点数输入 / 输出各 32 个信号，表 2-19 中 ABB 工业机器人配置中没有输入 / 输出 32 点的组合，为了满足要求，选择 OccStat=2、Basic IO=0，ABB 工业机器人选择配置输入 / 输出 48 点，也就是和三菱 PLC 通信的点数最多输入 / 输出各 48 个信号。同样三菱 PLC 没有输入 / 输出各 48 个信号相应的配置，所以只能选择输入输出点数为 64 点的情况，如图 2-126 所示，多于 ABB 工业机器人可通信的输入 / 输出 48 个信号，但是不能比 48 少。

1. ABB 工业机器人配置

1）单击“DeviceNet Device”，如图 2-127 所示。

图 2-127

2）单击“添加”，如图 2-128 所示。

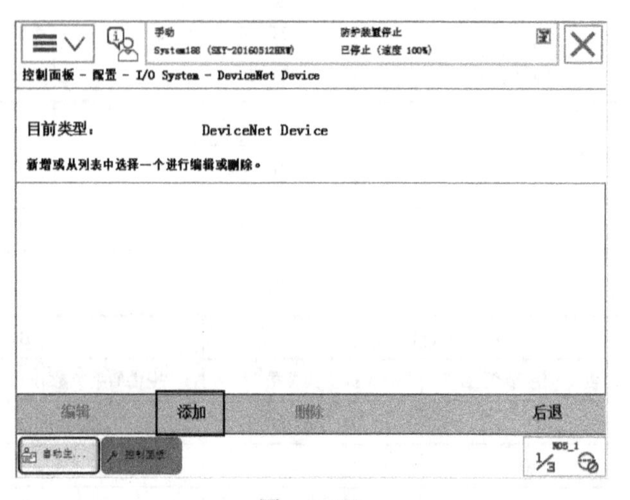

图 2-128

3）选择“DSQC 378B CCLink Adapter”，如图 2-129 所示。

4）设定“DSQC 378B CCLink Adapter”的地址“Address”为 10，如图 2-130 所示，原因如图 2-114 所示。

5）设置 CCLink 参数，单击“DeviceNet Command”，如图 2-131 所示。

6）单击“添加”，如图 2-132 所示。

7）修改“Name”为 StationNo，“Download Order”设为 1，“Value”设为 1，表示机器人在 CCLink 总线的地址为 1，单击“确定”，如图 2-133 所示。

图 2-129

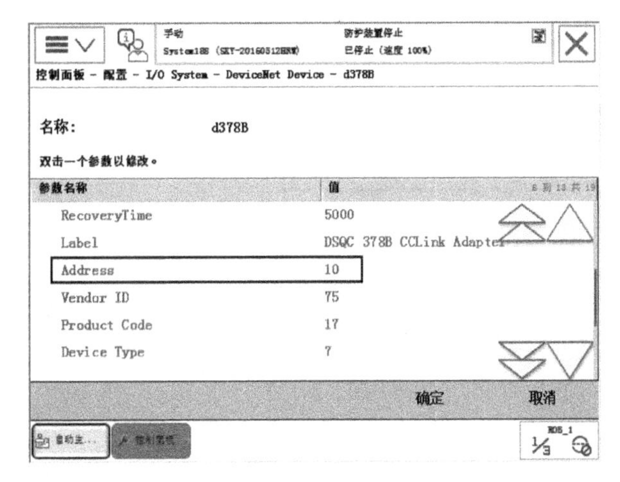

图 2-130

图 2-131

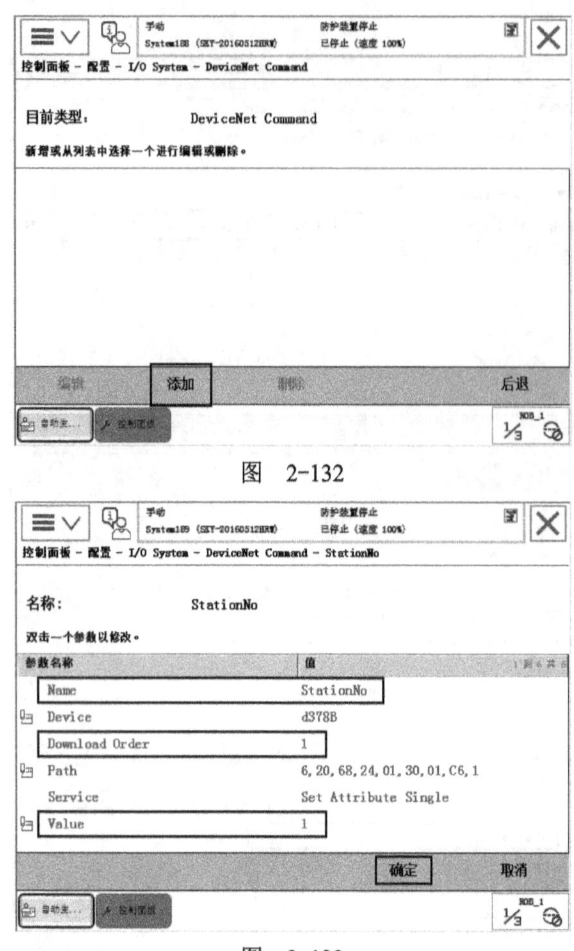

图 2-132

图 2-133

8）修改“Name”为 BandRate，“Download Order”设为 2，“Value”设为 1，表示机器人的 CCLink 通信速率为 625Kb/s，如图 2-134 所示，单击“确定”。

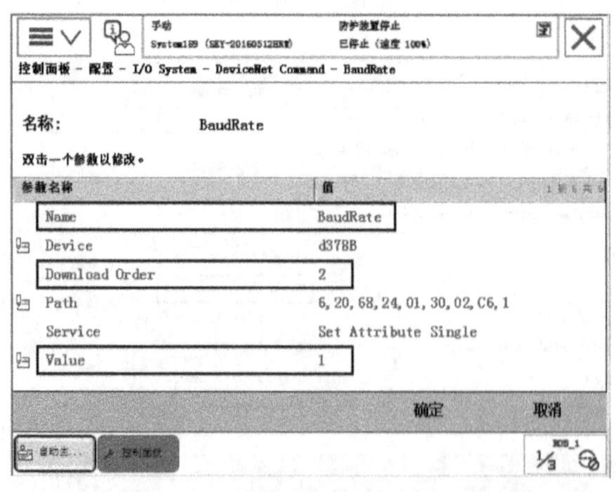

图 2-134

9）修改“Name”为 OccStat，“Download Order”设为 3，“Value”设为 2，表示机器人的 CCLink 占用 2 个虚拟站，如图 2-135 所示，单击“确定”，OccStat=2。

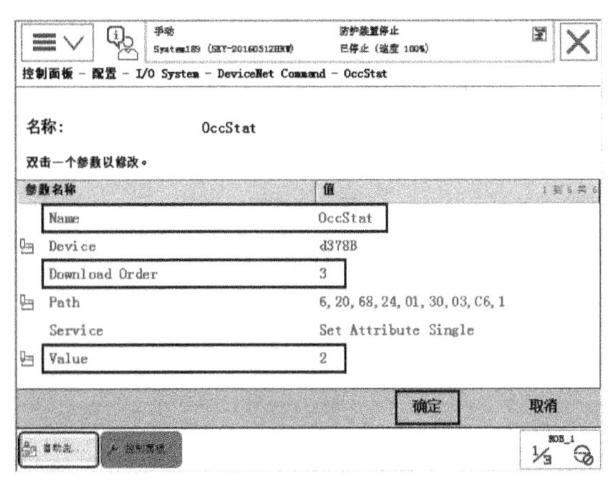

图　2-135

10）修改“Name”为 BasicIO，“Download Order”设为 4，“Value”设为 0，表示机器人的 CCLink 通信数据类型是位数据，如图 2-136 所示，单击“确定”，BasicIO=0。OccStat=2、BasicIO=0 设定了 ABB 工业机器人输入 / 输出点数各为 48 点，参照表 2-19。

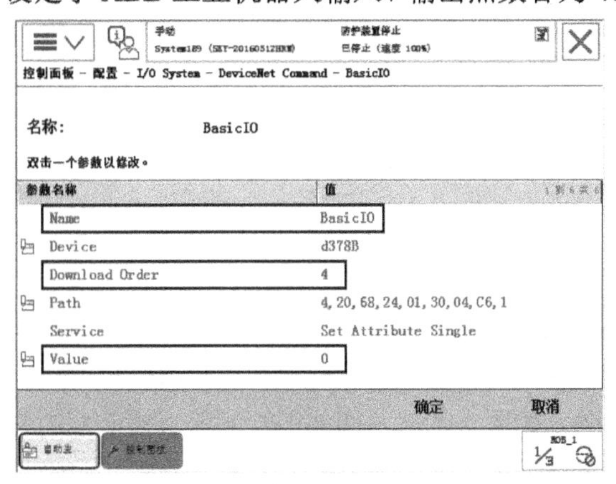

图　2-136

11）修改“Name”为 Reset，“Download Order”设为 5，“Service”为 Reset，“Value”设为 0，表示机器人的 CCLink 网关模块参数值是 0，如图 2-137 所示，单击“确定”。

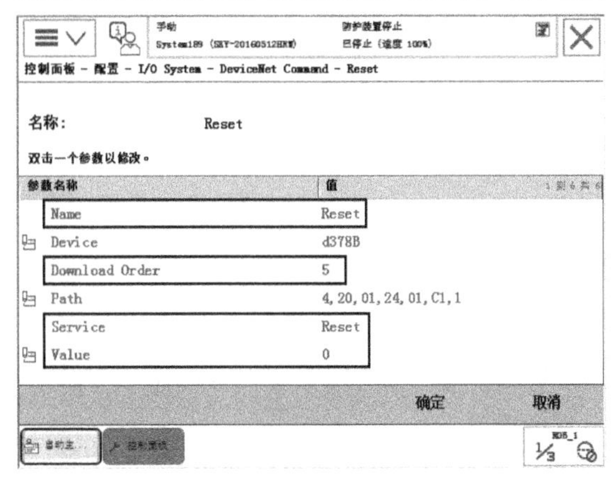

图　2-137

2. 创建 CCLink 的 I/O 信号

根据需要创建 ABB 工业机器人的输入、输出信号，表 2-22 中定义了一个输入信号 di0，表 2-23 中定义了一个输出信号 do0。

表 2-22

参数名称	设定值	说明
Name	di0	信号名称
Type of Signal	Digitial Input	信号类型（数字输入信号）
Assign to Device	d378b	分配的设备
Device Mapping	0	信号地址

表 2-23

参数名称	设定值	说明
Name	do0	信号名称
Type of Signal	Digitial Output	信号类型（数字输出信号）
Assign to Device	d378b	分配的设备
Device Mapping	0	信号地址

创建 CCLink I/O 信号的具体步骤如下：

1）添加输入信号 di0：双击“Signal”，单击“添加”，输入“di0”，双击“Type of Signal”，选择“Digital Input”，需要注意的是“Assigned to Device”中选择“d378B”，“Device Mapping”设为 0，如图 2-138 ～图 2-140 所示。按前面的方法可以继续设置输入信号 di1 ～ di31。

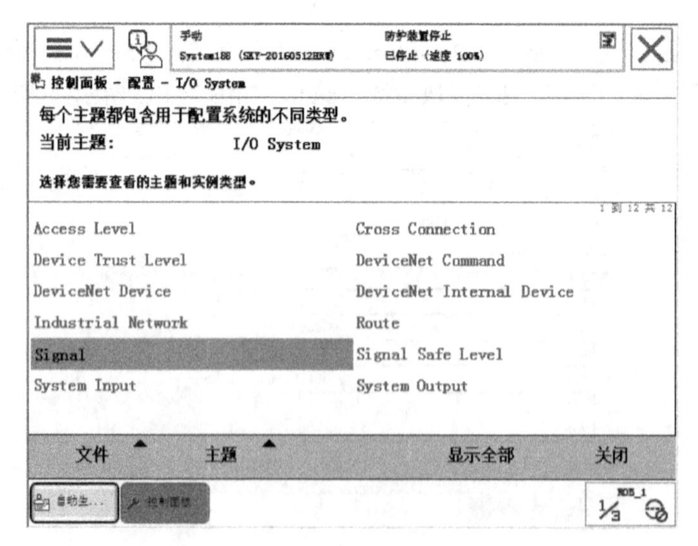

图 2-138

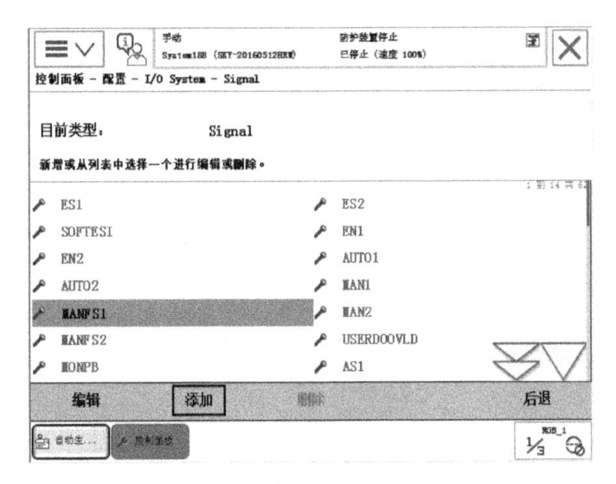

图　2-139

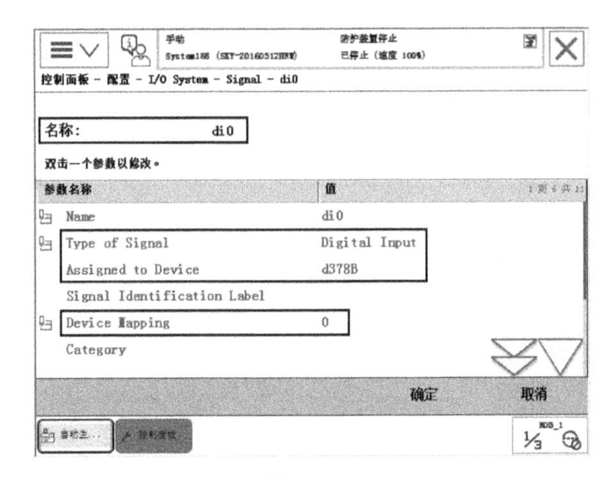

图　2-140

2）添加输出信号 do0：双击“Signal”，单击“添加”，输入“do0”，双击“Type of Signal”，选择“Digital Output”，需要注意的是“Assigned to Device”中选择“d378B”，“Device Mapping”设为 0，如图 2-141 所示。按前面的方法可以继续设置输入信号 do1 ～ do31。

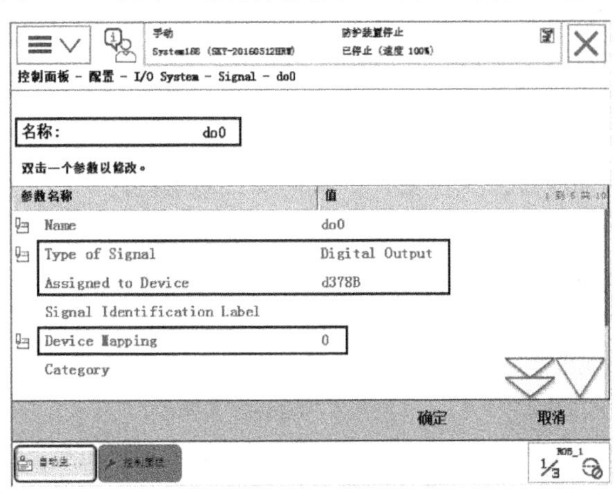

图　2-141

表 2-24 中机器人输出信号地址和 PLC 输入信号地址等效，机器人输入信号地址和 PLC 输出信号地址等效。例如 ABB 工业机器人中 Device Mapping 为 0 的输出信号 do0 和 PLC 的输入信号 X200 等效，Device Mapping 为 0 的输入信号 di0 和 PLC 的输出信号 Y200 等效。

表 2-24

机器人输出信号地址	PLC 输入信号地址	机器人输入信号地址	PLC 输出信号地址
do0 ←→	X200	di0 ←→	Y200
do1 ←→	X201	di1 ←→	Y201
: ←→	:	: ←→	:
do31 ←→	X231	di31 ←→	Y231

2.4 ABB 工业机器人 EtherNet/IP 通信配置

2.4.1 ABB 工业机器人 841-1 EtherNet/IP Scanner/Adapter 选项的应用

841-1 EtherNet/IP Scanner/Adapter 选项支持机器人同时作为扫描仪（Scanner）和适配器（Adapter），机器人不需要额外的硬件，可以使用控制器的 LAN3 网口及 WAN 网口，如图 2-142 所示。

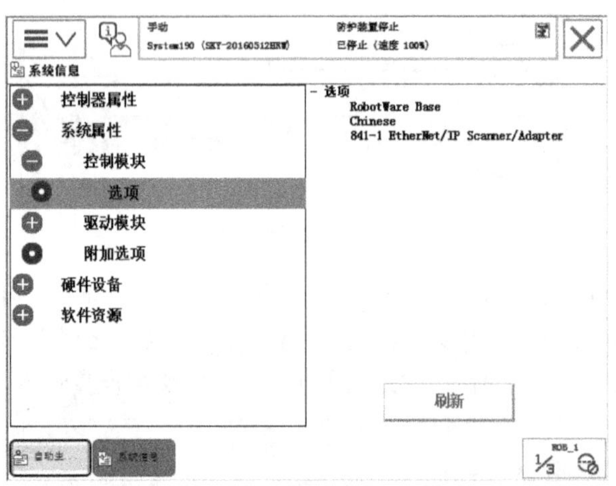

图 2-142

EtherNet/IP 可以使用机器人控制器的 WAN 网口或者 LAN3 网口，但注意两个网口不可以都作为 EtherNet/IP。841-1 EtherNet/IP Scanner/Adapter 选项仅支持一个网口作为 EtherNet/IP，而且 IP 地址唯一。如果机器人需要接入两个不同网段的 EtherNet/IP 网络，可以在 841-1 EtherNet/IP Scanner/Adapter 选项外，增加 840-1 EtherNet/IP Anybus Adapter 选项（该选项由于另增硬件 DSQC669，可以单设 IP 地址）。

ABB 工业机器人作为从站与 PLC 通信设置的步骤如下：

1）进入示教器配置对话框，“主题”选择“Communication”，选择“IP Setting”，如图 2-143、图 2-144 所示。

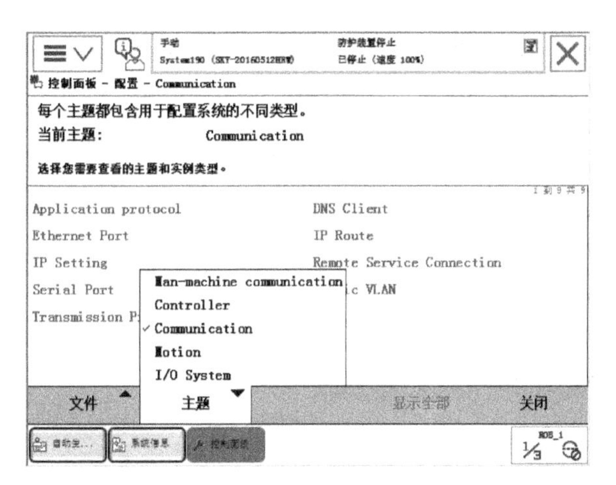

图 2-143

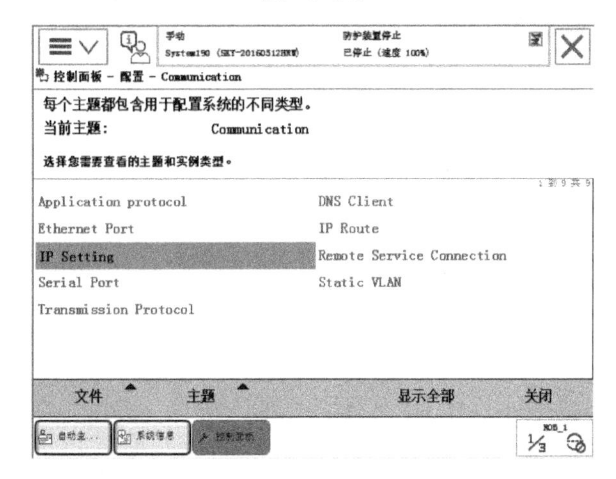

图 2-144

2）编辑 EtherNet/IP 网络的 IP 和 Subnet。“IP”设为“192.168.0.2”，“Subnet”设为“255.255.255.0”，选择网口“Interface”，本例为 LAN3，通过 LAN3 网口进行 EtherNet/IP 通信，如图 2-145 所示。

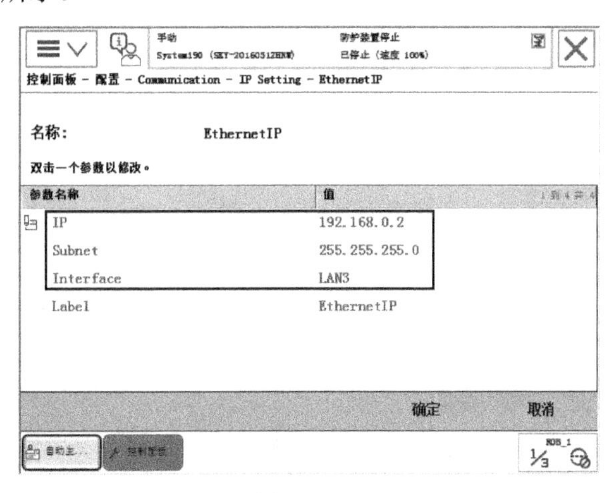

图 2-145

3）编辑 EtherNet/IP 网络的 Industrial Network。选择“Industrial Network”，选择“EtherNetIP”，“Connection”选择“EthernetIP”，如图 2-146～图 2-148 所示。

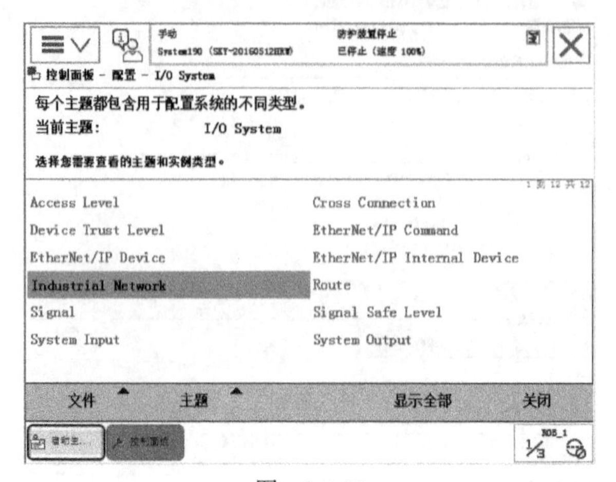

图 2-146

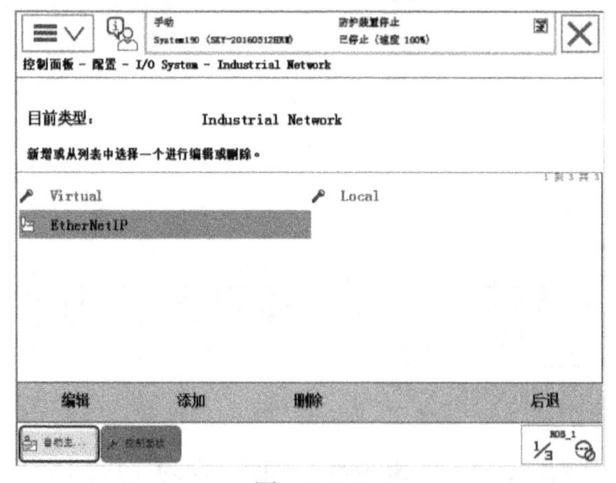

图 2-147

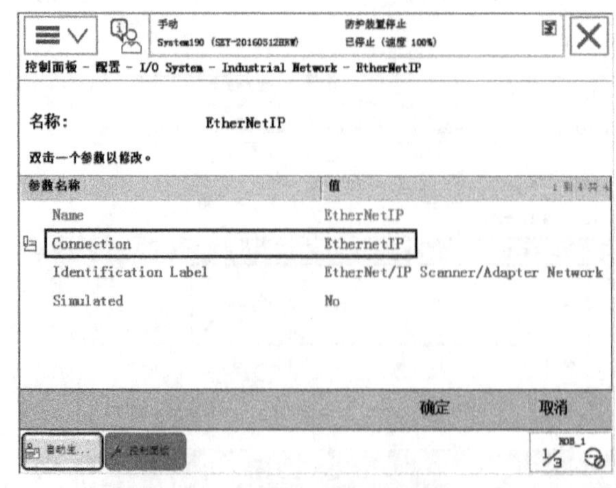

图 2-148

4）进入示教器配置对话框，选择“EtherNet/IP Internal Device”，如图 2-149 所示，选择

“EN_Internal Device”，如图 2-150 所示。

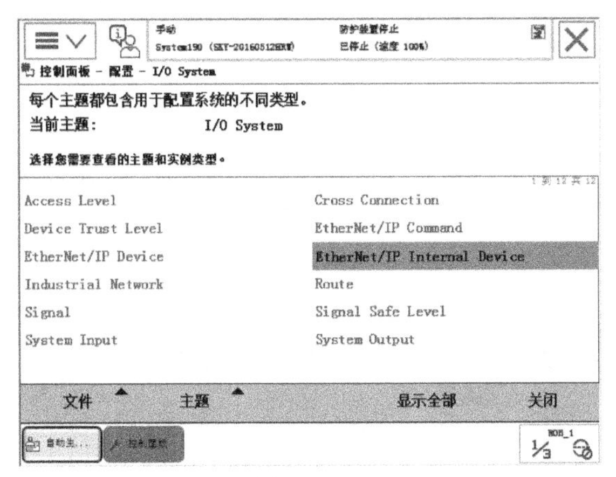

图　2-149

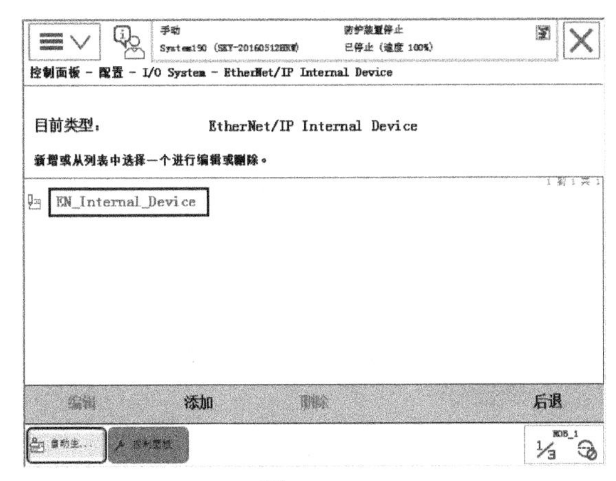

图　2-150

5）修改输入输出信号字节，本例修改为 8，如图 2-151 所示。

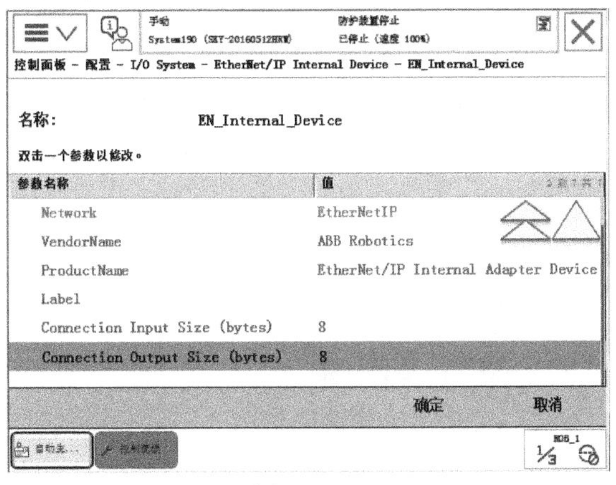

图　2-151

6）配置信号“Signal”，“Assigned to Device”选择“EN_Internal Device”，如图 2-152、图 2-153。本例定义了一个输入信号 en_di1。

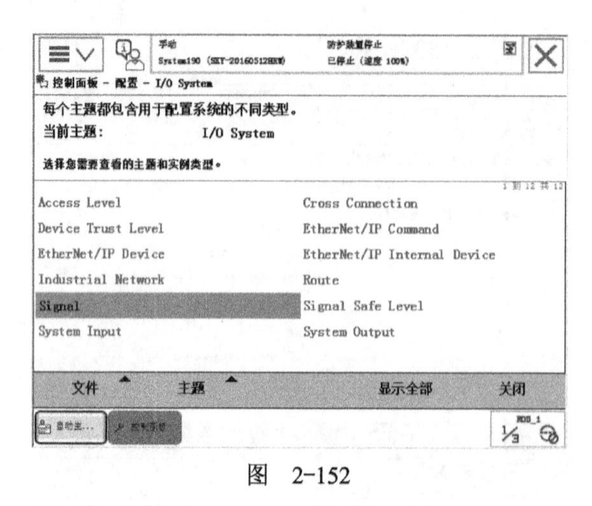

图 2-152

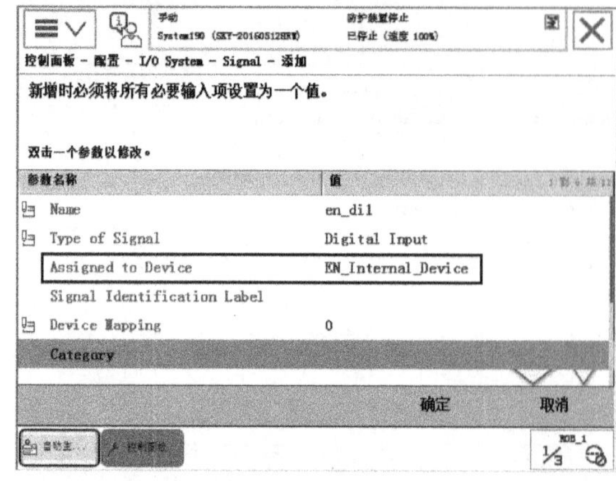

图 2-153

2.4.2 ABB 工业机器人 840-1 EtherNet/IP Anybus Adapter 选项的应用

ABB 工业机器人选择 840-1 EtherNet/IP Anybus Adapter 选项时，如图 2-154 所示，机器人只能作为适配器（Adapter），图 2-155 的 A 为模块 DSQC1003 的安装位置，B 为适配器 DSQC669 的安装位置，C 为接地端。机器人适配器 DSQC669 如图 2-156 所示。

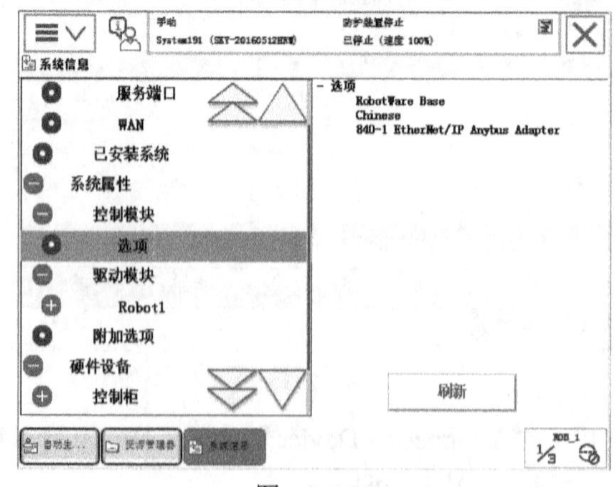

图 2-154

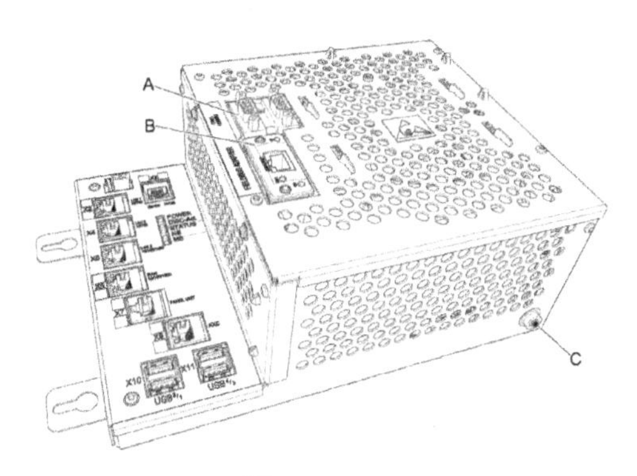

图 2-155

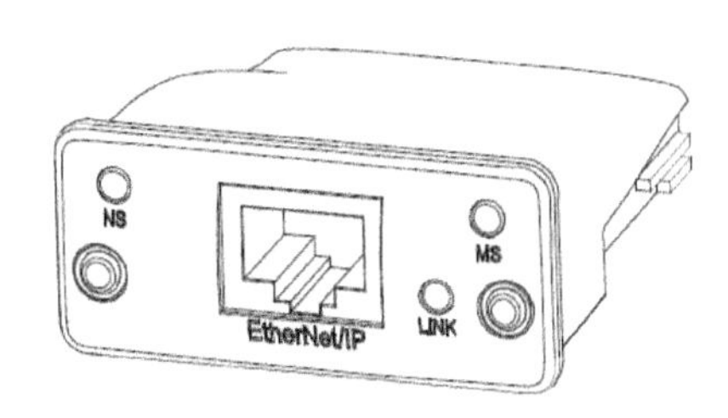

图 2-156

机器人作为从站与PLC通信设置的步骤如下：

1）进入示教器配置对话框，选择“Industrial Network”，如图2-157所示，选择“EtherNetIP_Anybus”，如图2-158所示。

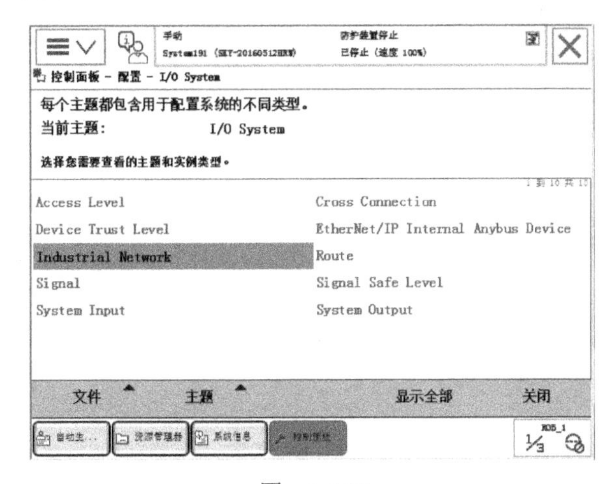

图 2-157

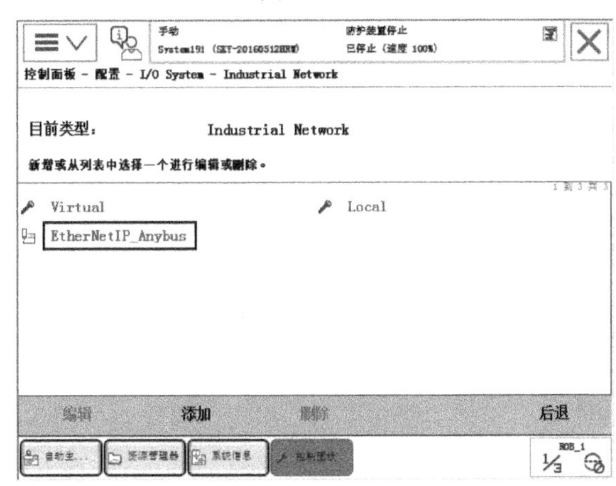

图 2-158

2）设置EtherNet IP_Anybus的IP地址、子网掩码等网络信息。如图2-159所示，“Address”设为“192.168.0.5”，“Subnet Mask”设为“255.255.255.0”。

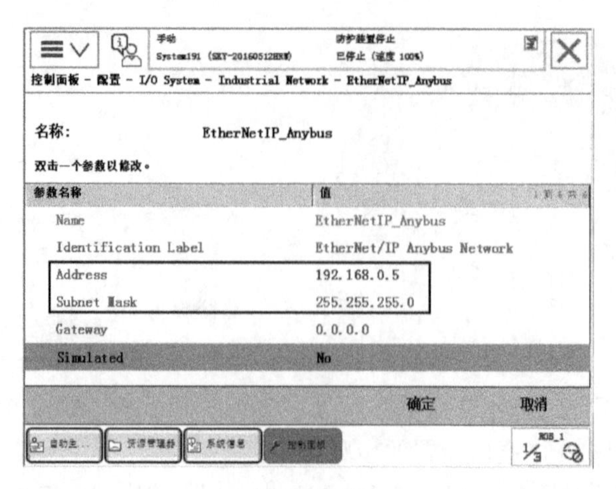

图 2-159

3）选择“配置”，选择“EtherNet/IP Internal Anybus Device”，如图 2-160 所示。选择“EN_Internal_Anybus”，如图 2-161 所示。

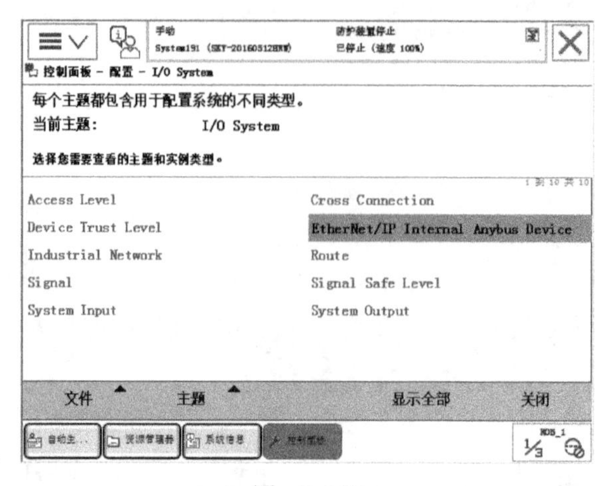

图 2-160

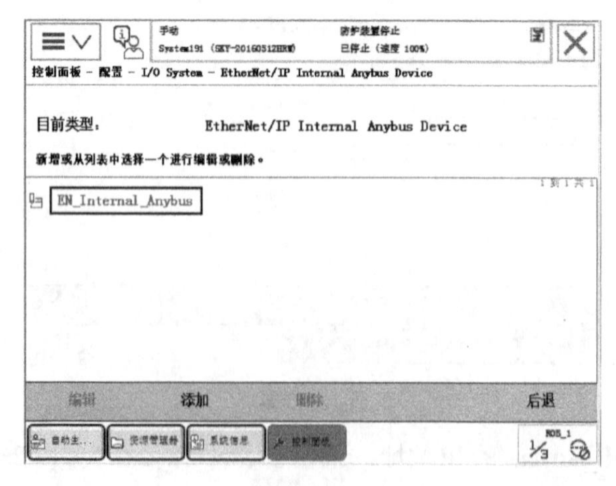

图 2-161

4）修改输入输出信号字节，本例设为 8，如图 2-162 所示。

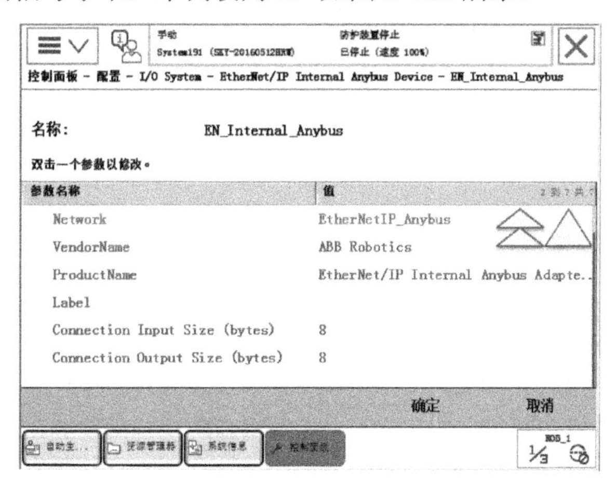

图　2-162

5）配置信号“Signal”，“Assigned to Device”选择“EN_Internal_Anybus”，如图 2-163、图 2-164 所示。本例定义了一个输入信号 en_di1。

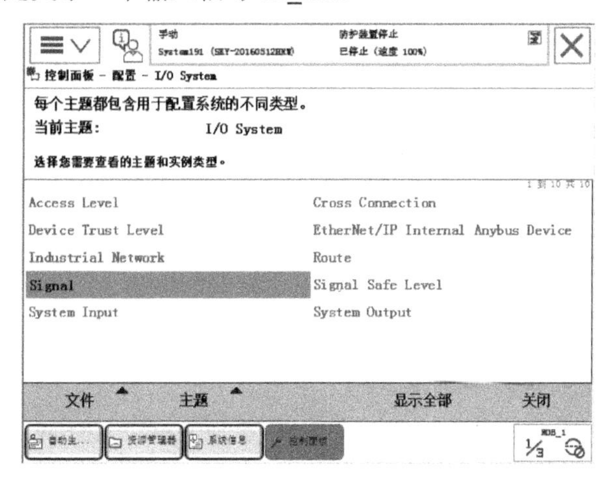

图　2-163

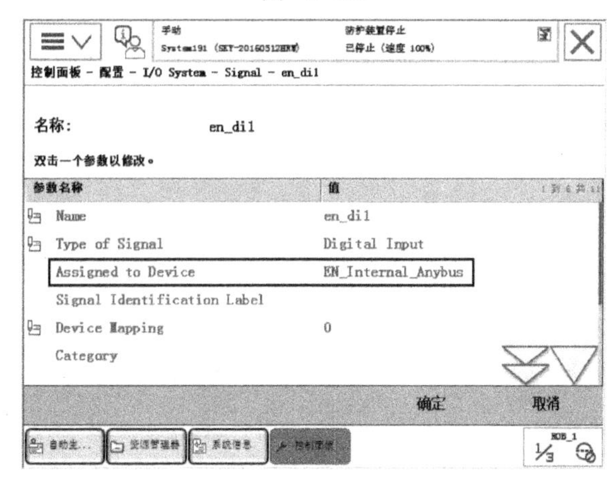

图　2-164

2.5 Socket 通信

Socket 通信使用普通的 TCP/IP 协议，通常使用机器人控制器的 LAN3 网口、服务端口（Service Port）、WAN 网口进行通信，使得 ABB 工业机器人可以和工业相机、PC 进行网络通信。

2.5.1 Socket 通信设置

ABB 工业机器人使用 Socket 通信，需要有 616-1 PC Interface 选项，虚拟仿真时需要添加 616-1 PC Interface 选项，如图 2-165 所示。

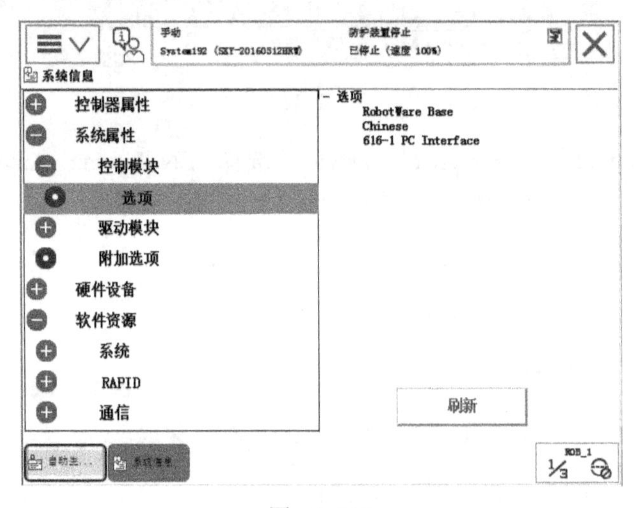

图 2-165

1. LAN3 网口选择及 IP 地址设置

1）选择“控制面板”“配置”，“主题”选择“Communication”，如图 2-166 所示。

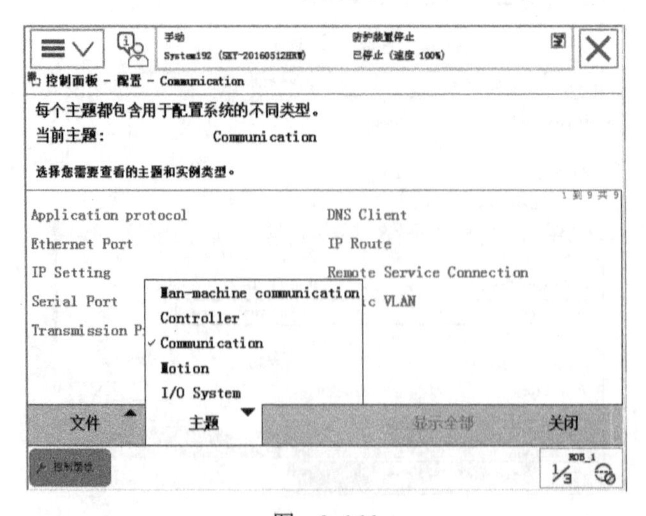

图 2-166

2）选择“IP Setting”，设置“IP”地址，“Interface”选择“LAN3”，如图2-167所示。

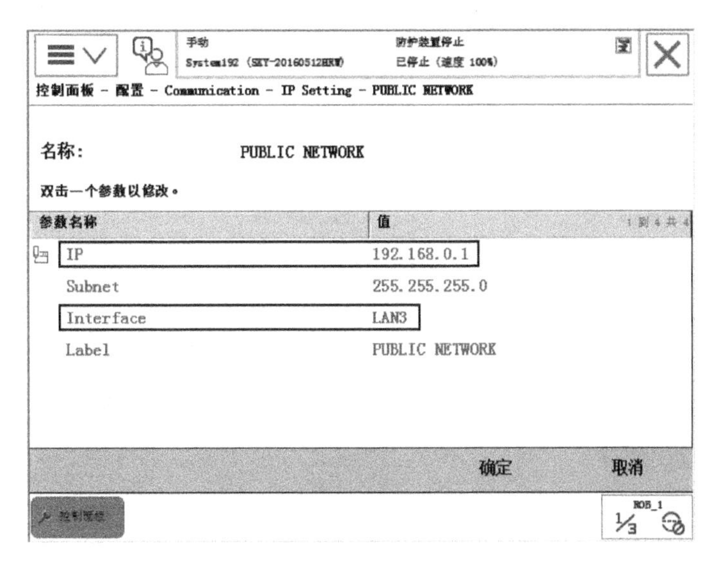

图　2-167

2. **服务端口（Service Port）设置**

Service Port固定IP地址为192.168.125.1，不可修改。PC如果连接到Service Port，可设为自动获取IP地址，也可以设为和服务端口同一网段的IP地址192.168.125.X，X是1以外的值。

3. **WAN网口的设置**

1）选择“控制面板”“配置”，“主题”选择“Communication”，如图2-168所示。

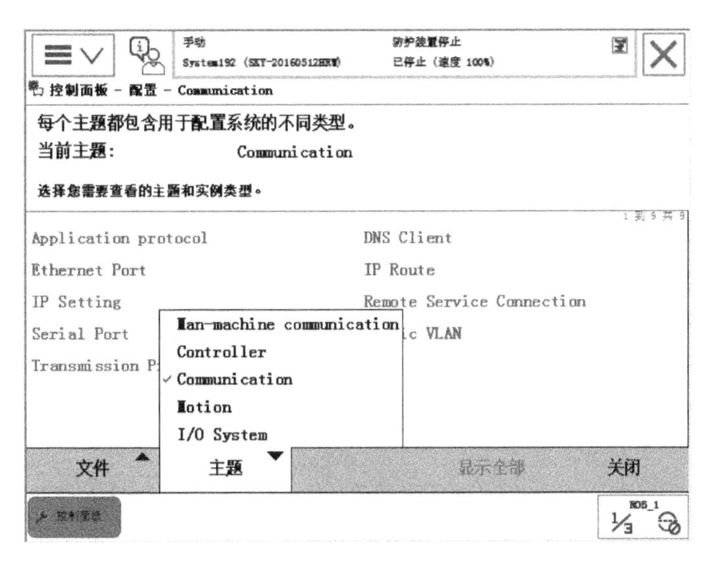

图　2-168

2）选择“IP Setting”，设置“IP”地址，“Interface”选择“WAN”，如图2-169所示。

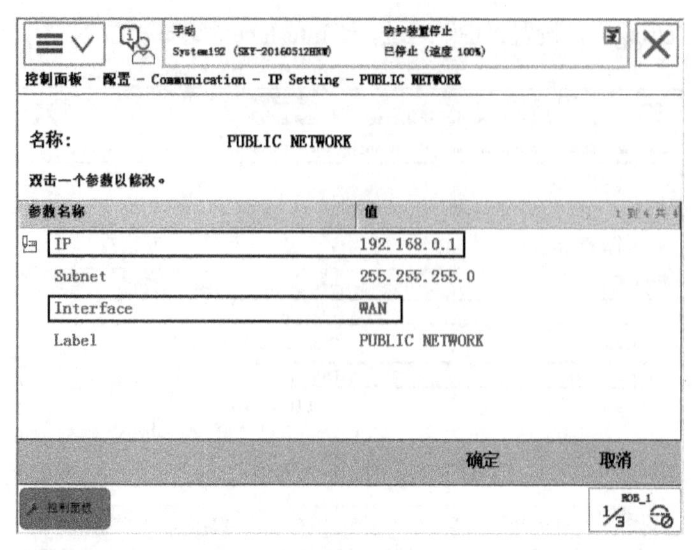

图 2-169

2.5.2 创建 Socket 通信

Socket 通信分为服务器（Server）和客户端（Client）。一个服务器可以连接多个客户端。服务器通过不同的端口号区分连接的客户端，如图 2-170 所示。ABB 工业机器人在 Socket 通信可以作为服务器，也可以作为客户端。Socket 常用指令功能及举例见表 2-25，常用字符函数功能及举例见表 2-26。

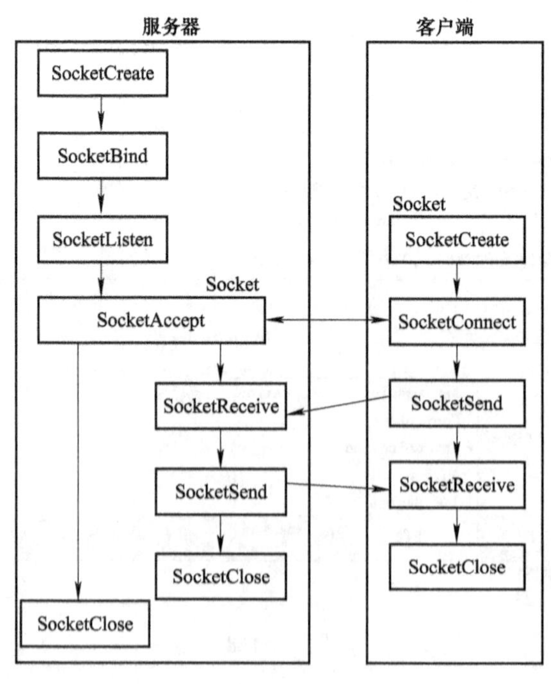

图 2-170

表 2-25

指令	功能	举例
SocketCreate	创建新套接字	SocketCreate socket1；创建使用 TCP/IP 协议的新套接字设备，并分配到变量 socket1
SocketClose	关闭套接字	SocketClose socket1；关闭套接字，且不能再使用
SocketConnect	连接远程计算机	SocketConnect socket1, "192.168.0.1", 1025；尝试与 IP 地址 192.168.0.1 和端口 1025 处的远程计算机相连
SocketSend	向远程计算机发送数据	SocketSend socket1 \Str := "Hello world"；将消息 "Hello world" 发送给远程计算机
SocketReceive	接收来自远程计算机的数据	SocketReceive socket1 \Str := str_data；从远程计算机接收数据，并将其储存在字符串变量 str_data 中
SocketBind	将套接字与 IP 地址和端口绑定	VAR socketdev server_socket; SocketCreate server_socket; SocketBind server_socket, "192.168.0.1", 1025; 创建服务器套接字 server_socket，并与地址为 192.168.0.1 的控制器网络上的端口 1025 绑定。可在 SocketListen 指令中使用服务器套接字，以监听位于该端口和地址上的输入连接
SocketListen	监听输入连接	VAR socketdev server_socket; VAR socketdev client_socket; ⋮ SocketCreate server_socket; SocketBind server_socket, "192.168.0.1", 1025; SocketListen server_socket; WHILE listening DO; ! Waiting for a connection request; SocketAccept server_socket, client_socket; 创建服务器套接字，并与地址为 192.168.0.1 的控制器网络上的端口 1025 绑定。在执行 SocketListen 后，服务器套接字开始监听位于该端口和地址上的输入连接
SocketAccept	接受输入连接	VAR socketdev server_socket; VAR socketdev client_socket; ⋮ SocketCreate server_socket; SocketBind server_socket," 192.168.0.1", 1025; SocketListen server_socket; SocketAccept server_socket, client_socket; 创建服务器套接字，并绑定至地址为 192.168.0.1 的控制器网络上的端口 1025。在执行 SocketListen 后，服务器套接字开始监听位于该端口和地址上的输入连接 SocketAccept 等待所有输入连接，接受连接请求，并返回已建立连接的客户端套接字

表 2-26

函数	功能	举例
StrPart	寻找一部分字符串，如 StrPart (Str ChPos Len) ChPos 为开始字符位置，Len 为长度	VAR string part; part := StrPart(“Robotics” ,1,5); 将字符“Robotics”从开始位置 1、长度为 5 的“Robot”赋值给变量 part，变量 part 的值为 "Robot"
StrToVal	将一段字符串转换为一个值	VAR bool ok; VAR num nval; ok := StrToVal(“3.85” ,nval); 将字符“3.85”转换为数值，nval 的值为 3.85。成功转换后，变量 ok 的值为 TRUE
EulerZYX	根据定向，获取欧拉角 EulerZYX ([\X] [\Y] [\Z] Rotation) [\X] 为获取 X 轴周围的旋转 [\Y] 为获取 Y 轴周围的旋转 [\Z] 为获取 Z 轴周围的旋转 Rotation 为用其四元数来表示转	VAR num anglex; VAR num angley; VAR num anglez; VAR pose object; ⋮ anglex := EulerZYX(\X, object.rot); 四元素值转成绕 X 轴旋转的实际角度 angley := EulerZYX(\Y, object.rot); 四元素值转成绕 Y 轴旋转的实际角度 anglez := EulerZYX(\Z, object.rot); 四元素值转成绕 Z 轴旋转的实际角度
OrientZYX	建立欧拉角的定向 OrientZYX (ZAngle YAngle XAngle) ZAngle 围绕 Z 轴的旋转，以（°）计 YAngle 围绕 Z 轴的旋转，以（°）计 XAngle 围绕 Z 轴的旋转，以（°）计	VAR num anglex; VAR num angley; VAR num anglez; VAR pose object; ⋮ object.rot := OrientZYX(anglez, angley, anglex) 根据欧拉角来确定方位

2.5.3 Socket 通信应用示例

ABB 工业机器人通过服务端口（Service Port）用网线与工业相机进行通信，机器人作为客户端，工业相机作为服务器，相机 IP 地址为“192.168.125.2”。本例中，工业相机传输给 ABB 工业机器人的工件信息为字节格式的字符，第一个字节（1 ～ 8 位）为检测到的工件数量，第二个字节（9 ～ 16 位）是工业相机拍照的工件 X 方向的位置信息，第三个字节（17 ～ 24）是工业相机拍照的工件 Y 方向的位置信息，第四个字节（25 ～ 32）是工业相机拍照的工件 Z 方向的旋转角度位置信息。ABB 工业机器人抓取工件的视觉程序如下：

```
MODULE vision
        VAR socketdev socket_vision;
        VAR string string_vision: = “” ;
        VAR string string_count: = “” ;
        VAR string string_x: = “” ;
        VAR string string_y: = “” ;
        VAR string string_Rz: = “” ;
        VAR num count:=0;
```

```
        VAR  bool flag1:=FALSE;
        VAR  num X :=0;
        VAR  bool flag2 :=FALSE;
        VAR  num Y :=0;
        VAR  bool flag3 :=FALSE;
        VAR  num Rz :=0;
        VAR  bool flag4 :=FALSE;
        CONST robtarget P_base :=[];
        VAR robtarget P_pick :=[];
        VAR  num R_x :=0;
        VAR  num R_y :=0;
        VAR  num R_z :=0;
        VAR  singaldo signaldo1;
  PROC R_PICK( )
   start:  通信开始
     SocketClose socket_vision;  关闭接口
     SocketCreat socket_vision;  创建接口
     SocketConnet socket_vision , "192.168.125.2" ,23;  连接相机服务器和端口,
     PulseDo\Plength:=0.5,singaldo1;  ABB 工业机器人发出 0.5s 宽的信号，确定相机拍照
     SocketReceive socket_vision\str := string_vision ;  接收工业相机数据
     SocketClose socket_vision;                  关闭接口
   string_count: = Strpart (string_vision, 1, 8);  拆分第一组数据 1 ～ 8 位，数据信息为工件的数量
   flag1:= StrToVal(string_count,count);  工件数量的字符转化为数值，保存到 "count" 中
   IF count:=0 THEN;                 没有工件，回到开头重新开始执行
   GOTO start;
   ENDIF;
   string_x: = Strpart (string_vision ,9 ,8 );  拆分 9 ～ 16 位，工件 X 方向的位置信息字符
   string_y: = Strpart (string_vision ,17,8 );  拆分 17 ～ 24 位，工件 Y 方向的位置信息字符
   string_Rz: = Strpart (string_vision ,25 ,8 );  拆分 25 ～ 32 位，工件 Z 方向的角度位置信息字符
   flag2:= StrToVal (string_x, x);              字符转化数值
   flag3:= StrToVal (string_y, y);              字符转化数值
   flag4:= StrToVal (string_Rz, Rz);              字符转化数值
   MoveL P_base ,V1000 ,Z50 ,tool0;     ABB 工业机器人移到抓取起始点（P_base）
  IF count<>0ANDflag1AND flag2ANDflag3ANDflag4 THEN;  有产品而且转换成功
   P_pick := P_base;
   P_pick.trans.x :=x;                 X 偏移值输入
   P_pick.trans.y :=y;                 Y 偏移值输入
   R_x := EulerZYX (\X , P_pick.rot );         ABB 工业机器人四元素值转成实际角度
   R_y := EulerZYX (\Y, P_pick.rot );        ABB 工业机器人四元素值转成实际角度
   R_z := EulerZYX (\Z, P_pick.rot );        ABB 工业机器人四元素值转成实际角度
     Rz := Rz +R_z * 57.3 ;              视觉软件给出的为弧度 , 乘以 57.3 后 , 弧度转换为角度
   P_pick.rot := OrientZYX（Rz, R_y, R_x）;     将角度偏移值还原为四元素值
   MoveL offs(P_pick,0,0,30)v1000,z50 ,tool0;  机器人移到抓取上方 30mm 处
   MoveL P_pick,v1000,fine,tool0 ;      机器人移到抓取位置抓取工件
   MoveL offs(P_pick,0,0,30)v1000,z50 ,tool0;  机器人移到抓取上方 30mm 处
   ELSE
        Tpwrite "failed to get position" ;  否则显示 "failed to get position"
GOTO start;              回到开头
ENDIF;
   ENDPROC;
ENDMOUDLE
```

第3章 FANUC工业机器人控制柜及安全控制回路

FANUC工业机器人控制柜常见型号有R-30iB A柜、R-30iB B柜、R-30iB Mate柜、R-30iA A柜（分离式）、R-30iA B柜、R-30iA Mate柜等几种。现在FANUC工业机器人的主流控制柜是R-30iB系列。

3.1 FANUC工业机器人控制柜的组成及作用

FANUC工业机器人控制柜由主板（Main Board）、主板电池（Main Board Battery）、输入输出印制电路板（FANUC I/O Board）、紧急停止单元（E-Stop Unit）、电源供给单元（PSU）、示教器（Teach Pendant）、伺服放大器（Servo Amplifier）、操作面板（Operation Panel）、变压器（Transformer）、风扇单元（Fan Unit）、断路器（Breaker）、再生电阻（Discharge Resistor）等组成。

控制柜R-30iB A柜如图3-1所示。控制柜R-30iB B柜如图3-2所示。

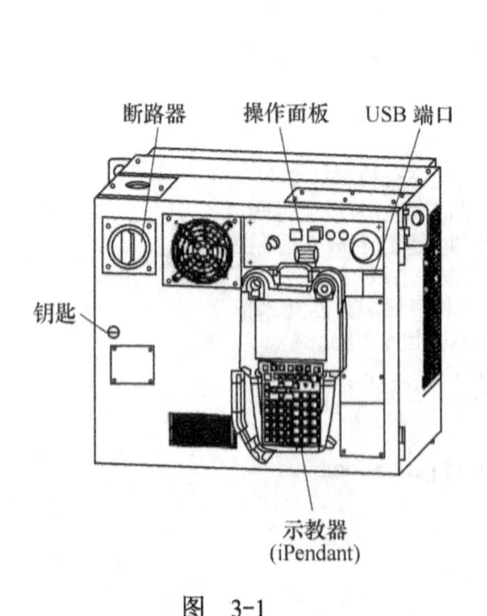

图 3-1

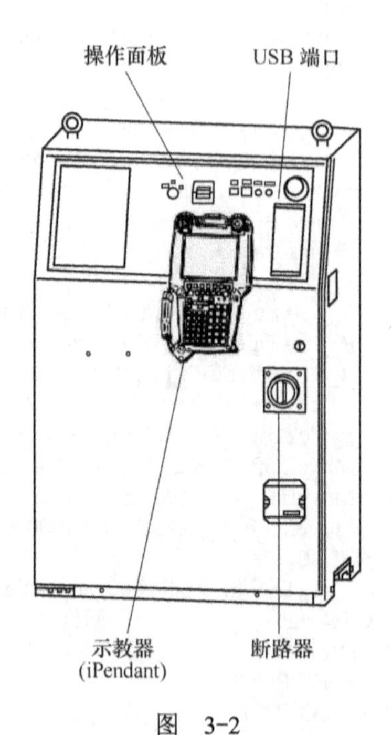

图 3-2

控制柜R-30iB Mate如图3-3所示。控制柜R-30iA A柜（分离式）如图3-4所示。控制柜R-30iA B柜如图3-5所示。控制柜R-30iA Mate柜如图3-6所示。

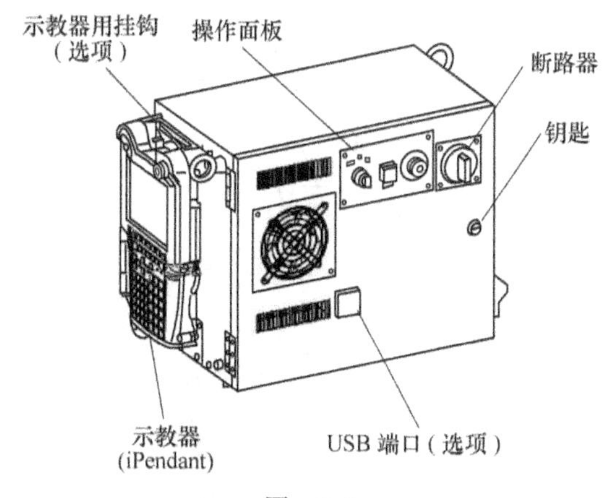

图　3-3

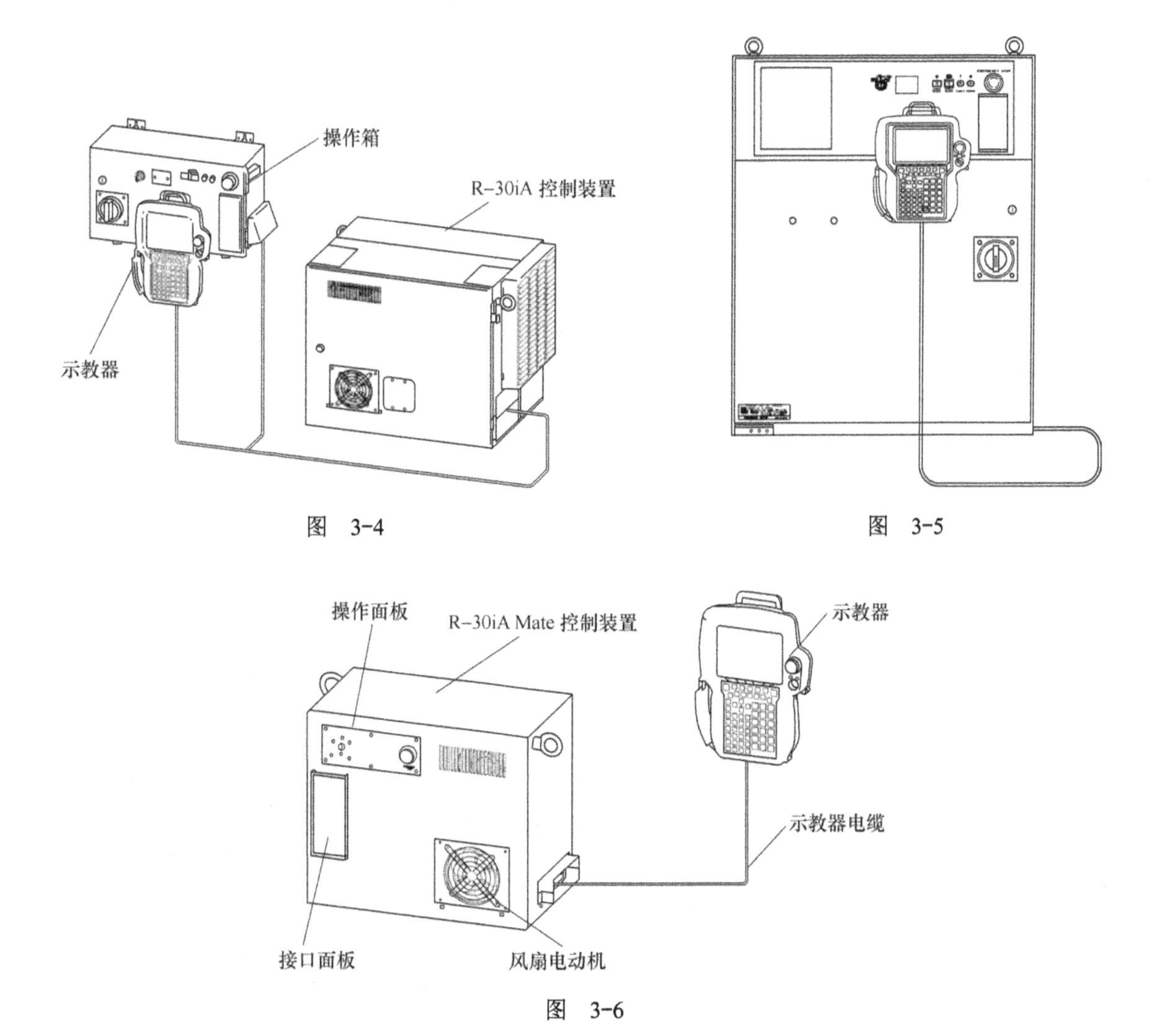

图　3-4

图　3-5

图　3-6

控制柜 R-30iB B 柜内部安装结构如图 3-7 所示。

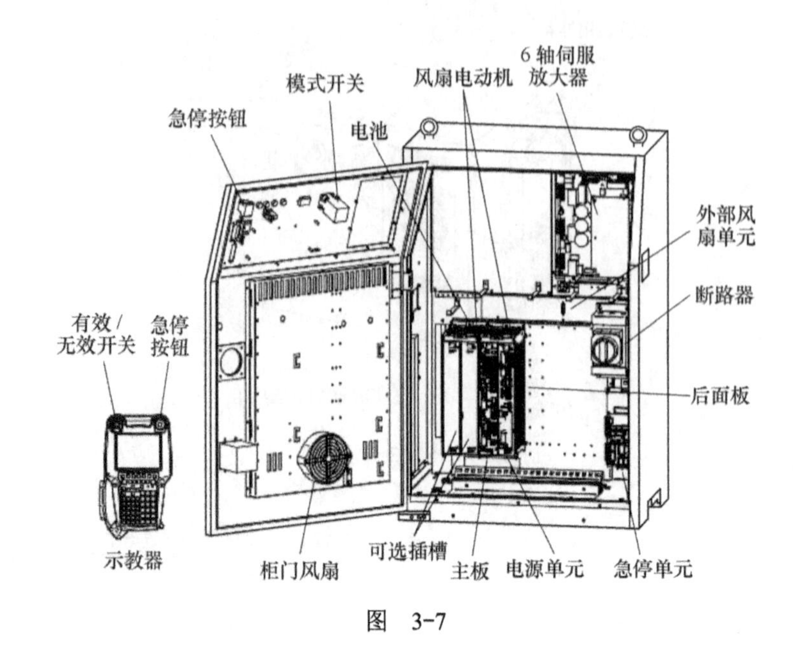

图 3-7

控制柜 R-30iB B 柜背面安装结构如图 3-8 所示。

控制柜 R-30iB Mate 内部安装结构如图 3-9 所示。

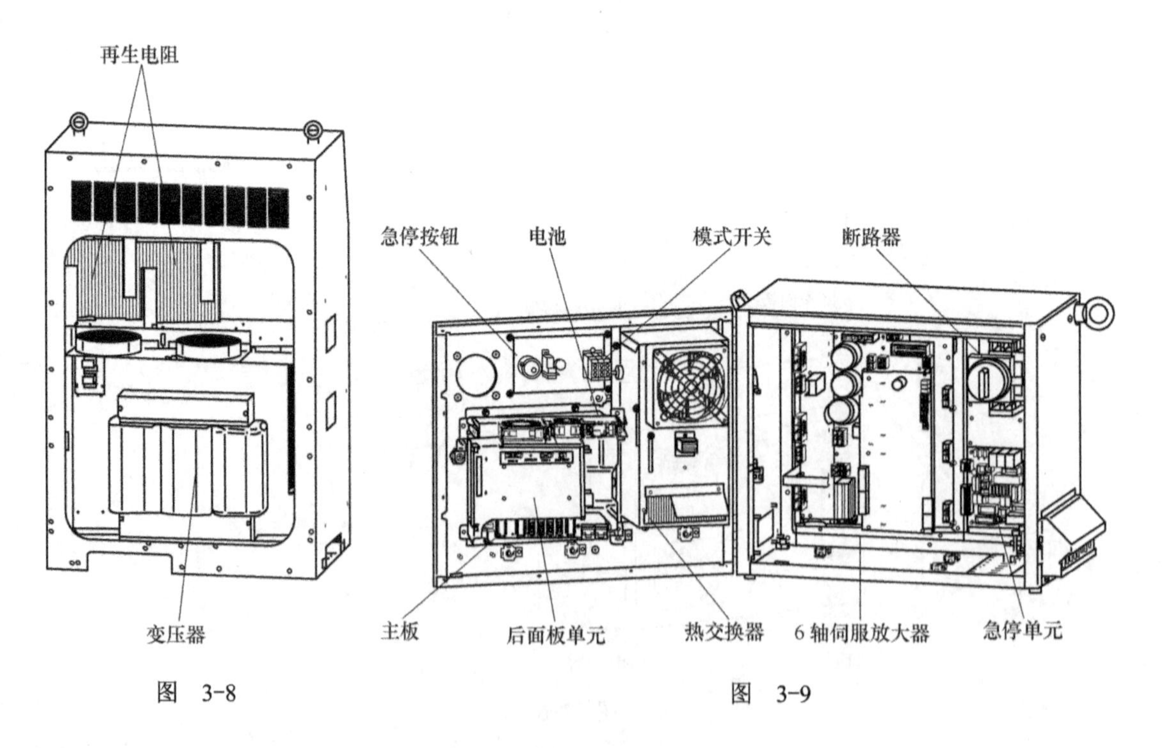

图 3-8　　图 3-9

控制柜 R-30iB Mate 背面安装结构如图 3-10 所示。

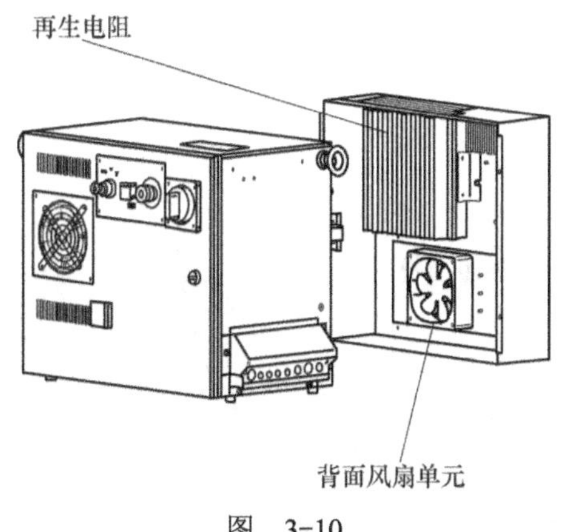

图 3-10

3.1.1 FANUC 工业机器人控制柜的主板

主板安装有 CPU 及其外围电路、FROM/SRAM 存储器、操作面板控制电路，主板还进行伺服系统位置控制。R-30iB 的主板如图 3-11 所示，R-30iB Mate 的主板如图 3-12 所示，主板的结构如图 3-13 所示。

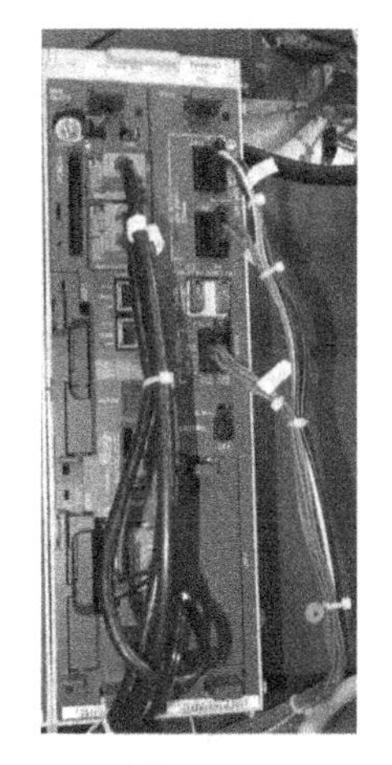

图 3-11

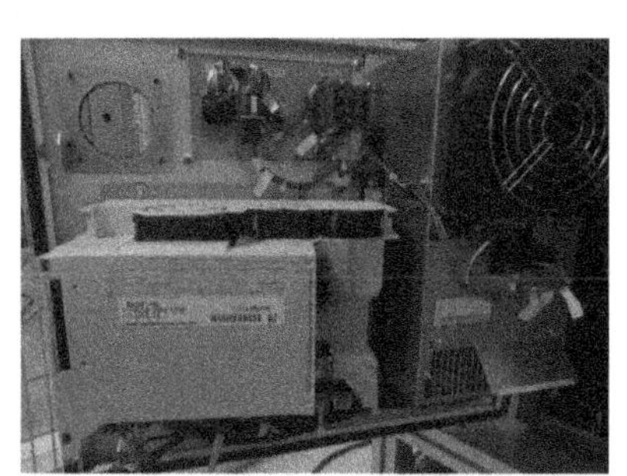

图 3-12

图 3-13

CPU 运算系统数据，伺服轴通过光纤控制 6 轴放大器驱动伺服电动机。CPU 如图 3-14 所示，伺服轴如图 3-15 所示。

图 3-14

图 3-15

FROM/SRAM 存储器存储系统文件、I/O 配置文件以及程序文件，SRAM 中的文件在主机断电后需要 3V 的电池供电以保存数据。所以 FROM/SRAM 存储器更换前需要备份保存数据，FROM/SRAM 存储器位置如图 3-16 所示。

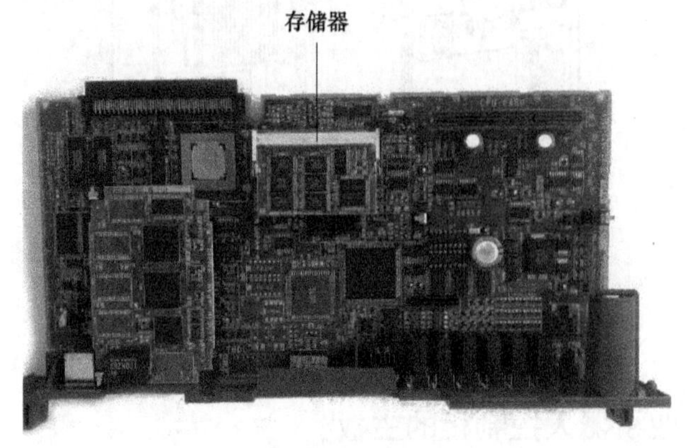

图 3-16

3.1.2 主板电池

在控制器电源关闭之后，主板电池可维持存储器状态不变。主板电池为不能充电的 3V 锂电池，电池每两年更换一次。更换主板电池时，暂时接通机器人控制装置的电源 30s 以上，断开机器人控制装置的电源，更换新电池。也可以在主板带电时更换电池，如图 3-17 所示。

图 3-17

3.1.3 FANUC 输入输出印制电路板

FANUC 输入输出印制电路板可以选择多种不同的输入输出类型，通过 I/O link 总线进行通信，由主板的 JD1A 接到输入输出印制电路板的 JD1B。FANUC 控制柜 R-30iB 的 I/O 板如图 3-18 所示，在主板的位置如图 3-19 所示。FANUC 控制柜 R-30iB Mate 的 I/O 板如图 3-20 所示，R-30iB Mate 的 I/O 板接线端子 CRMA15、CRMA16 如图 3-21 所示。

图　3-18

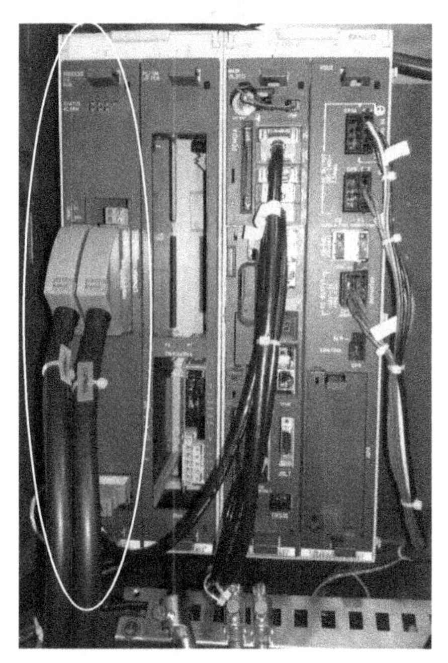

图　3-19

图　3-20

图　3-21

3.1.4　电源供给单元

电源供给单元用于将 AC 电源转换为各类 DC 电源。电源经变压器从 CP1 引入，经过 F1 送入 PSU 内部。CP1A、CP2、CP3 是带熔丝的交流输出，其中 CP2 是 200V 交流输出，供给控制柜风扇、急停单元。CP5 是 +24V 直流输出。CP6 是 +24E 直流（24V）的输出，主要给紧急停止单元供电。PSU 另外通过背板给主板和 I/O 板供电，如图 3-22、图 3-23 所示。

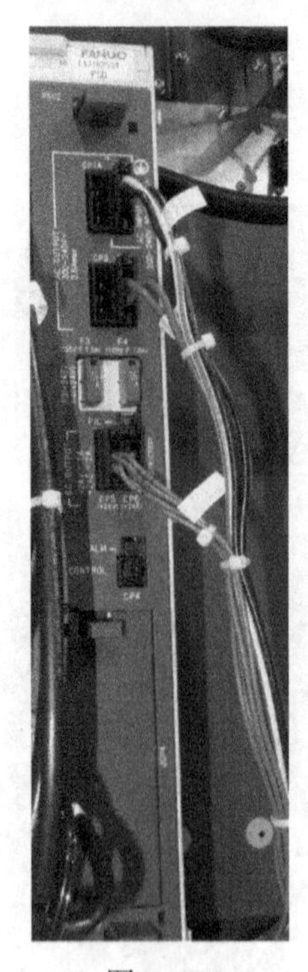
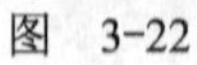

图 3-22

图 3-23

3.1.5 示教器

包括机器人编程在内的各种操作都是由示教器完成，示教器还通过液晶显示屏（LCD）显示控制装置的状态、数据等，如图 3-24 所示。

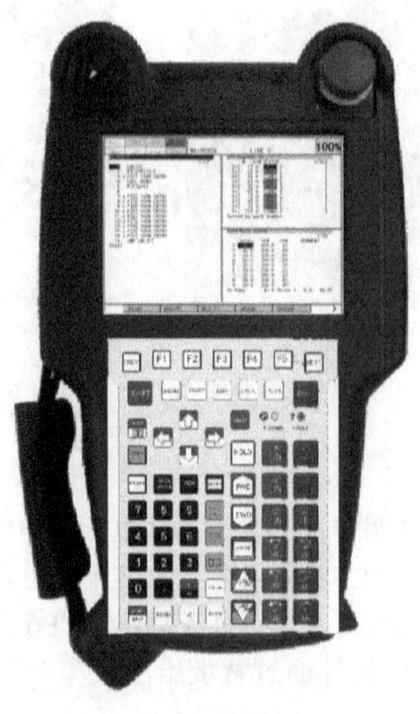

图 3-24

3.1.6 伺服放大器

FANUC 伺服放大器集成了 6 轴控制，伺服放大器控制伺服电动机运行，接受脉冲编码器的信号，同时控制制动器、超程、机械手断裂等，如图 3-25 所示。三相 220V 交流电从 CRR38A 端子接入，如图 3-26 所示，整流成直流电，再逆变成交流电，驱动 6 个伺服电动机运动，如图 3-27 所示。主板通过光缆 FSSB 总线控制 6 轴驱动器，如图 3-28 所示。FANUC 工业机器人使用绝对位置编码器，需要 6V 电池供电，每年应定期更换。更换时，按急停按钮后，在控制器带电时更换，如图 3-29 所示。

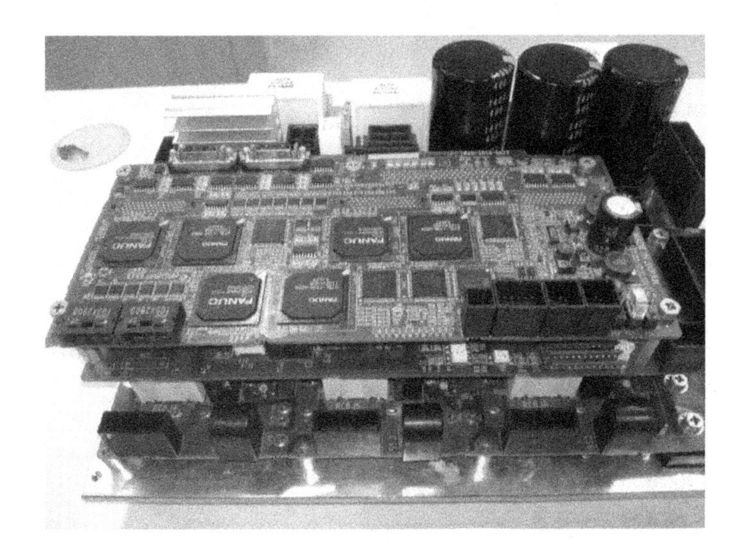

图　3-25

图　3-26

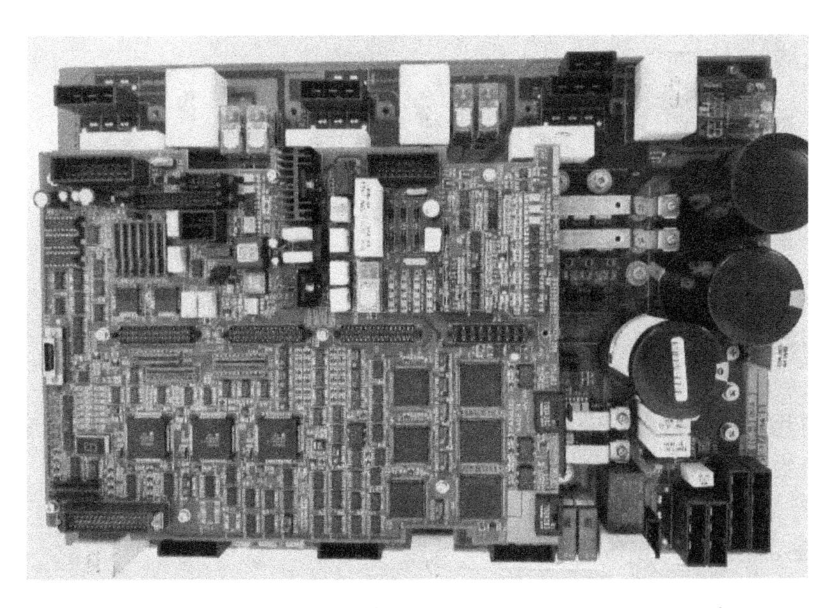

图　3-27

图 3-28

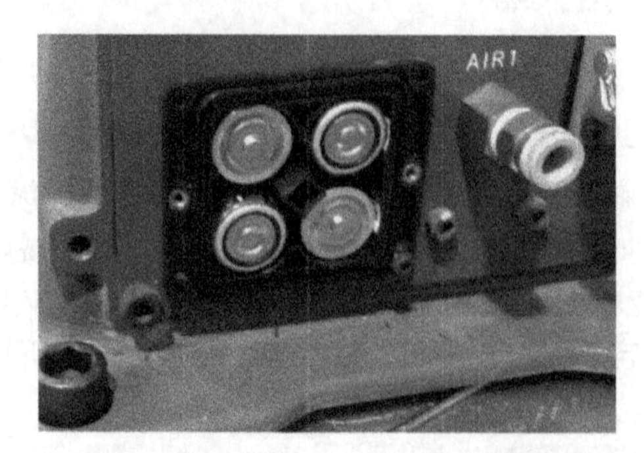

图 3-29

3.1.7 操作面板

操作面板通过按钮和 LED 进行机器人的状态显示、启动等操作，如图 3-30 所示。

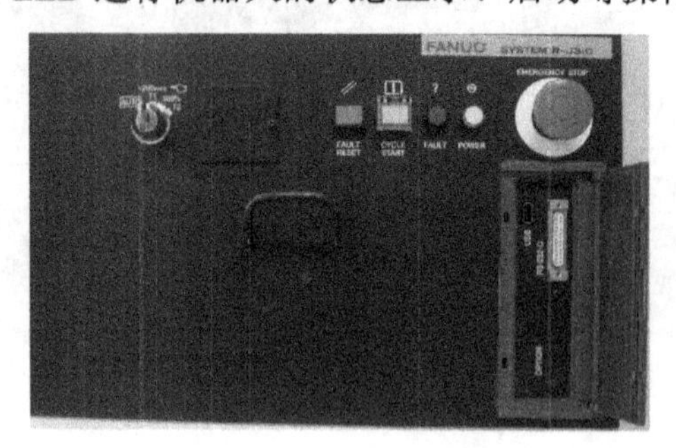

图 3-30

3.1.8 变压器

变压器将输入的电源转换成控制器的各种 AC 电源。

3.1.9 风扇单元和热交换器

风扇单元和热交换器用来冷却控制装置内部。

3.1.10 断路器

断路器可用于保护设备，有效阻止因控制装置内部的电气系统异常或者输入电源异常引起高电流产生的破坏。

3.1.11 再生电阻

再生电阻用于释放伺服电动机的反电动势，如图 3-31 所示。

图　3-31

3.2　FANUC 工业机器人安全控制回路

FANUC 工业机器人安全控制回路可接入外部急停开关、安全栅栏、伺服通断输入开关。

1. FANUC **工业机器人控制柜** R-30iA **安全控制回路**

FANUC 工业机器人控制柜 R-30iA 安全控制回路如图 3-32 所示。

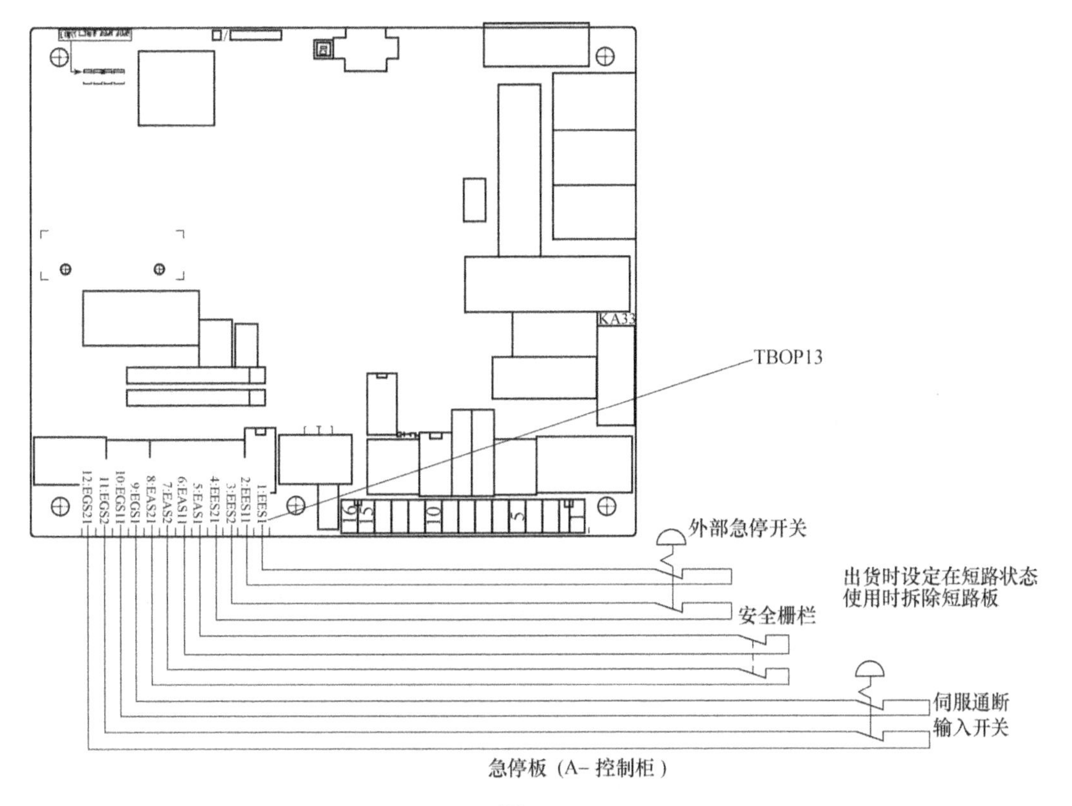

图　3-32

2. FANUC 工业机器人控制柜 R-30iB 安全控制回路

FANUC 工业机器人控制柜 R-30iB 安全控制回路如图 3-33 所示。

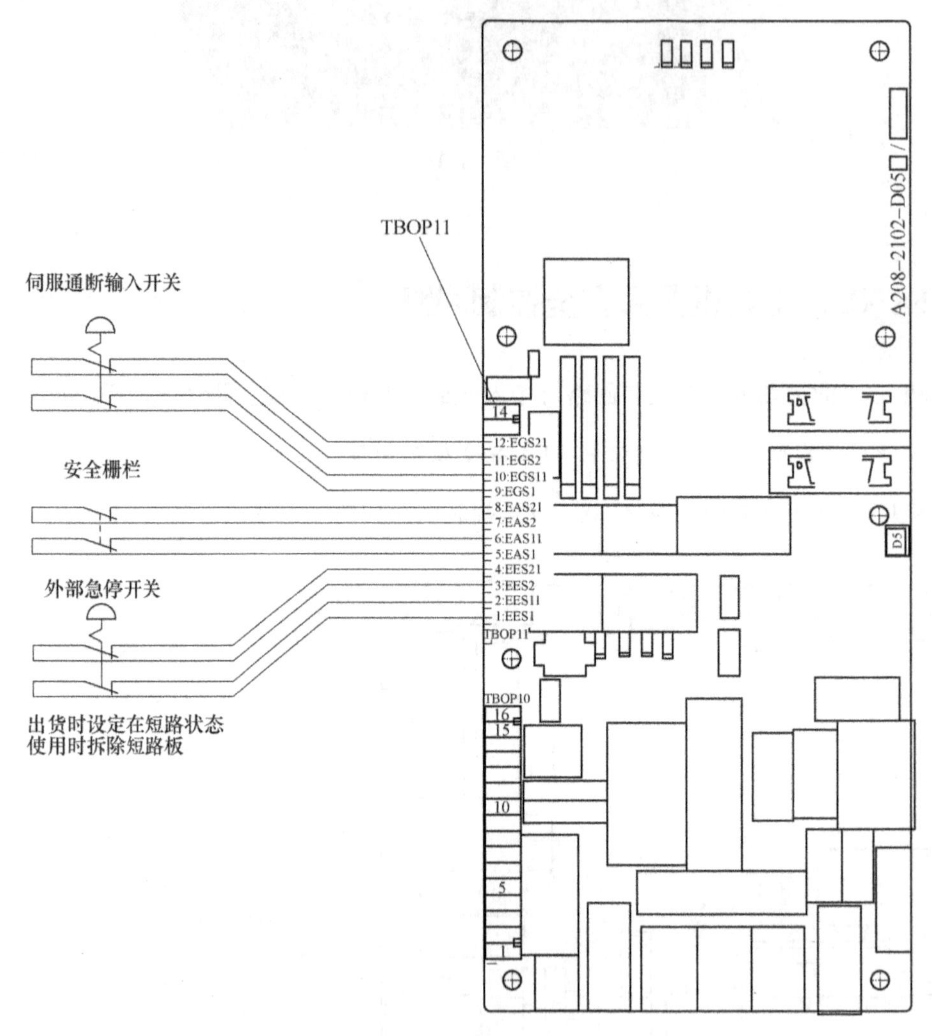

急停板 (B- 控制柜)

图 3-33

3. FANUC 工业机器人控制柜 R-30iB Mate 安全控制回路

FANUC 工业机器人控制柜 R-30iB Mate 安全控制回路如图 3-34 所示。安全回路信号说明见表 3-1。

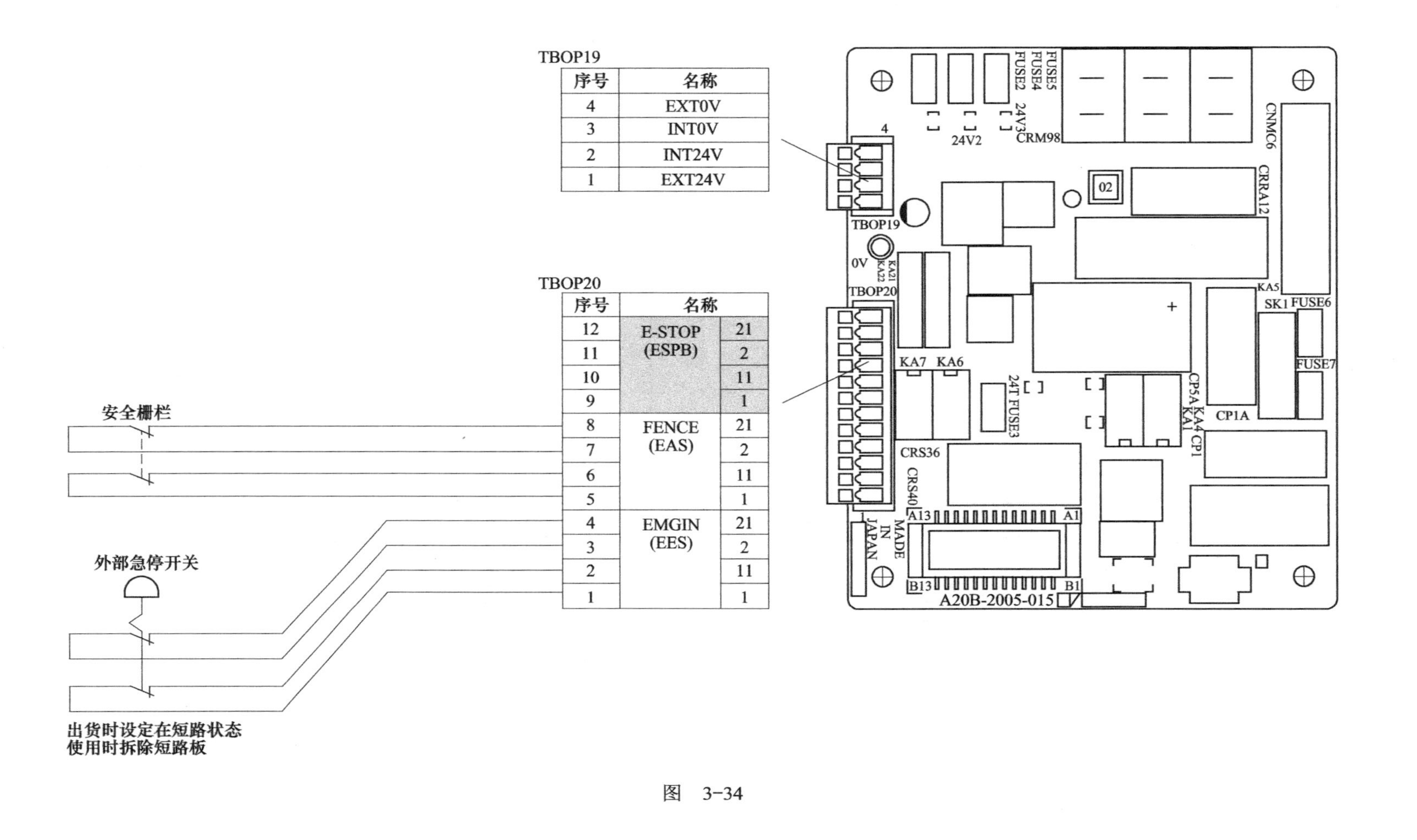

TBOP19

序号	名称
4	EXT0V
3	INT0V
2	INT24V
1	EXT24V

TBOP20

序号	名称	
12	E-STOP (ESPB)	21
11		2
10		11
9		1
8	FENCE (EAS)	21
7		2
6		11
5		1
4	EMGIN (EES)	21
3		2
2		11
1		1

图 3-34

表 3-1

信号名称	信号说明	电压、电流容量
EES1 EES11 EES2 EES21	将急停开关的接点连接到此端子上 接点断开时，机器人会按照事先设定的停止模式停止 不使用开关而使用继电器、接触器的接点时，为降低噪声，在继电器和接触器的线圈上安装火花抑制器 不使用这些信号时，安装跨接线	DC 24V，0.1A
EAS1 EAS11 EAS2 ES21	在选定 AUTO 模式的状态下，打开安全栅栏的门时，为使机器人安全停下而使用这些信号。在 AUTO 模式接点开启时，机器人会按照事先设定的停止模式停止 在 T1 或者 T2 模式下，通过正确保持安全开关，即使在安全栅栏门已经打开的状态下，也可以进行机器人的操作 不使用开关而使用继电器、接触器的接点时，为降低噪声，在继电器和接触器的线圈上安装火花抑制器 不使用这些信号时，安装跨接线	DC 24V，0.1A
EGS1 EGS12 EGS2 EGS21	将急停开关的接点连接到此端子上 接点断开时，机器人会按照事先设定的停止模式停止 不使用开关而使用继电器、接触器的接点时，为降低噪声，在继电器和接触器的线圈上安装火花抑制器 不使用这些信号时，安装跨接线	DC 24V，0.1A

4. 急停控制回路的输出信号

急停控制回路的输出信号如图 3-35 所示。

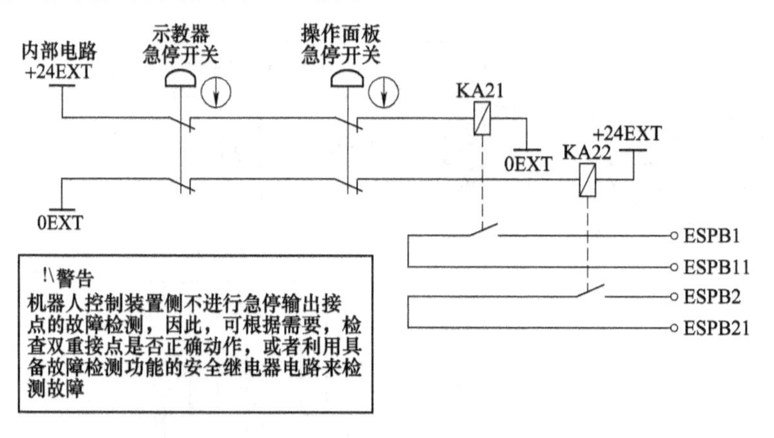

图 3-35

急停输出信号 ESPB1、ESPB11 和 ESPB2、ESPB21 可以作为安全继电器的输入信号，如图 3-36 所示，安全继电器再输出安全性得到确保的信号。

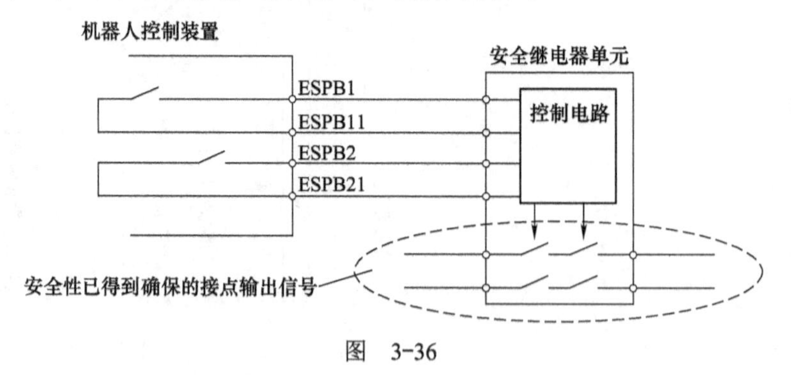

图 3-36

5. **急停控制回路外部电源的连接**

急停控制回路通过外部的 24V 稳压电源提供，如图 3-37 ～图 3-39 所示。

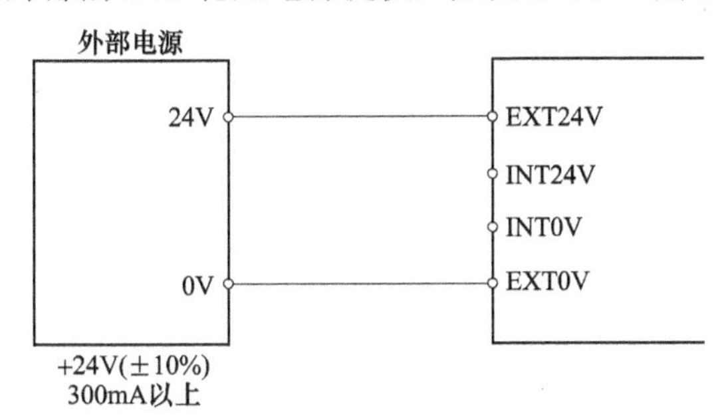

图　3-37

FANUC 工业机器人控制柜 R-30iA 外部电源的连接如图 3-38 所示。

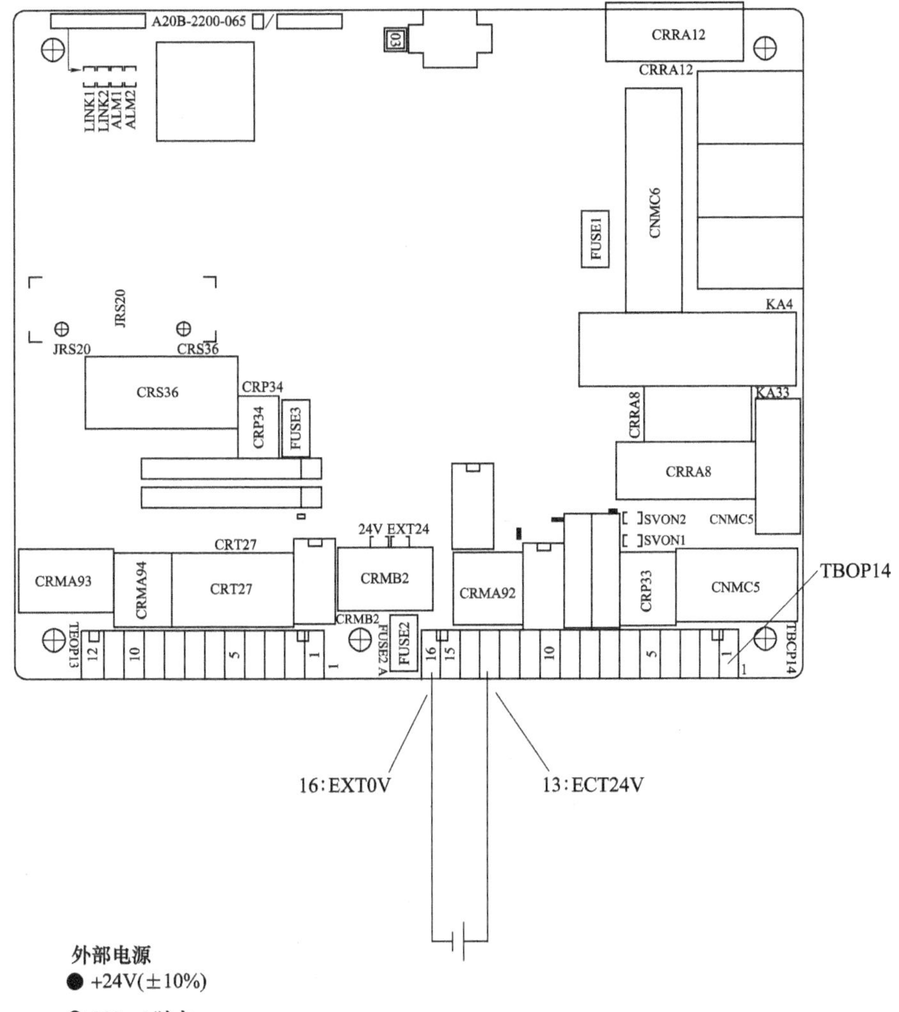

图　3-38

FANUC 工业机器人控制柜 R-30iB 外部电源的连接如图 3-39 所示。

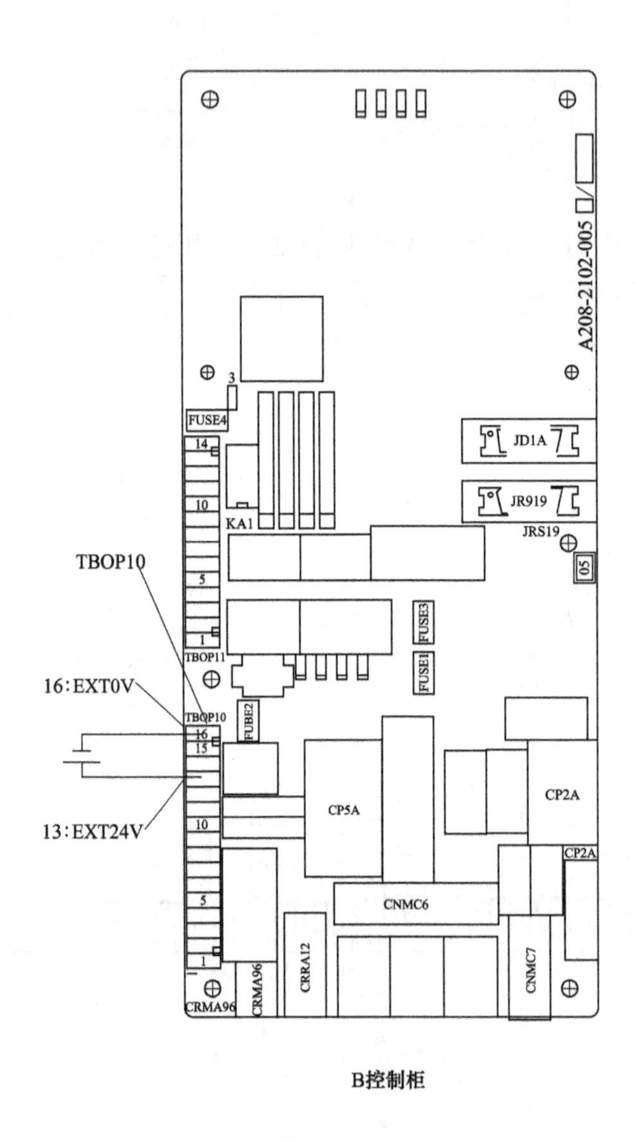

图 3-39

FANUC 工业机器人控制柜 R-30iB Mate 外部电源的连接如图 3-40 所示。

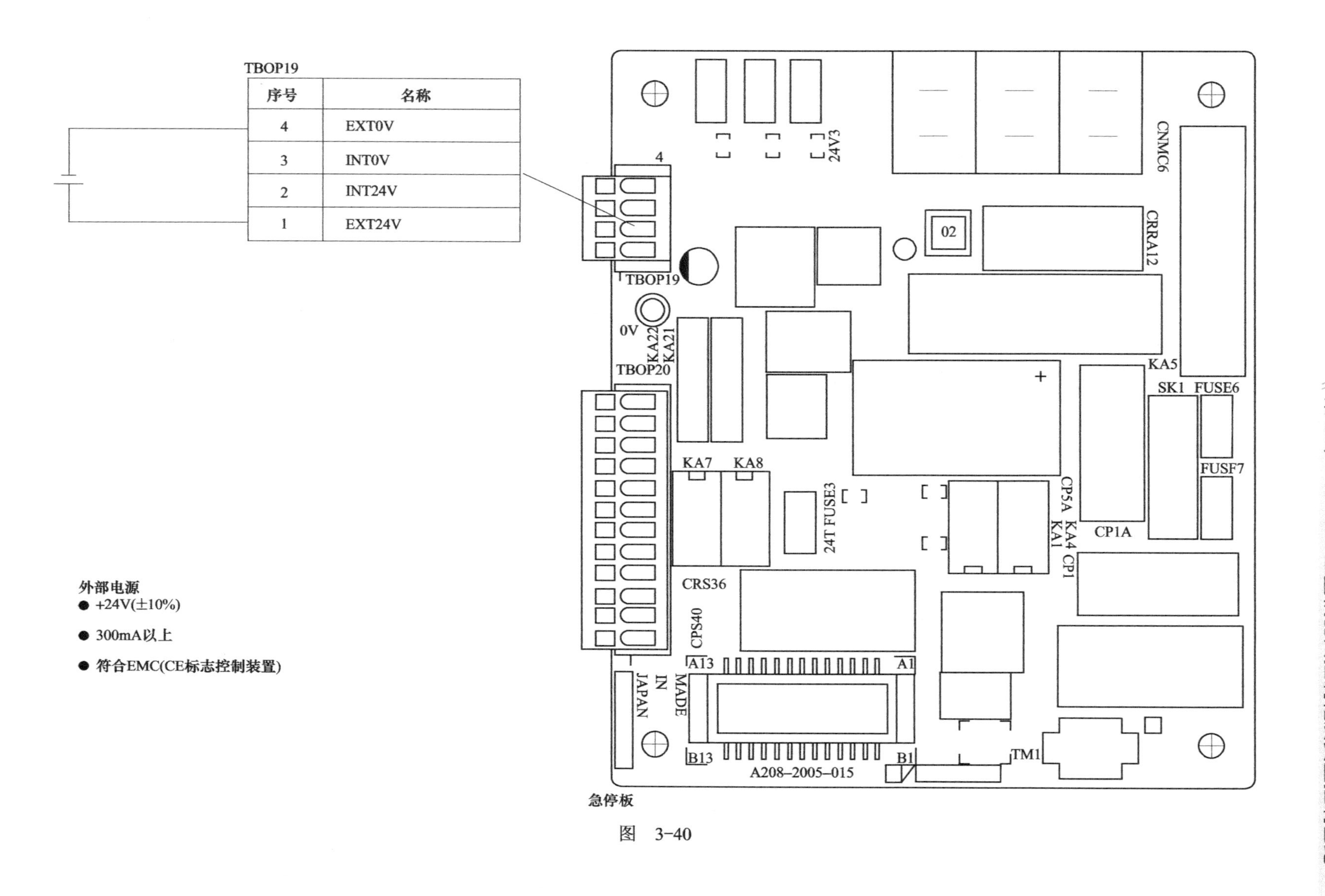
TBOP19
序号
名称
4 EXT0V
3 INT0V
2 INT24V
1 EXT24V
外部电源
● +24V(±10%)
● 300mA以上
● 符合EMC(CE标志控制装置)
4
TBOP19
0V
KA22
KA21
TBOP20
24V3
CNMC6
02
CRRA12
KA5
SK1
FUSE6
FUSF7
+
KA7
KA8
24T FUSE3
CP5A
KA4
KA1
CP1
CP1A
CRS36
CPS40
A13
A1
MADE
IN
JAPAN
B13
B1
TM1
A208-2005-015
急停板

图　3-40

6. 急停控制回路内部电源的连接

急停控制回路内部电源的连接如图 3-41 所示。

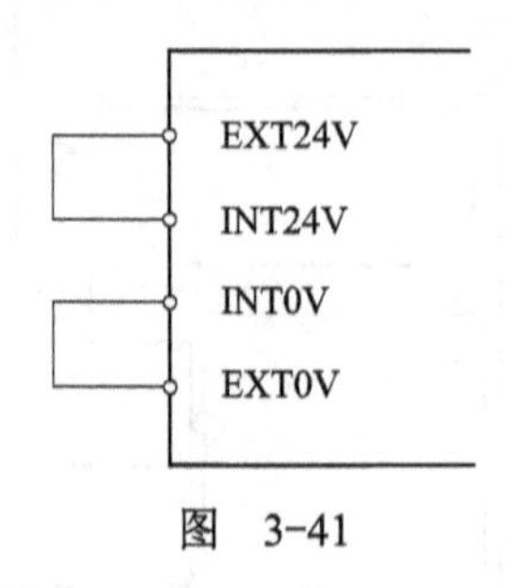

图 3-41

7. 双重化后的安全信号输入时机

外部急停信号、安全栅栏信号、伺服关闭信号等已经被设为双重输入，以便发生单一故障时也会动作，如图 3-42 所示。这些双重输入信号，按照图 3-43 所示双重化后的安全信号输入时机的规定，始终在相同时机动作。机器人控制装置始终检查双重输入是否处在相同状态，若有不一致则发出报警。时机规定尚未得到满足的情况下，有时会因信号不一致而引发报警。两路双重输入信号的时间差小于 200ms，信号断开的保持时间要大于 2s。

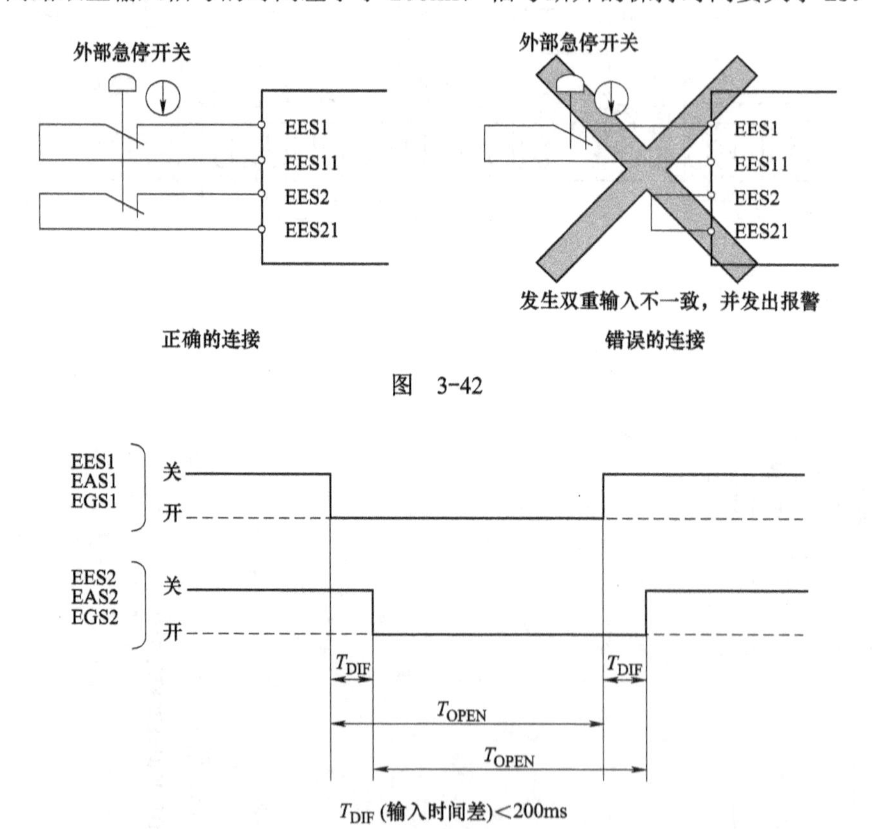

图 3-42

图 3-43

3.3 紧急停止单元

紧急停止单元用于控制急停，通过控制接触器给驱动器供电，如图 3-44 所示。

图 3-44

FANUC 工业机器人控制柜 R-30iB 紧急停止单元如图 3-45、图 3-46 所示。控制器发出指令，使得 SVON2 变为 0V，继电器 KA32 线圈得电，接触器 KM1 线圈得电，三相交流电接入，U5、V5、W5 有电。XPCON 接通 0V 时，继电器 KA4 线圈得电，三相交流电 U5、V5、W5 通过 KM1、KA4 触点以及限流电阻给驱动器预充电，限流电阻的作用是减缓电压、电流急剧上升。XMCCON 接通 0V，继电器 KA31 线圈得电，接触器 KM2 线圈得电，三相交流电通过 KM1、KM2 触点给驱动器供电，驱动器正常工作。

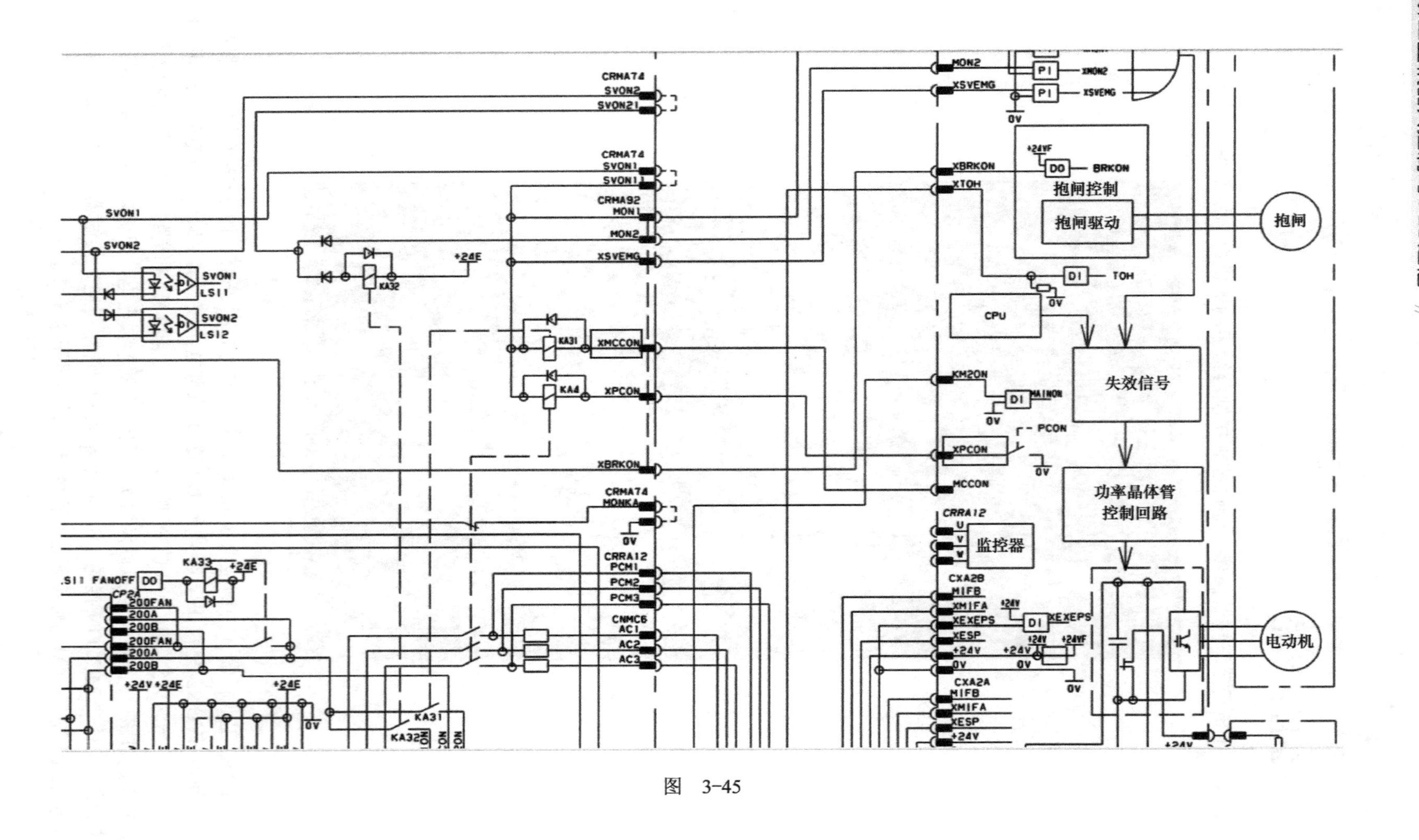
抱闸
电动机
抱闸控制
抱闸驱动
CPU
失效信号
功率晶体管
控制回路
监控器
CRMA74
SVON2
SVON21
SVON1
SVON11
CRMA92
MON1
MON2
XSVEMG
XMCCON
XPCON
XBRKON
MONKA
CRRA12
PCM1
PCM2
PCM3
CNMC6
AC1
AC2
AC3
KA31
KA32
KA33
KA4
FANOFF
CP2A
200FAN
200A
200B
XBRKON
XTOH
BRKON
TOH
KM2ON
MAINON
PCON
MCCON
CXA2B
MIFB
XMIFA
XEXEPS
XESP
CXA2A
LS11
LS12

图 3-45

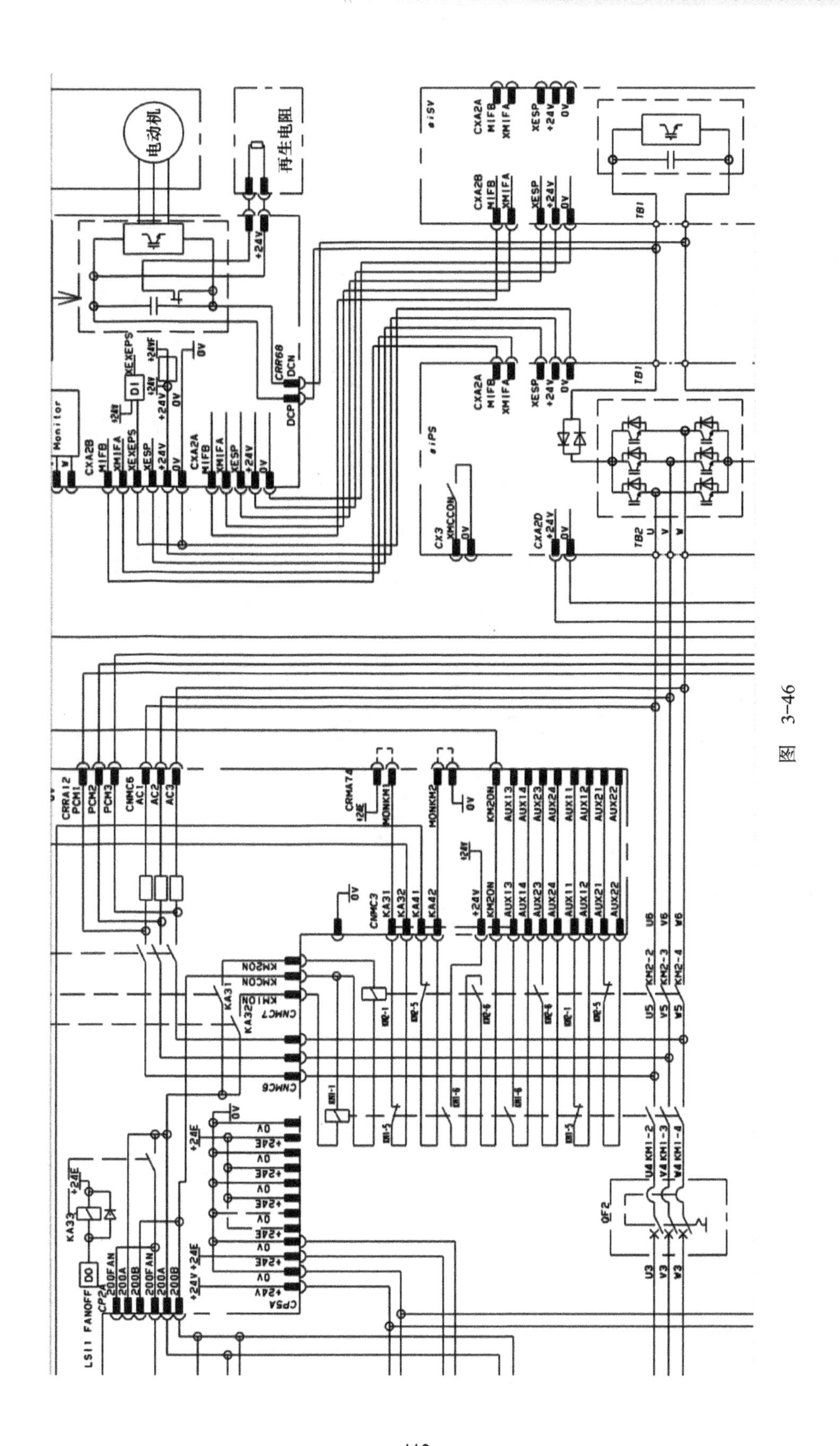
电动机
再生电阻
αiSV
CXA2A
MIFB
XMIFA
XESP
+24V
0V
CXA2B
TB1
αiPS
CX3
XMCCON
CXA2D
TB2
U
V
W
Monitor
XEXEPS
DI
CRR68
DCN
DCP
CRRA12
PCM1
PCM2
PCM3
CNMC6
AC1
AC2
AC3
CRMA74
MONKM1
MONKM2
KM2ON
AUX13
AUX14
AUX23
AUX24
AUX11
AUX12
AUX21
AUX22
CNMC3
KA31
KA32
KA41
KA42
KM1ON
KMCON
CNMC7
CNMC6
U6
V6
W6
U5
V5
W5
U4
V4
W4
U3
V3
W3
QF2
KA33
DO
CP2A
LSI1 FANOFF
200FAN
200A
200B
CP5A
图 3-46

FANUC 工业机器人控制柜 R-30iB Mate 紧急停止单元如图 3-47 所示。

图 3-47

如图 3-48、图 3-49 所示，XPCON 接通 0V，继电器 KA5 线圈得电，两相交流电通过 KA5 触点以及限流电阻给驱动器预充电，限流电阻的作用是减缓电压、电流急剧上升。XMCCON 接通 0V，继电器 KA4 线圈得电，接触器 KM2 线圈得电，两相交流电通过 KM2 触点给驱动器供电，驱动器正常工作。

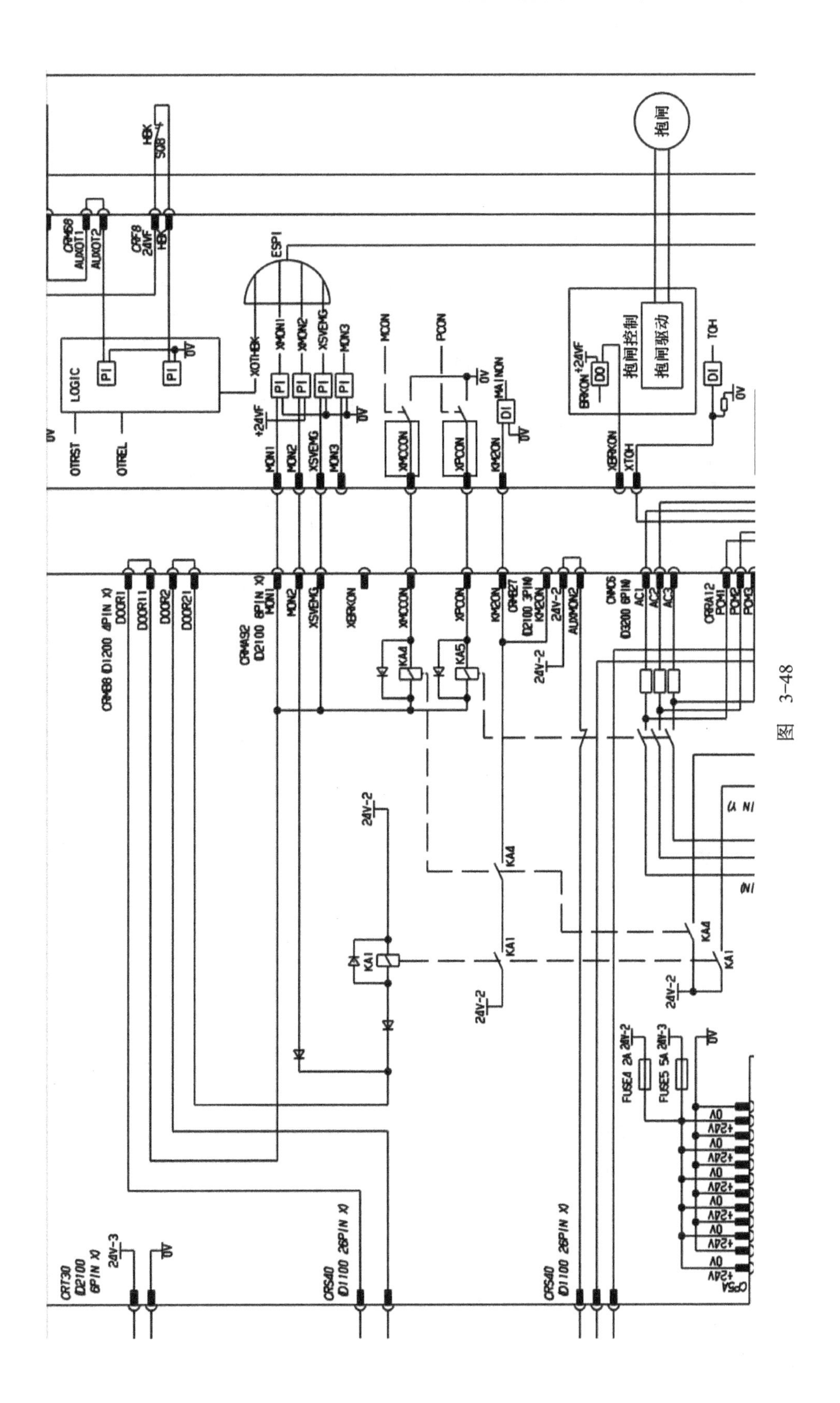
抱闸
抱闸控制
抱闸驱动
ESP1
LOGIC
PI
DO
DI
0V
+24VF
XOTHBK
XMON1
XMON2
XSVEMG
MON3
MCON
PCON
MAINON
BRKON
TOH
OTRST
OTREL
MON1
MON2
XSVEMG
XBRKON
XMCCON
XPCON
KM2ON
XTOH
CRMB8 ID1200 4PIN X)
DOOR1
DOOR11
DOOR2
DOOR21
CRMA92
ID2100 8PIN X)
AUXOT1
AUXOT2
HBK
KA1
KA4
KA5
24V-2
24V-3
AC1
AC2
AC3
CRRA12
PCM1
PCM2
PCM3
FUSE4 2A
FUSE5 5A
CRT30
ID2100
6PIN X)
CRS40
ID1100 26PIN X)
CP5A
+24V

图 3-48

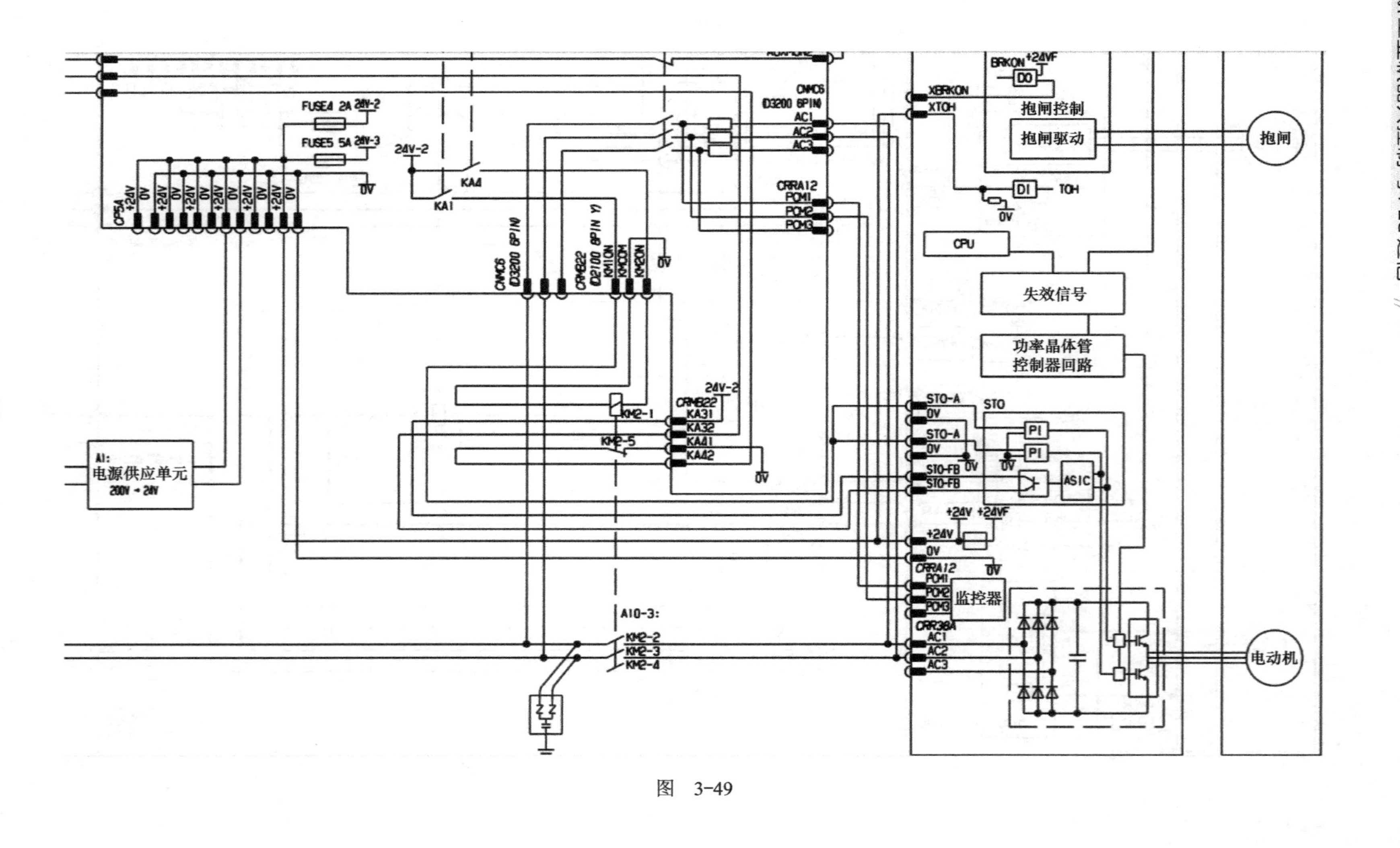
抱闸
电动机
抱闸控制
抱闸驱动
失效信号
功率晶体管
控制器回路
CPU
ASIC
监控器
A1:
电源供应单元
200V→24V
STO
XBRKON
XTOH
BRKON
TOH
FUSE4 2A
FUSE5 5A
CNMC6
D3200 8PIN
CRRA12
CRMB22
D2100 8PIN Y
KA1
KA4
KM2-1
KM2-5
AI0-3:
KM2-2
KM2-3
KM2-4
CP5A

图 3-49

第 4 章　FANUC 工业机器人与 PLC 的通信

FANUC 机器人与 PLC 进行 Profibus、Profinet、EtherNet/IP 通信时，需要 GSD、GSDML、EDS 文件进行组态和配置（可联系发那科机器人公司的技术支持人员获取）。

4.1　FANUC 工业机器人与西门子 PLC 的 PROFIBUS 通信

FANUC 工业机器人作为从站时，PROFIBUS 通信的最大波特率为 12Mb/s，输入输出信号数量最多各 1024 个，支持信号类型有数字输入 / 输出（DI/DO）信号、外围设备输入 / 输出（UI/UO）信号、组输入输出（GI/GO）信号。

下面以西门子 S7-300 的 PLC 做主站、FANUC 工业机器人做从站为例介绍 PROFIBUS 通信，如图 4-1、图 4-2 所示。FANUC 工业机器人 PROFIBUS 从站通信模块订货号为 A20B-8101-0100，从站通信软件订货号为 A05B-2600-J751。

图　4-1

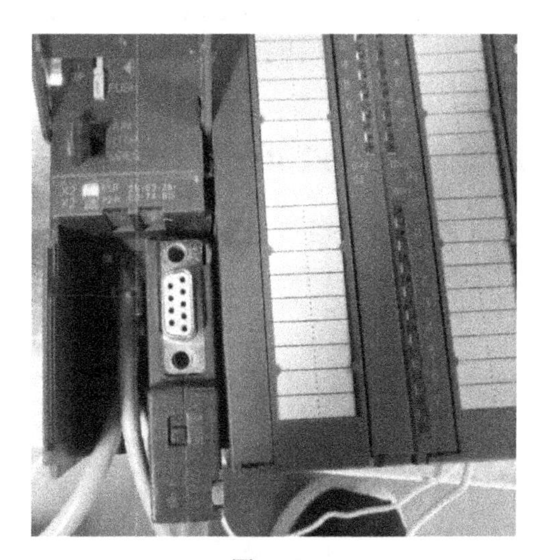

图　4-2

4.1.1　FANUC 工业机器人 PROFIBUS 配置

FANUC 工业机器人 PROFIBUS 配置步骤如下：

1）选择“MENU”，选择“6 设置”，选择“7 PROFIBUS”，如图 4-3 所示。

2）选择“其他”，选择“1 从站”，设置“输入字节数”为 8，即设置 64 个输入信号；设置“输出字节数”为 8，即设置 64 个输出信号；设置“站地址”为 3，即设置 FANUC 工业机器人的地址为 3，如图 4-4 所示。

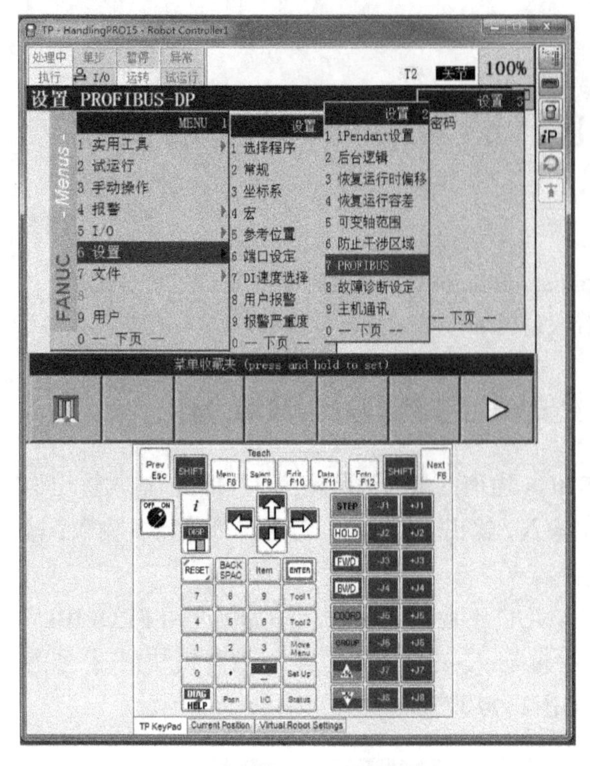

图 4-3

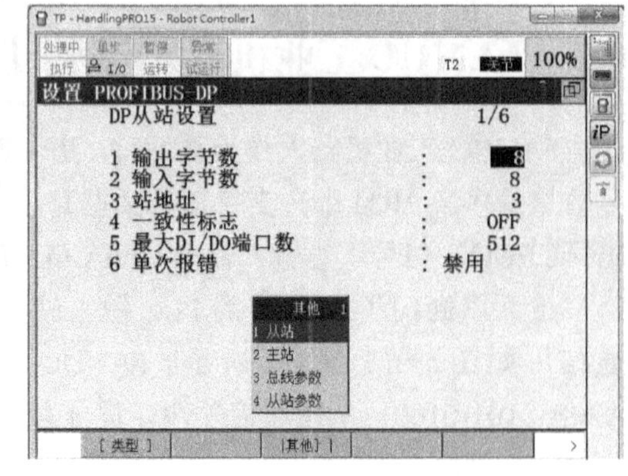

图 4-4

4.1.2 创建 PROFIBUS 的 I/O 信号

创建 PROFIBUS I/O 信号的步骤如下：

1）选择“MENU”，选择“5 I/O”，选择“3 数字”，如图 4-5 所示。

2）单击“分配”，如图 4-6 所示。

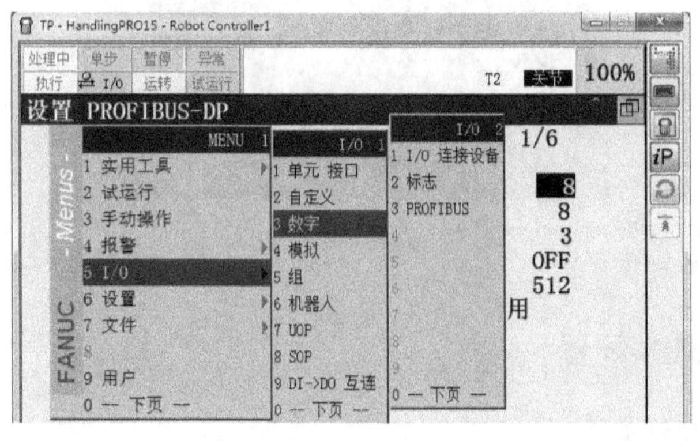

图 4-5

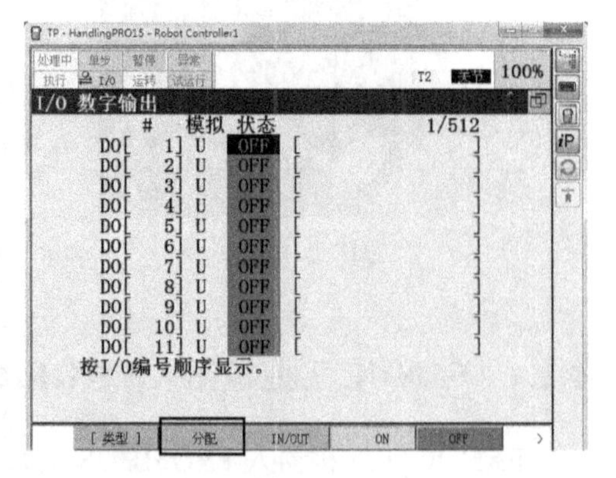

图 4-6

3）设置输入信号 DI［1］～DI［64］，一共 64 个输入信号，机架号为 67，如图 4-7 所示。

4）设置输出信号 DO［1］～DO［64］，一共 64 个输出信号，机架号为 67，如图 4-8 所示。

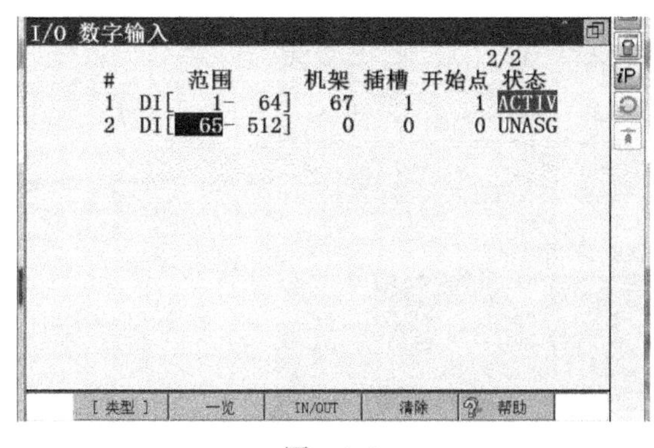

图 4-7

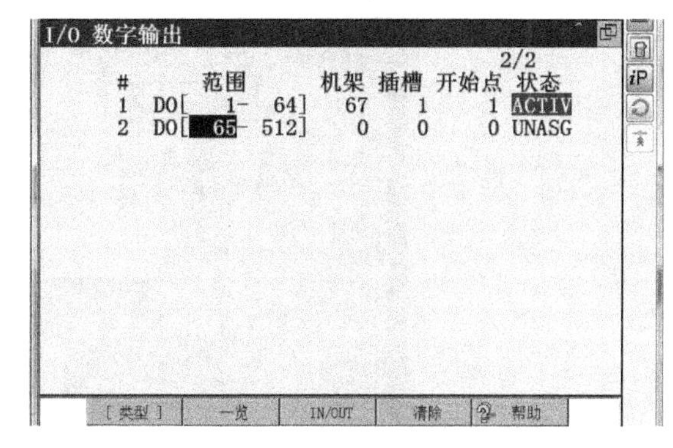

图 4-8

4.1.3 PLC 配置

1. 创建项目

打开 TIA 博途软件，选择“启动”，单击“创建新项目”，在“项目名称”输入创建的项目名称（本例为项目 3），单击“创建”按钮，如图 4-9、图 4-10 所示。

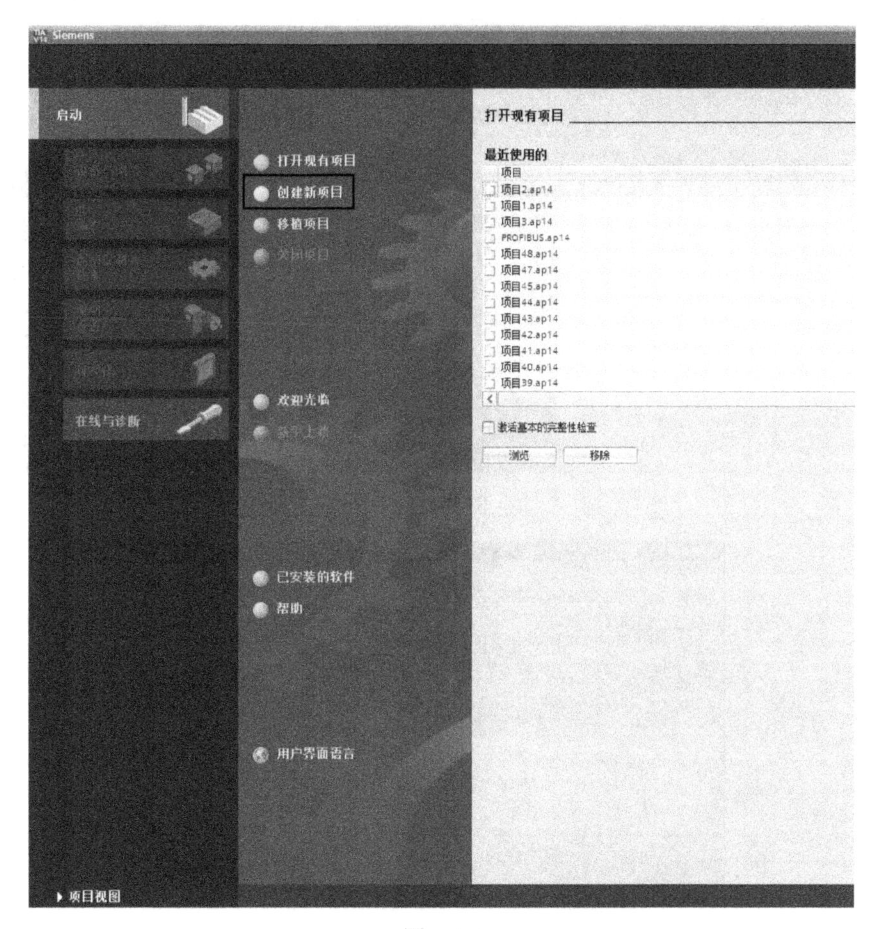

图 4-9

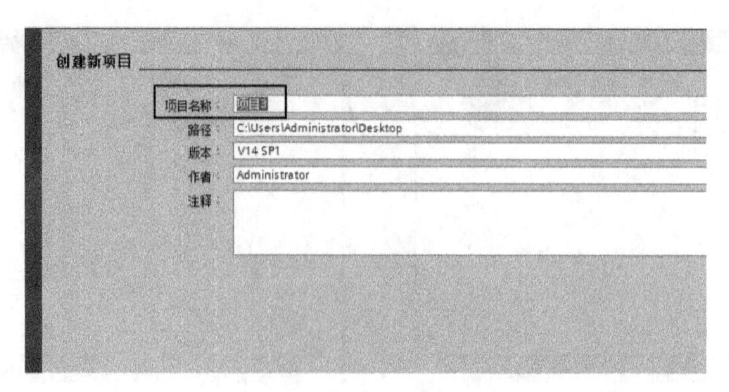

图 4-10

2. 安装 GSD 文件

当博途软件需要配置第三方设备进行 PROFIBUS 通信时（例如和 FANUC 工业机器人通信），需要安装第三方设备的 GSD 文件。

在项目对话框中单击“选项”，选择“管理通用站描述文件（GSD）（O）”命令，选中“30ib io.gsd”，单击“安装”，将 FANUC 工业机器人的 GSD 文件安装到博途软件中，如图 4-11、图 4-12 所示。

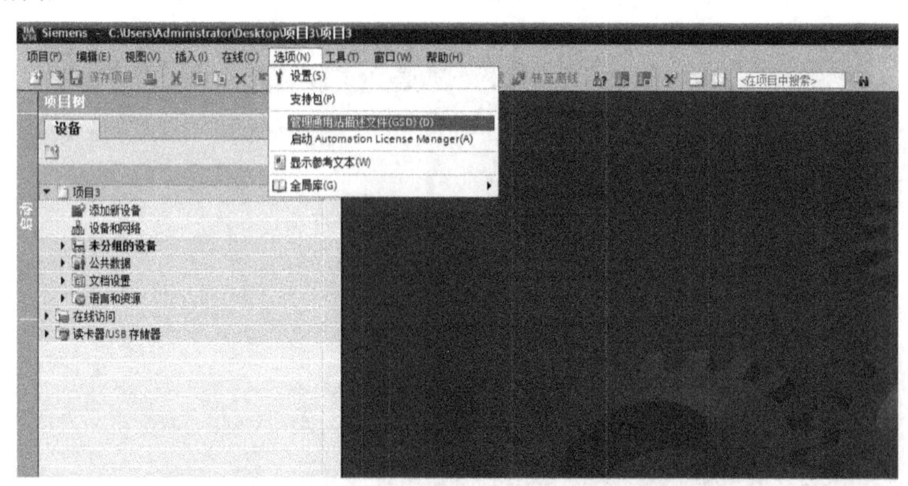

图 4-11

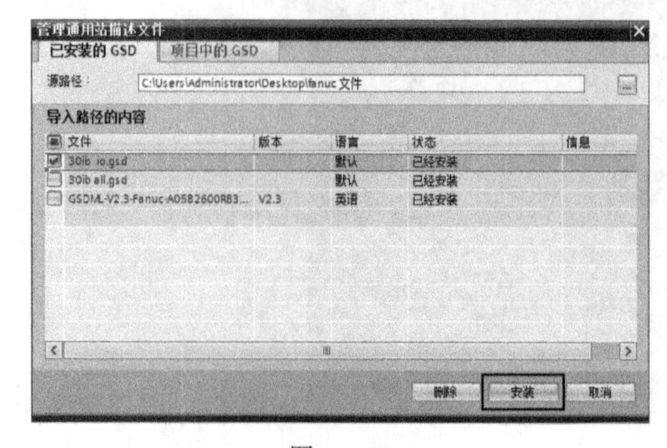

图 4-12

3. 添加 PLC

单击“添加新设备”，选择“控制器”，本例选择“SIMATIC S7-300”中的“CPU 314C-2 PN/DP”，订货号选择“6ES7 314-6EH04-0AB0”，版本为 V3.3，注意订货号和版本号要与实际的 PLC 一致，单击“确定”，打开设备对话框，如图 4-13 ～图 4-15 所示。

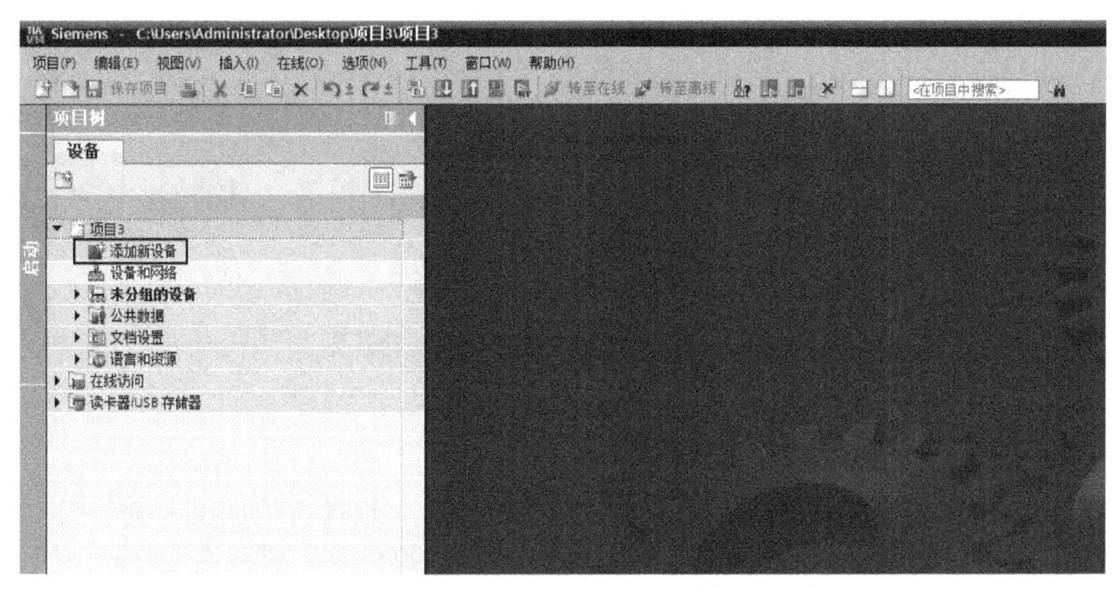

图 4-13

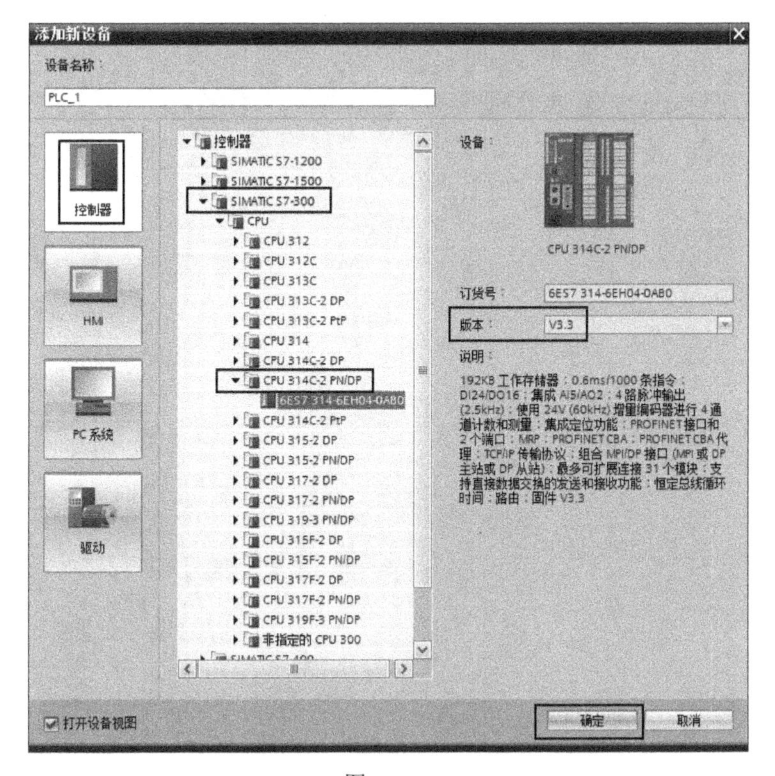

图 4-14

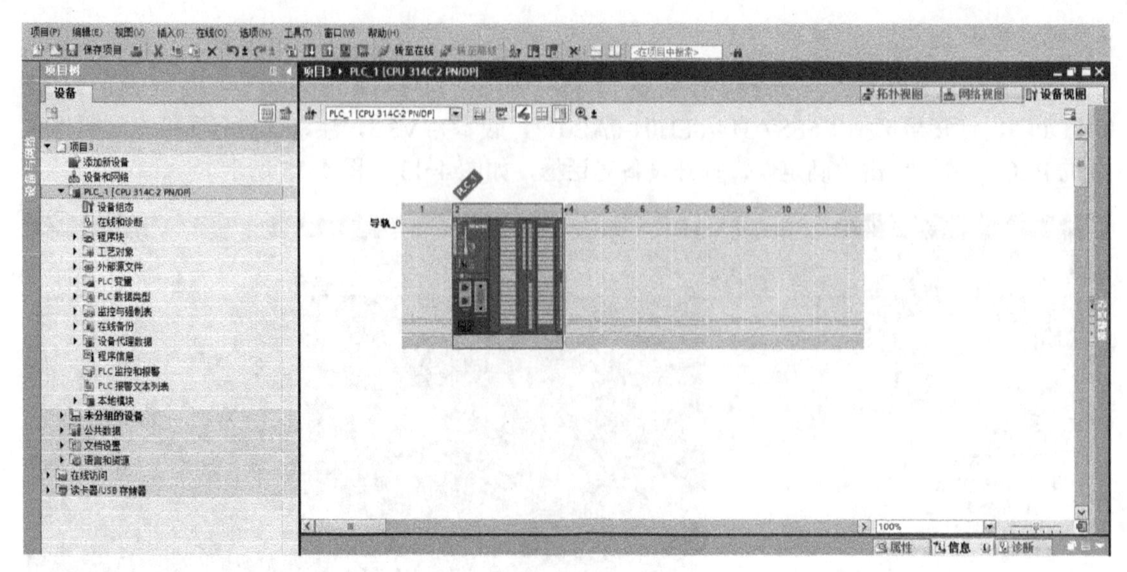

图 4-15

4. **添加 FANUC 工业机器人**

单击“网络视图”选项卡，选择“其它现场设备”，选择“PROFIBUS DP”“NC/RC”“FANUC”“FANUC ROBOT-2”，将图标“FANUC ROBOT-2”拖入“网络视图”中，如图 4-16 所示；将“属性”选项卡下的“PROFIBUS 地址”的“地址”设为“3”，注意与 FANUC 工业机器人示教器设置的站地址相同，如图 4-17 所示。

图 4-16

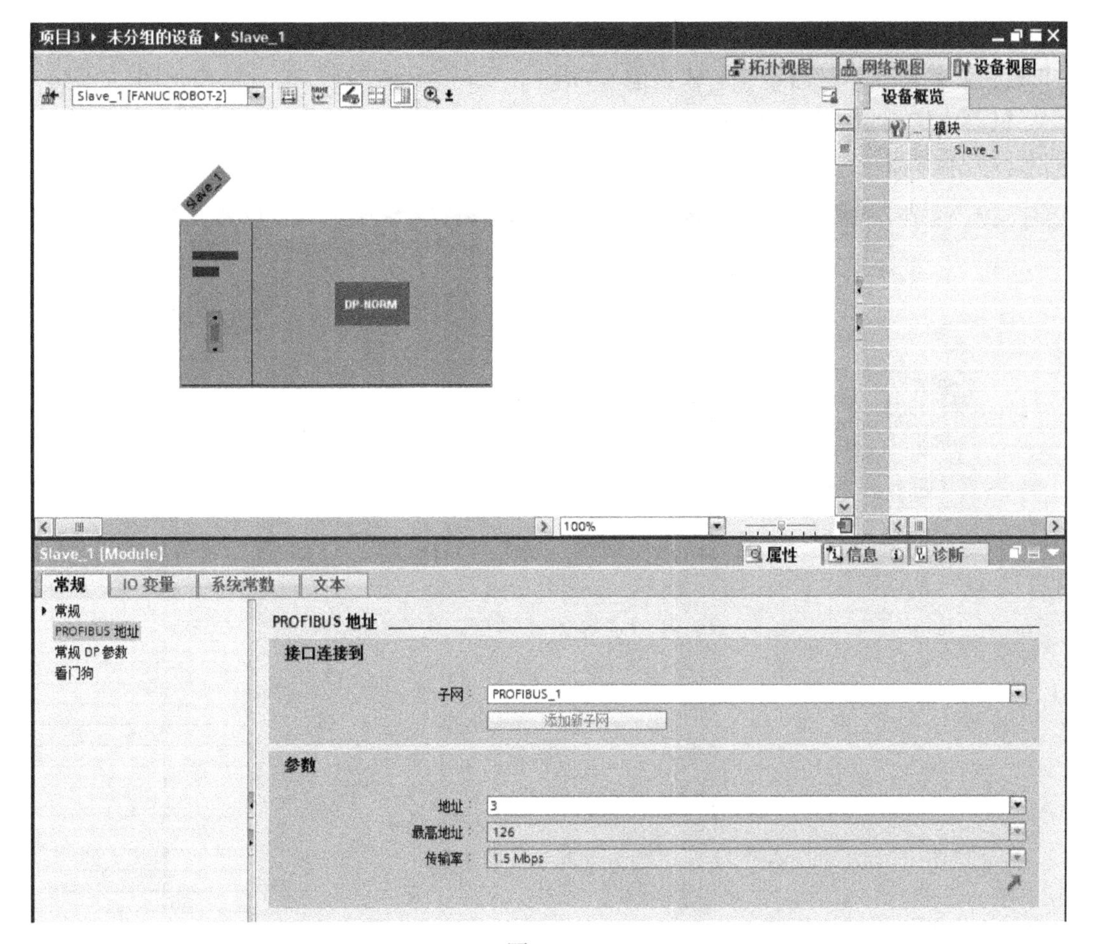

图　4-17

5. ***建立 PLC 与 FANUC 工业机器人 PROFIBUS 通信***

用鼠标点住 PLC 的粉色 PROFIBUS DP 通信口，拖至“FANUC ROBOT-2”粉色 PROFIBUS DP 通信口上，即建立起 PLC 和 FANUC 工业机器人之间的 PROFIBUS 通信连接，如图 4-18 所示。

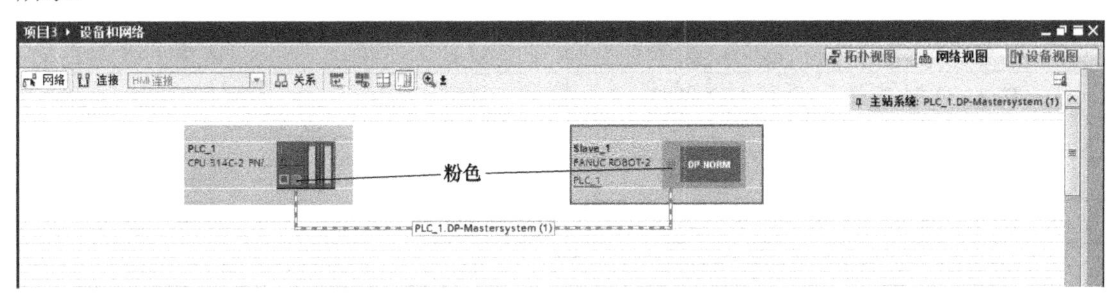

图　4-18

6. ***设置 FANUC 工业机器人通信输入信号***

选择“设备视图”选项卡，选择“目录”下的“8 Byte Out，8 Byte In”，输入 8B，包含 64 个输入信号，地址 IB0～IB7，与 FANUC 工业机器人示教器设置的输出信号 DO[1]～DO

[64] 相对应，信号数量相同；输出 8B，包含 64 个输出信号，地址 QB0 ～ QB7，与 FANUC 工业机器人示教器设置的输出信号 DI[1]～DI[64]相对应，信号数量相同，如图 4-19 所示。机器人输出信号地址和 PLC 输入信号地址、机器人输入信号地址和 PLC 输出信号地址的对应关系见表 4-1。

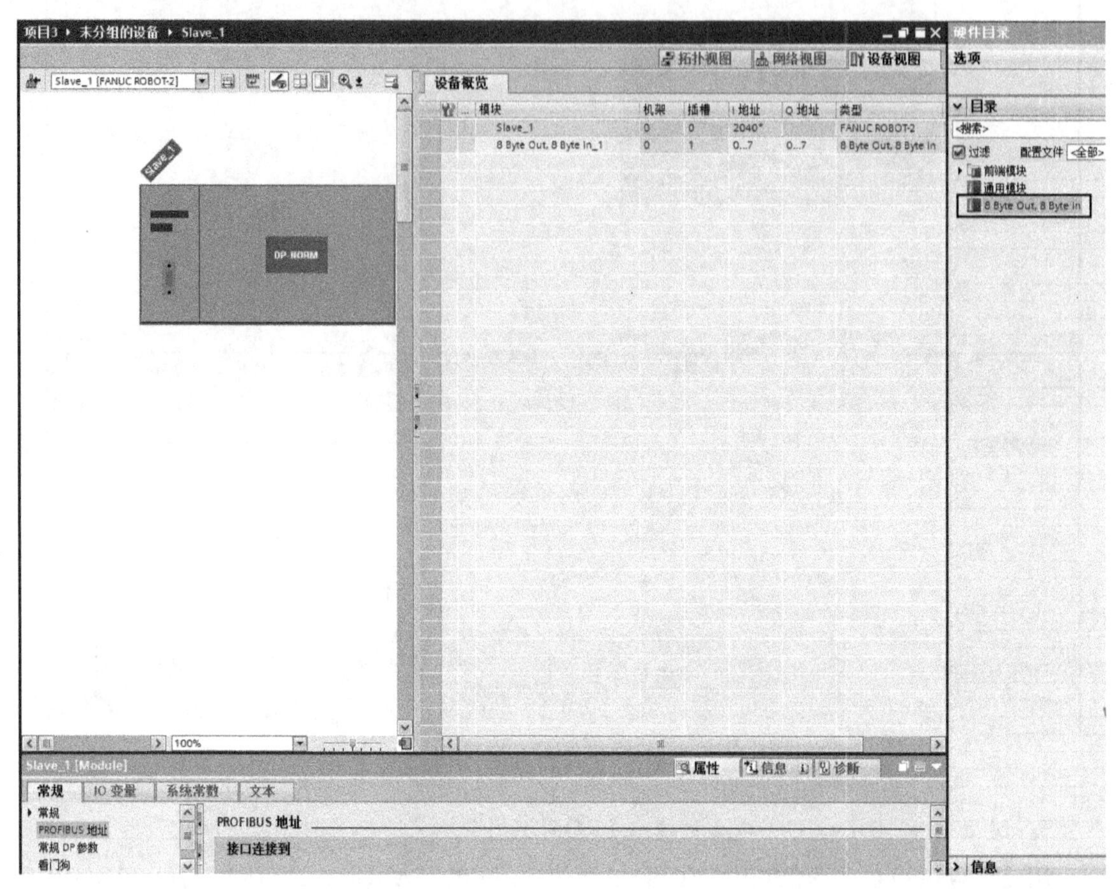

图 4-19

表 4-1

机器人输出信号地址	PLC 输入信号地址	机器人输入信号地址	PLC 输出信号地址
DO [1, …, 8] ←→	PIB0	DI [1, …, 8] ←→	PQB0
DO [9, …, 16] ←→	PIB1	DI [9, …, 16] ←→	PQB1
DO [17, …, 24] ←→	PIB2	DI [17, …, 24] ←→	PQB2
DO [25, …, 32] ←→	PIB3	DI [25, …, 32] ←→	PQB3
DO [33, …, 40] ←→	PIB4	DI [33, …, 40] ←→	PQB4
DO [41, …, 48] ←→	PIB5	DI [41, …, 48] ←→	PQB5
DO [49, …, 56] ←→	PIB6	DI [49, …, 56] ←→	PQB6
DO [57, …, 64] ←→	PIB7	DI [57, …, 64] ←→	PQB7

表 4-1 中机器人输出信号地址和 PLC 输入信号地址等效，机器人输入信号地址和 PLC

输出信号地址等效。例如 FANUC 工业机器人中的输出信号 DO[1]和 PLC 中的 I0.0 信号等效，输入信号 DI [0] 和 PLC 中的 Q0.0 信号等效。

4.2　FANUC 工业机器人与西门子 PLC 的 PROFINET 通信

下面以西门子 S7-300 的 PLC 做主站、FANUC 工业机器人做从站为例介绍 PROFINET 通信，如图 4-20、图 4-21 所示。FANUC 工业机器人采用双通道（Dual Chanel）PROFINET 板卡进行通信，PROFINET 板卡货号为 A20B-8101-0930，PROFINET I/O 软件订货号为 A05B-2600-R834。双通道 PROFINET 板卡有四个网口，上面两个网口为主站接口，称为“1 频道”，机架号为 101；下面两个网口为从站接口，称为“2 频道”，机架号为 102。本机接在下面两个网口中的一个，是从站接口，机架号为 102。

图　4-20

图　4-21

4.2.1　FANUC 工业机器人的配置

FANUC 工业机器人的配置步骤如下：

1）选择“MENU”，选择“5 I/O”，选择“3 PROFINET（M）”，如图 4-22 所示。

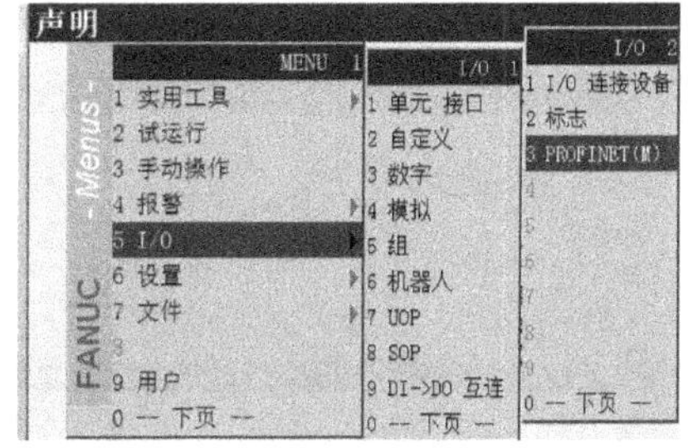

图　4-22

2）将光标移至“1 频道”，选择“无效”，禁用主站功能，否则示教器会报警。图 4-23 所示显示的是 FANUC 工业机器人做主站的 IP 地址“192.168.1.10”。主站的 IP 地址也可以修改，如图 4-24 所示。

3）将光标移至“2 频道”，2 频道是从站。单击“DISP”键切换到右侧界面，设定与 PLC 相对应的 IP 地址、掩码、名称。本例中作为从站的 FANUC 工业机器人的 IP 地址是“192.168.0.5”，PLC 应和 FANUC 工业机器人在同一个网段，PLC 的 IP 地址前三位和 FANUC 工业机器人 IP 地址的前三位相同，设为“192.168.0”，最后一位必须不同，例如 PLC 的 IP 地址可以为 192.168.0.1。机器人的“名称”为“r30ib-iodevice”，如图 4-25 所示，选择“编辑”键可以修改。

4）单击“DISP”键切换到左侧界面，将“2频道”展开，其中“开关”中的设定不需要修改。光标下移到“IO-设备”，单击“DISP”键切换到右侧界面，将光标移至第一行，如图4-26所示。

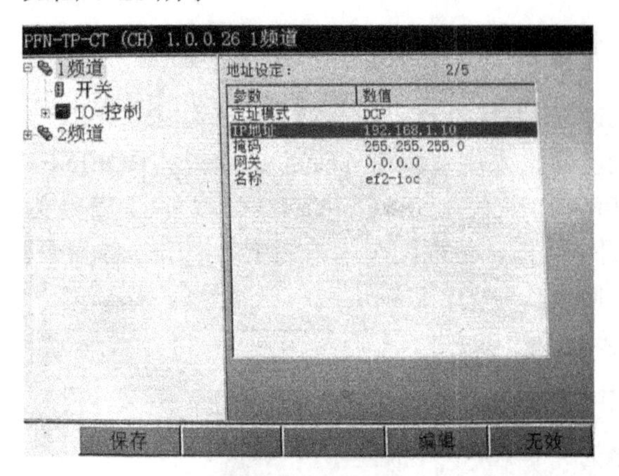

图 4-23

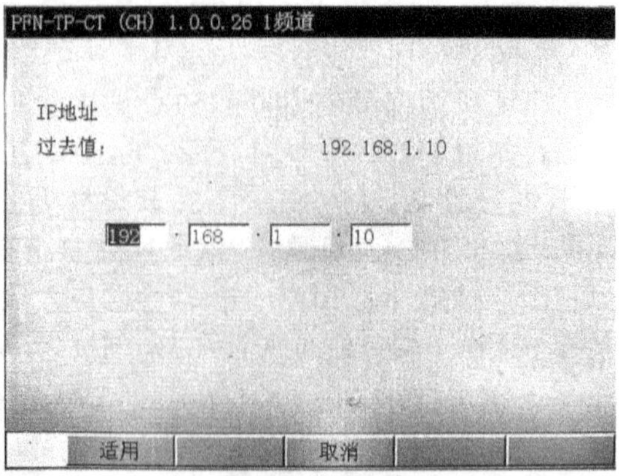

PFN-TP-CT (CH) 1.0.0.26 1频道

IP地址

过去值： 192.168.1.10

192 . 168 . 1 . 10

适用　取消

图 4-24

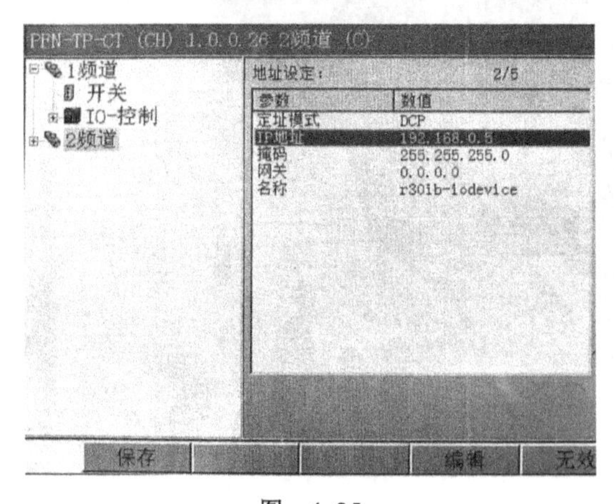

图 4-25

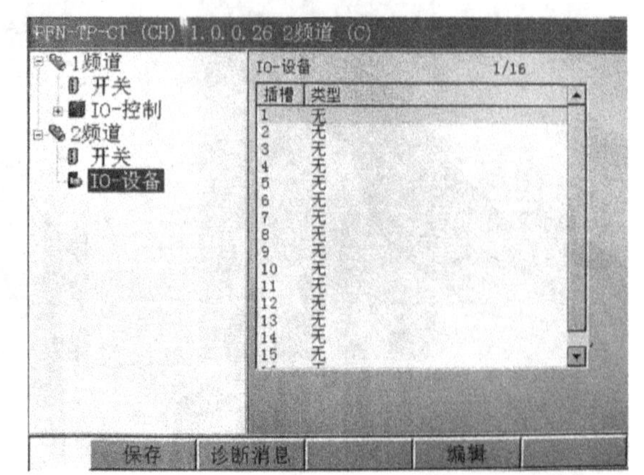

图 4-26

5）选择“编辑”打开插槽1的设定界面，选择“输入输出插槽”，如图4-27所示，选择输入输出各8B的模块“DI/DO　8字节”，如图4-28所示。

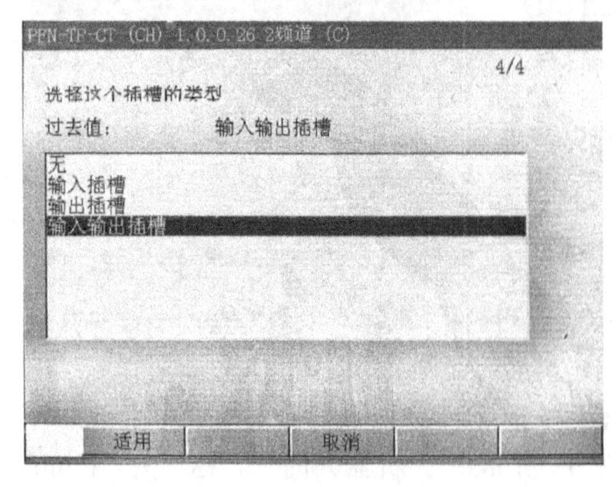

图 4-27

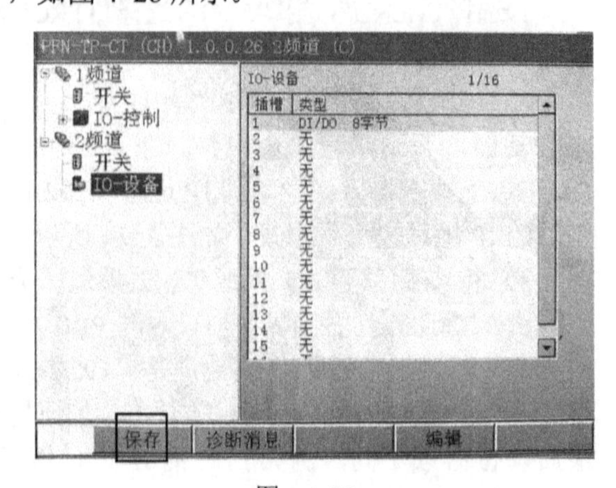

图 4-28

6）单击“保存”以保存所有设置，并提示重启机器人使设置生效，如图 4-29 所示。

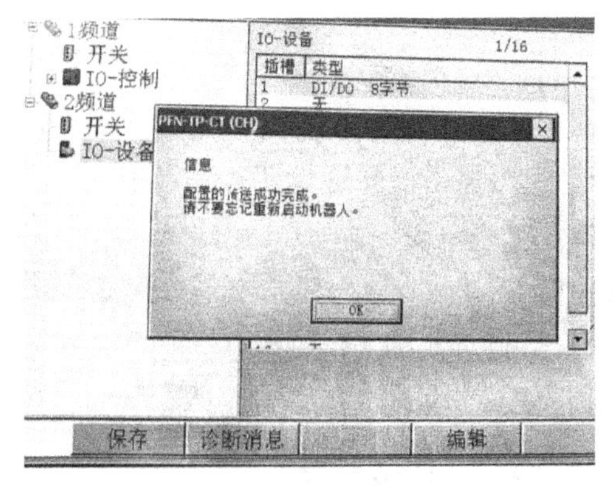

图　4-29

4.2.2　创建 PROFINET 的 I/O 信号

创建 PROFINET I/O 信号的步骤如下：

1）选择“MENU”，选择“5 I/O”，选择“5 数字”，如图 4-30 所示。

2）单击“分配”，如图 4-31 所示。

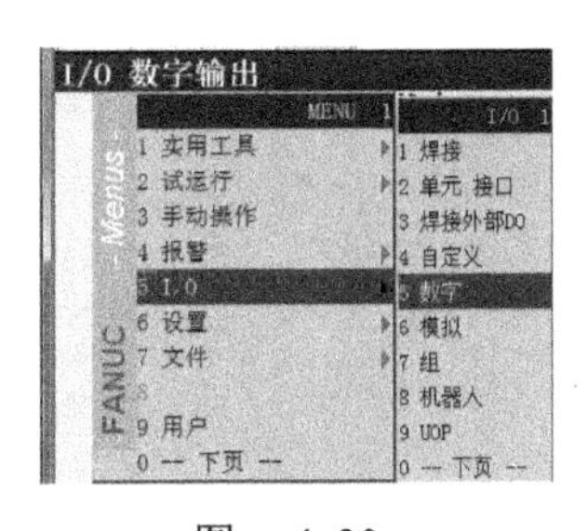

图　4-30

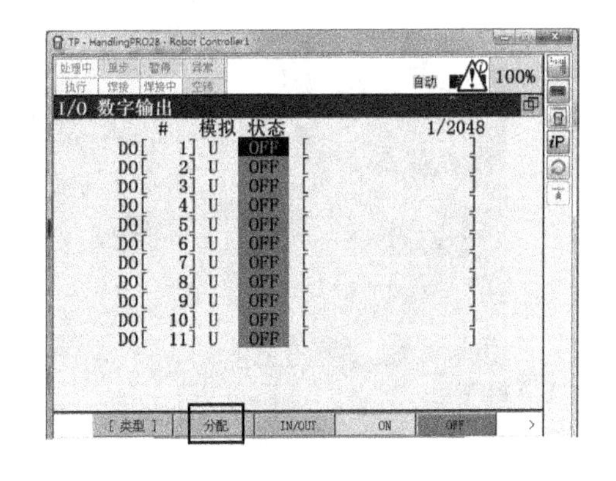

图　4-31

3）设置输入信号 DI［1］～ DI［64］，一共 64 个输入信号，机架号为 102，如图 4-32 所示。

4）设置输出信号 DO［1］～ DO［64］，一共 64 个输出信号，机架号为 102，如图 4-33 所示。

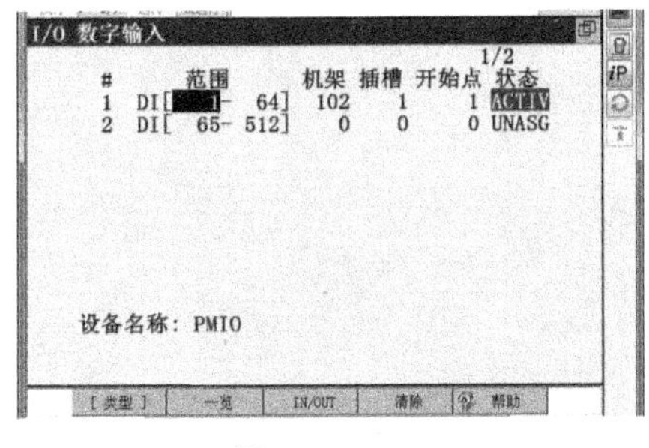

图　4-32

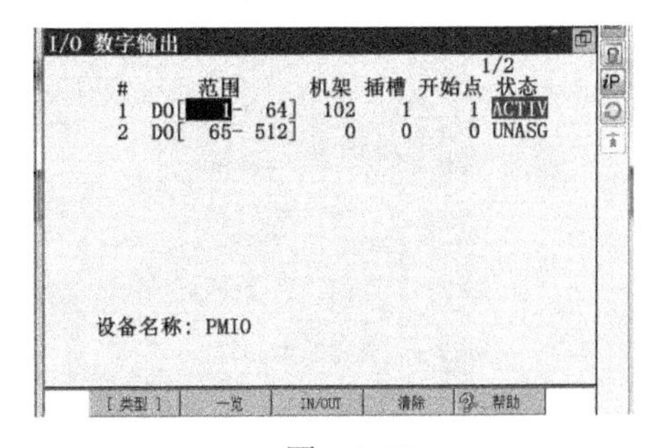

图　4-33

4.2.3 PLC配置

1. **创建项目**

打开TIA博途软件，选择“启动”，单击“创建新项目”，在“项目名称”输入创建的项目名称（本例为项目3），单击“创建”按钮，如图4-34、图4-35所示。

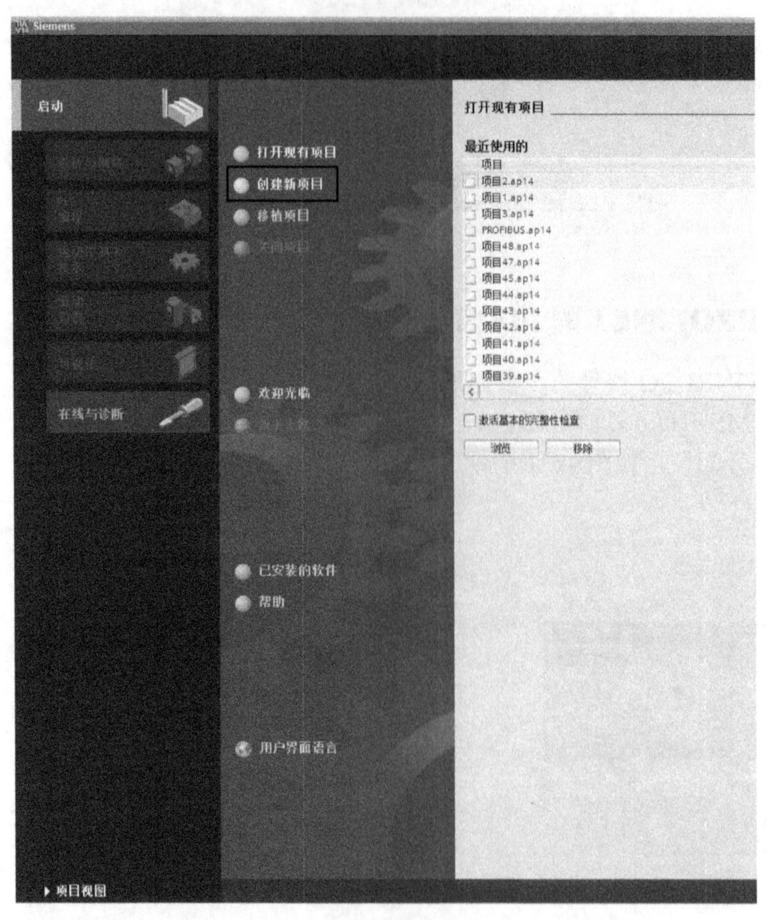

图 4-34

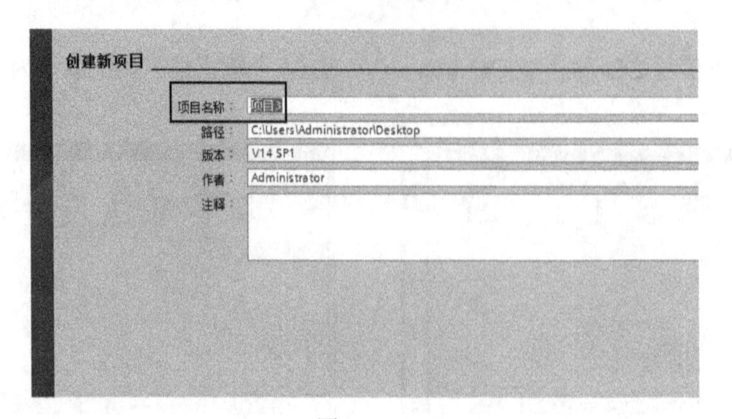

图 4-35

2. 安装 GSD 文件

当博途软件需要配置第三方设备进行 PROFINET 通信时（例如和 FANUC 机器人通信），需要安装第三方设备的 GSDML 文件。

在项目对话框中单击“选项”，选择“管理通用站描述文件（GSD）”命令，选中“GSDML-V2.3-Fanuc-A05B2600R834V830-20140601.xml”，单击“安装”，如图 4-36、图 4-37 所示，将 FANUC 工业机器人的 GSDML 文件安装到博途软件中。

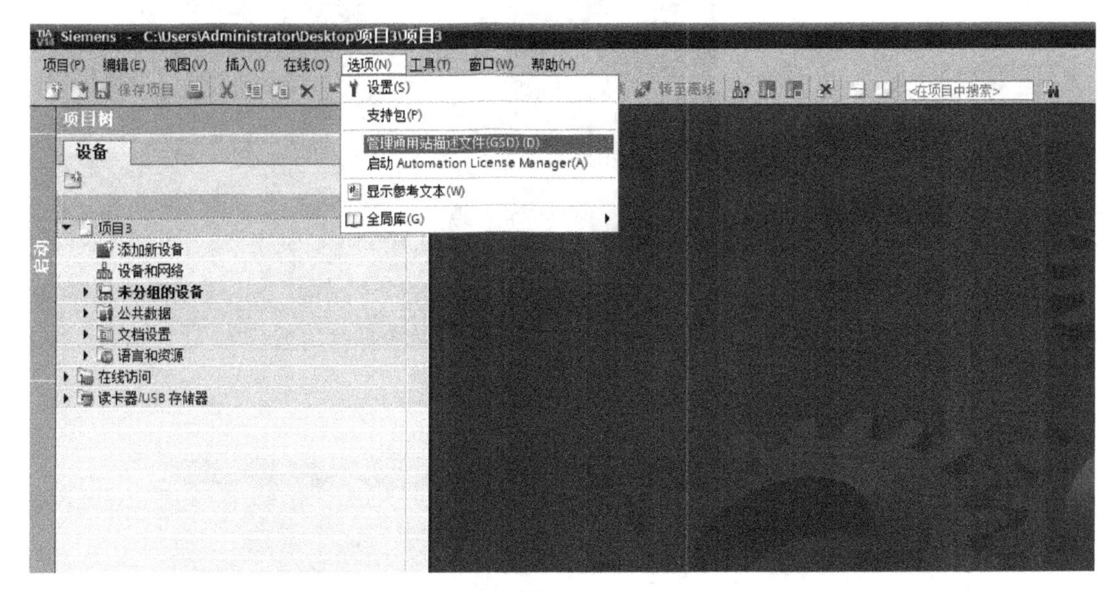

图 4-36

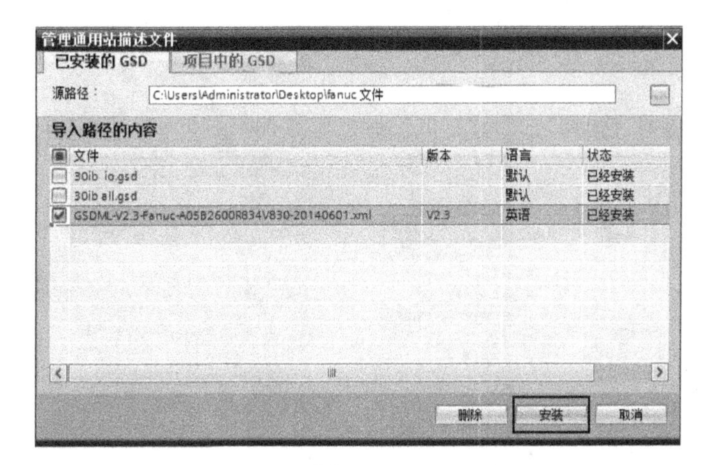

图 4-37

3. 添加 PLC

单击“添加新设备”，选择“控制器”，本例选择“SIMATIC S7-300”中的“CPU 314C-2 PN/DP”，订货号选择“6ES7 314-6EH04-0AB0”，版本为 V3.3，注意订货号和版本号要与实际的 PLC 一致，单击“确定”，打开设备视图，如图 4-38 ～图 4-40 所示。

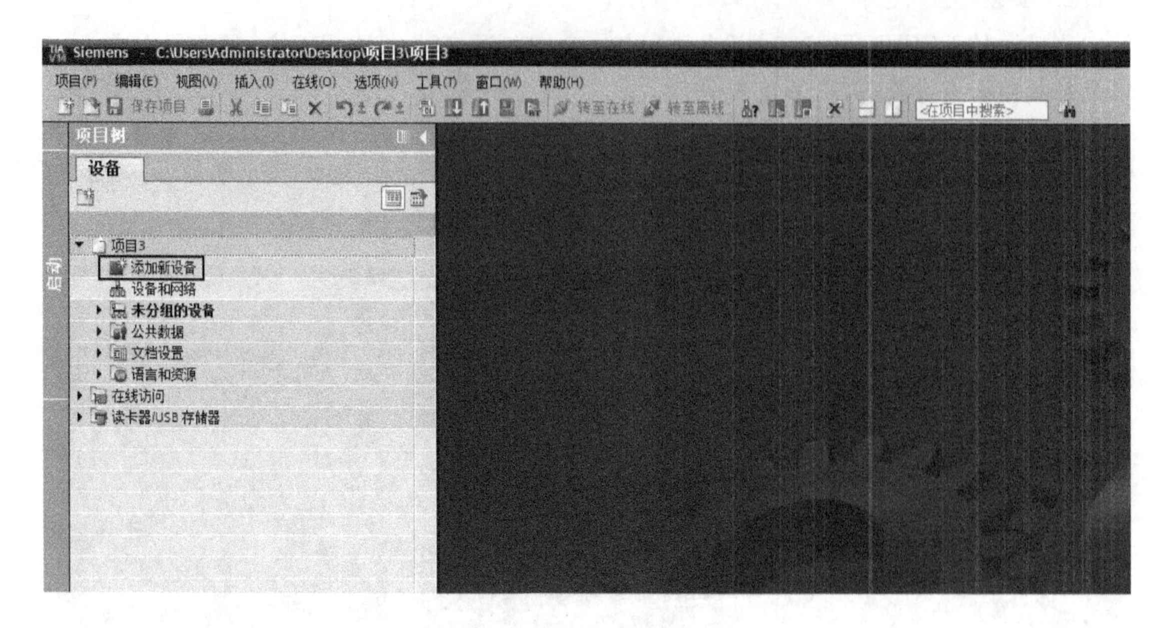
Siemens - C:\Users\Administrator\Desktop\项目3\项目3
项目(P) 编辑(E) 视图(V) 插入(I) 在线(O) 选项(N) 工具(T) 窗口(W) 帮助(H)
项目树
设备
项目3
添加新设备
设备和网络
未分组的设备
公共数据
文档设置
语言和资源
在线访问
读卡器/USB 存储器

图 4-38

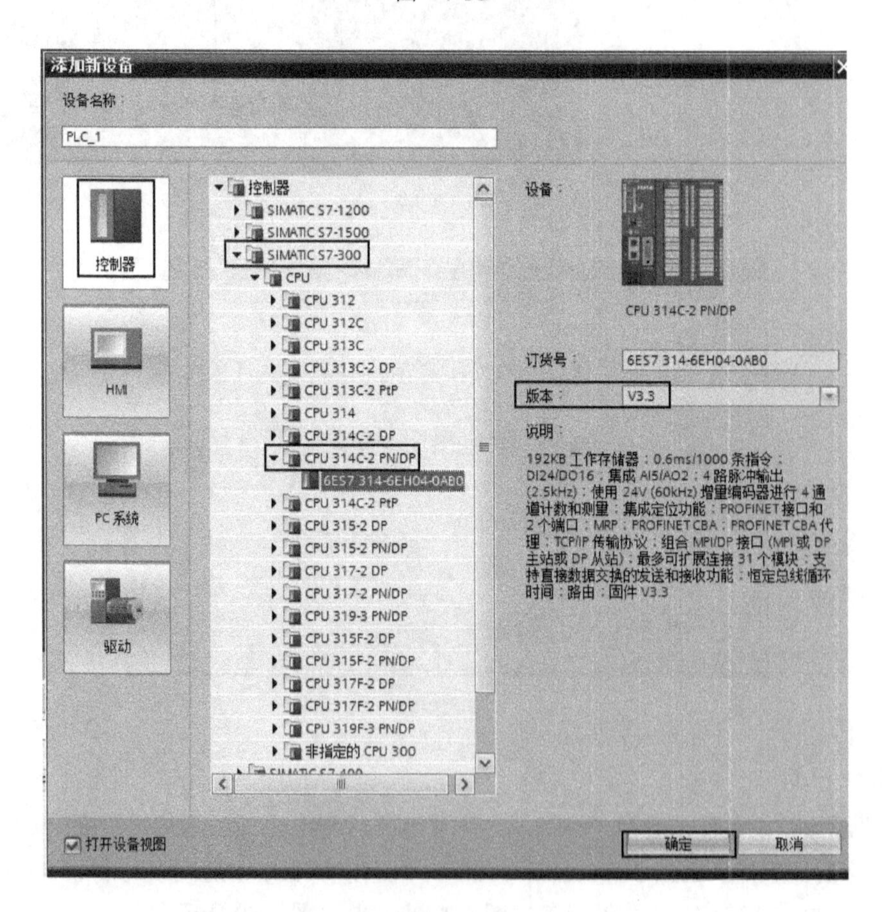
添加新设备
设备名称：
PLC_1
控制器
HMI
PC 系统
驱动
控制器
SIMATIC S7-1200
SIMATIC S7-1500
SIMATIC S7-300
CPU
CPU 312
CPU 312C
CPU 313C
CPU 313C-2 DP
CPU 313C-2 PtP
CPU 314
CPU 314C-2 DP
CPU 314C-2 PN/DP
6ES7 314-6EH04-0AB0
CPU 314C-2 PtP
CPU 315-2 DP
CPU 315-2 PN/DP
CPU 317-2 DP
CPU 317-2 PN/DP
CPU 319-3 PN/DP
CPU 315F-2 DP
CPU 315F-2 PN/DP
CPU 317F-2 DP
CPU 317F-2 PN/DP
CPU 319F-3 PN/DP
非指定的 CPU 300
设备：
CPU 314C-2 PN/DP
订货号：
6ES7 314-6EH04-0AB0
版本：
V3.3
说明：
192KB 工作存储器；0.6ms/1000 条指令；DI24/DO16；集成 AI5/AO2；4 路脉冲输出 (2.5kHz)；使用 24V (60kHz) 增量编码器进行 4 通道计数和测量；集成定位功能；PROFINET 接口和 2 个端口；MRP；PROFINET CBA；PROFINET CBA 代理；TCP/IP 传输协议；组合 MPI/DP 接口 (MPI 或 DP 主站或 DP 从站)；最多可扩展连接 31 个模块；支持直接数据交换的发送和接收功能；恒定总线循环时间；路由；固件 V3.3
打开设备视图
确定
取消

图 4-39

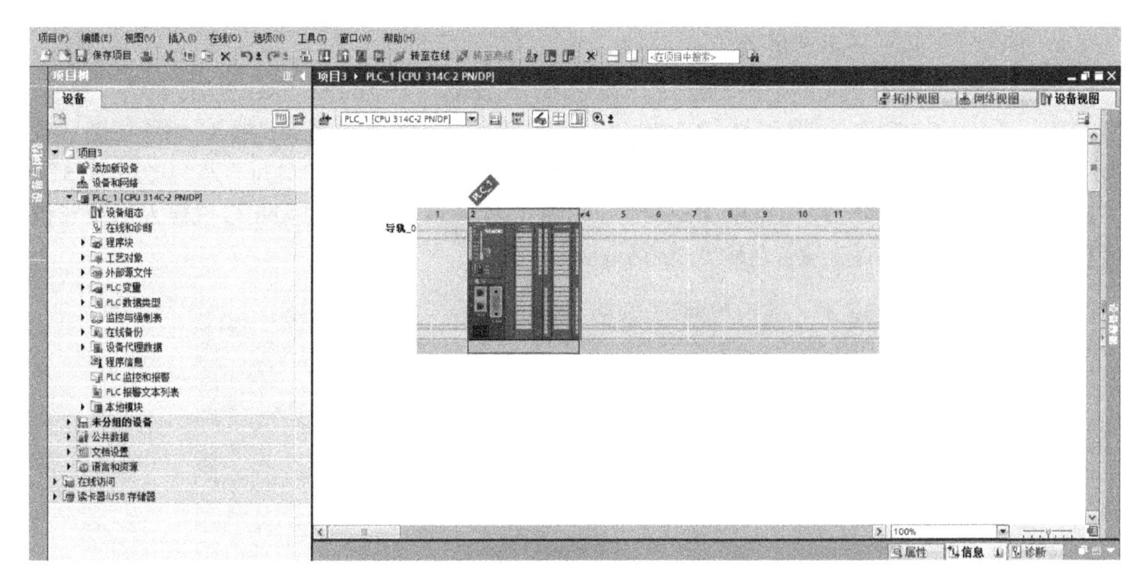

图　4-40

4. PLC 的 IP 地址、设备名称的设置

单击 PLC 绿色的 PROFINET 接口，在“属性”选项卡中设置“IP 地址”为“192.168.0.1”、“子网掩码”为“255.255.255.0”、“PROFINET 设备名称”为“plc_1”，如图 4-41 所示。

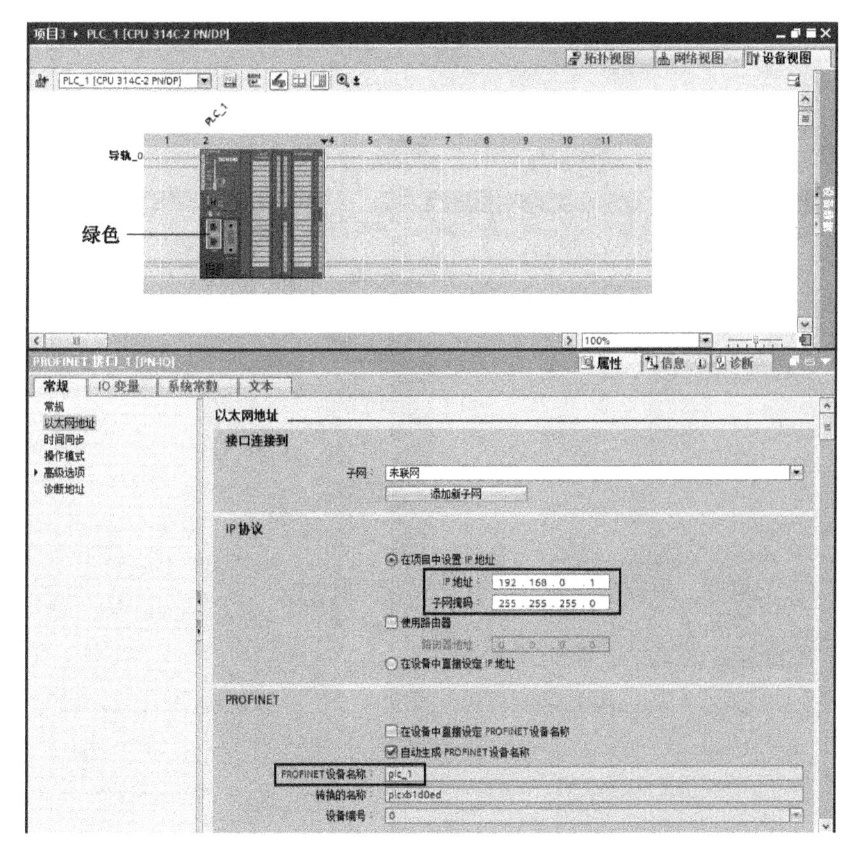

图　4-41

5. 添加 FANUC 工业机器人

在“网络视图”选项卡中，选择“其它现场设备”，选择“PROFINET IO”“I/O”“FANUC”“R-30iB EF2”，将图标“A05B-2600-R834:FANUC Robot Controller(1.0)”拖入“网络视图”中，如图4-42、图4-43所示。在“属性”选项卡中设置“以太网地址”中的“IP地址”为“192.168.0.5”、“PROFINET设备名称”为“r30ib-iodevice”，如图4-44所示。注意与FANUC机器人示教器设置的IP地址和PROFINET设备名称“r30ib-iodevice”相同。

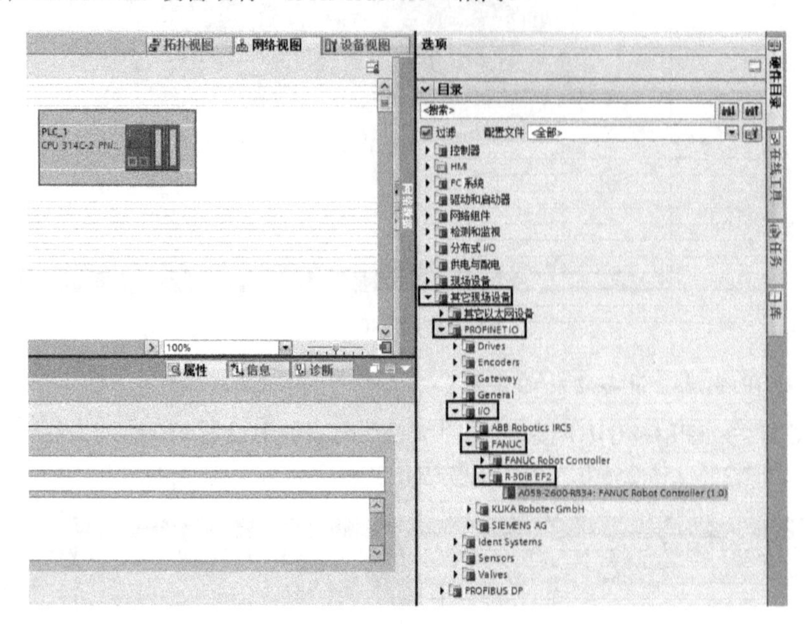

图 4-42

图 4-43

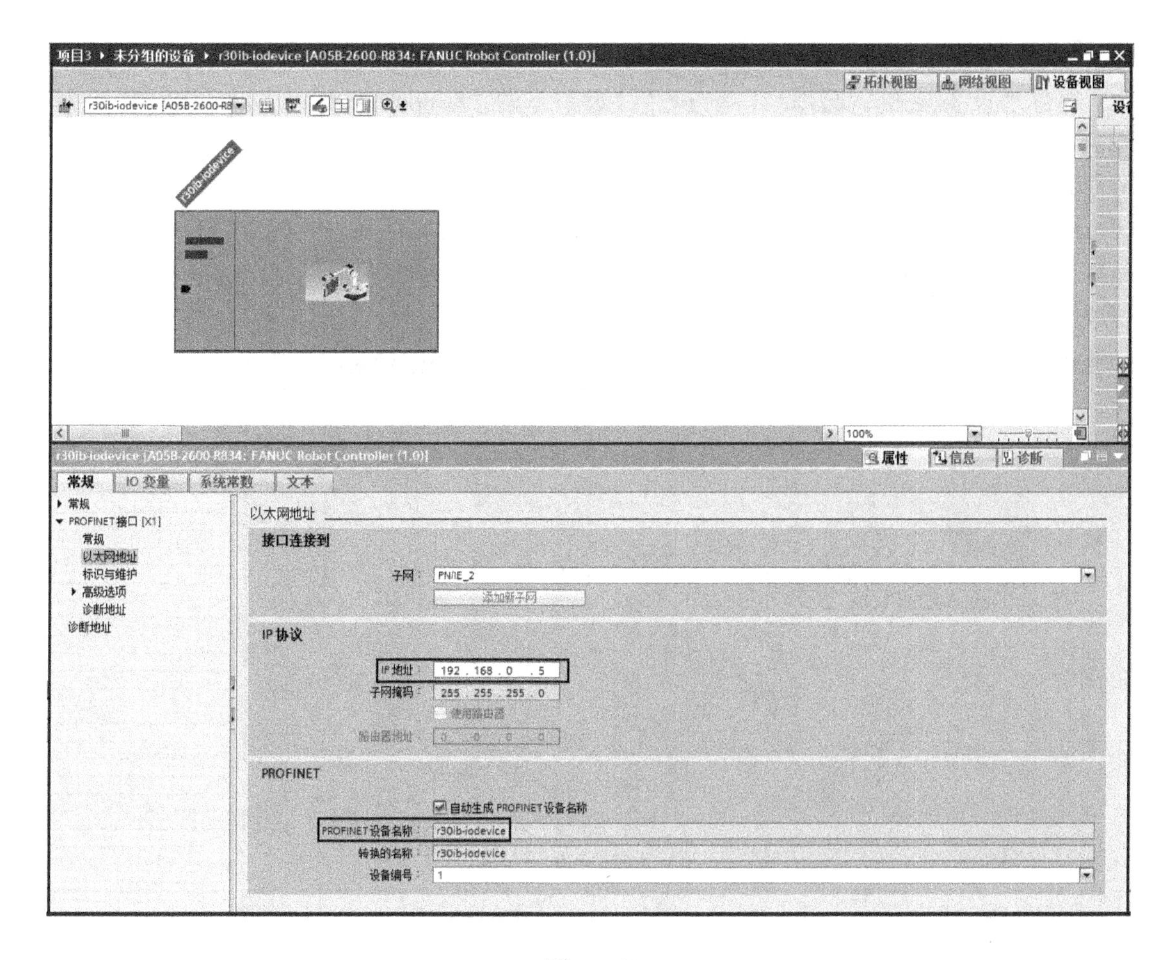

图　4-44

6. ***建立 PLC 与 FANUC 工业机器人 PROFINET 通信***

用鼠标点住 PLC 的绿色 PROFINET 通信口，拖至“r30ib-iodevice”绿色 PROFINET 通信口上，即建立起 PLC 和 FANUC 工业机器人之间的 PROFINET 通信连接，如图 4-45 所示。

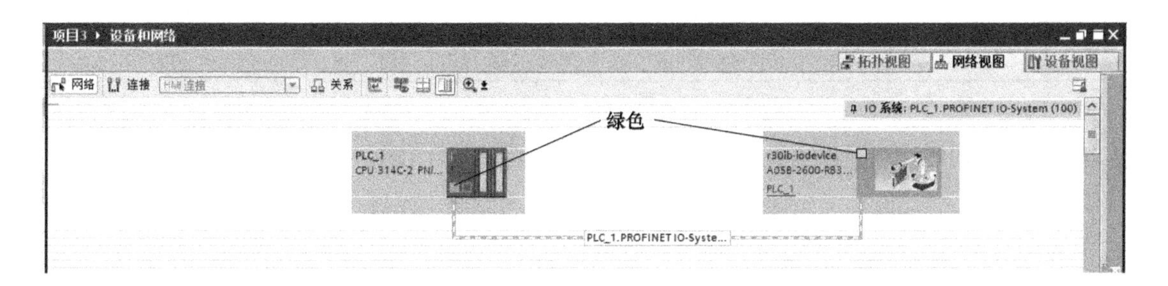

图　4-45

7. **设置 FANUC 工业机器人通信输入信号**

选择“设备视图”选项卡，选择“目录”下的“8 Input bytes，8 Output bytes”，输入 8B，包含 64 个输入信号，地址 IB0 ～ IB7，与 FANUC 工业机器人示教器设置的输出信号 DO［1］～ DO［64］相对应，信号数量相同；输出 8B，包含 64 个输出信号，地址 QB0 ～ QB7，与 FANUC 工业机器人示教器设置的输出信号 DI［1］～ DI［64］相对应，信号数量相同，如图 4-46 所示。机器人输出信号地址与 PLC 输入信号地址、机器人输入信号地址与 PLC 输出信号地址的对应关系见表 4-2。

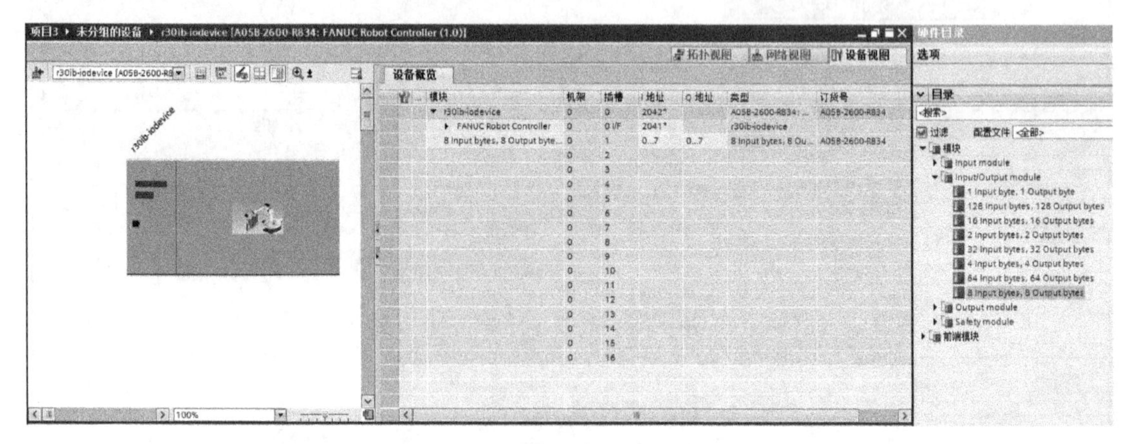

图 4-46

表 4-2

机器人输出信号地址	PLC 输入信号地址	机器人输入信号地址	PLC 输出信号地址
DO［1, …, 8］ ←→	PIB0	DI［1, …, 8］ ←→	PQB0
DO［9, …, 16］ ←→	PIB1	DI［9, …, 16］ ←→	PQB1
DO［17, …, 24］ ←→	PIB2	DI［17, …, 24］ ←→	PQB2
DO［25, …, 32］ ←→	PIB3	DI［25, …, 32］ ←→	PQB3
DO［33, …, 40］ ←→	PIB4	DI［33, …, 40］ ←→	PQB4
DO［41, …, 48］ ←→	PIB5	DI［41, …, 48］ ←→	PQB5
DO［49, …, 56］ ←→	PIB6	DI［49, …, 56］ ←→	PQB6
DO［57, …, 64］ ←→	PIB7	DI［57, …, 64］ ←→	PQB7

4.3 FANUC 工业机器人与三菱 PLC 的 CCLink 通信

FANUC 工业机器人与三菱 PLC 的 CCLink 通信的硬件连接如图 4-47 ～图 4-49 所示。FANUC 工业机器人 CCLink 通信模块 A20B-8101-0550 适用于控制柜 R-30iA、R-30iB、R-30iB Mate，CCLink 通信模块 A05B-2500-J061 适用于控制柜 R-30iA、R-30iB，CCLink 通信模块 A05B-2500-J062 适用于控制柜 R-30iA。CCLink 通信软件订货号 A20B-8101-0550 适用于控制柜 R-30iB，通信软件订货号 A05B-2500-J786 适用于控制柜 R-30iA、R-30iA Mate。

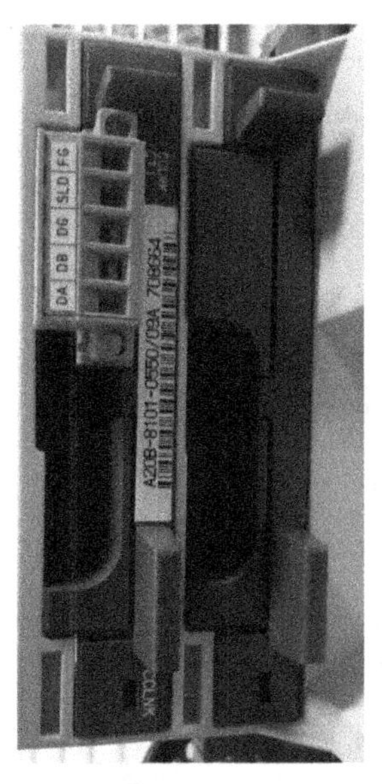

图　4-47

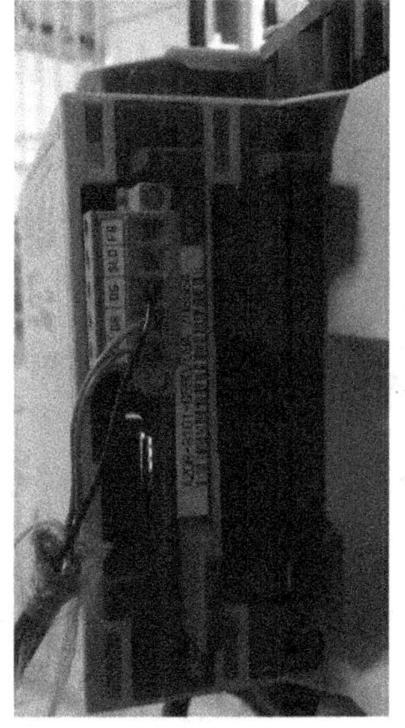

图　4-48

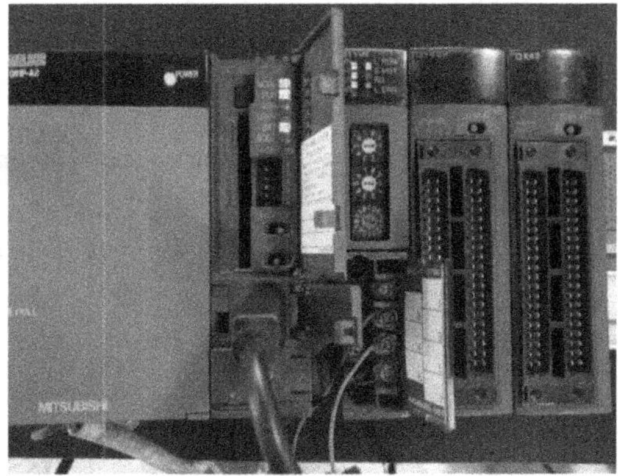

图　4-49

4.3.1　FANUC 工业机器人 CCLink 配置

FANUC 工业机器人 CCLink 配置的步骤如下：

1）选择“MENU”，选择“6 设置”，选择“1 CC-Link”，如图 4-50 所示。

2）工业机器人选择站数 2，如图 4-51 所示。

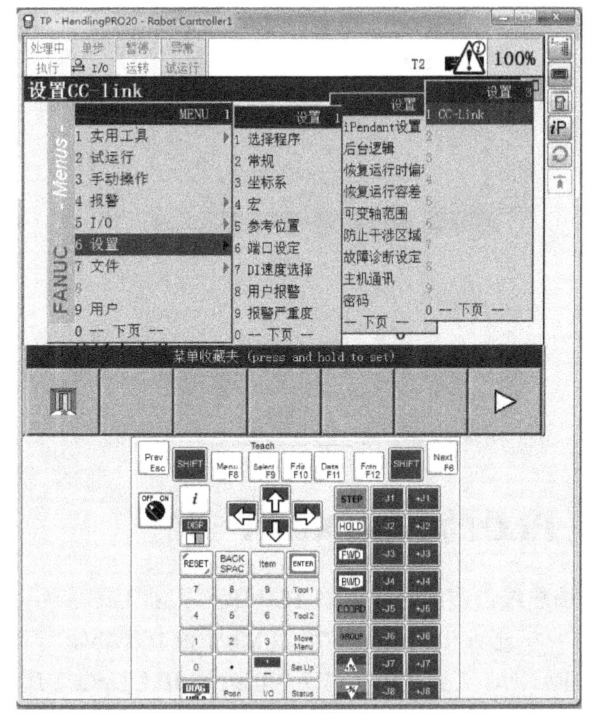

图　4-50

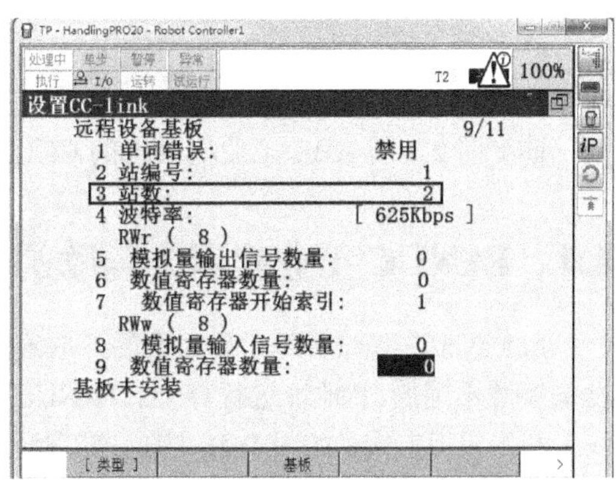

图　4-51

4.3.2 创建 CCLink 的 I/O 信号

创建 CCLink I/O 信号的步骤如下：

1）选择“MENU”，选择“5 I/O”，选择“3 数字”，如图 4-52 所示。

2）单击“分配”，如图 4-53 所示。

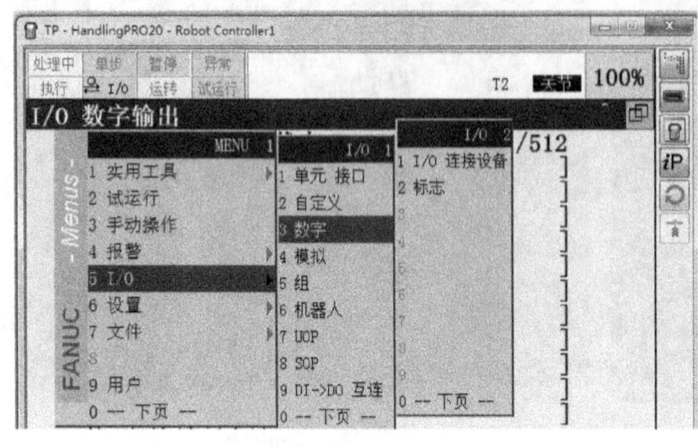

图 4-52

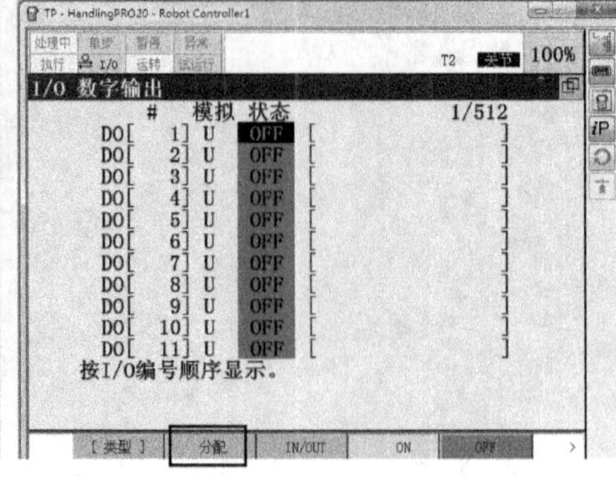

图 4-53

3）设置输入信号 DI［1］～DI［64］，一共 64 个输入信号，机架号为 92，如图 4-54 所示。

4）设置输出信号 DO［1］～DO［64］，一共 64 个输出信号，机架号为 92，如图 4-55 所示。

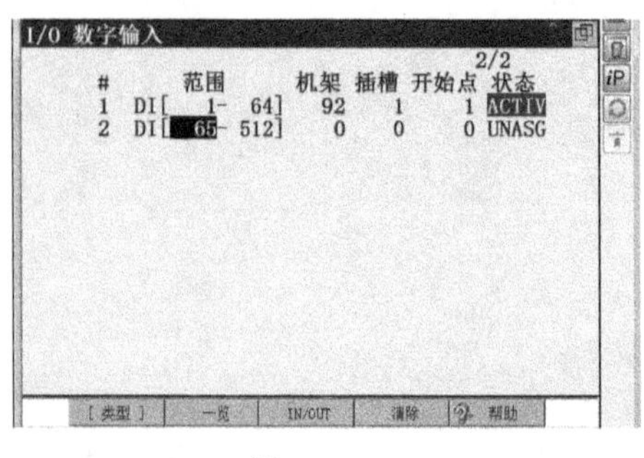

图 4-54

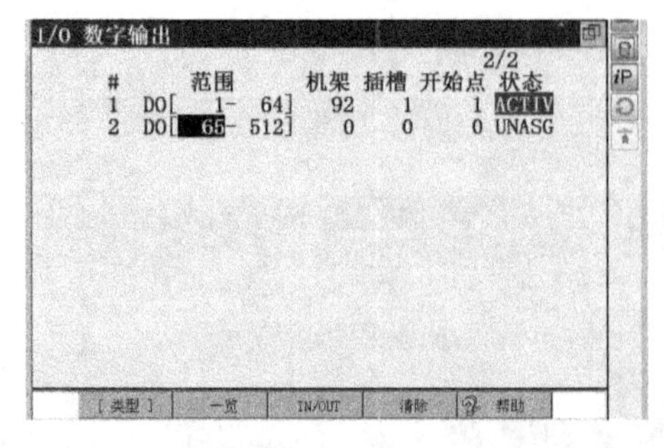

图 4-55

4.3.3 三菱 PLC 的 CCLink 设置

请参照 2.3 节 ABB 工业机器人的 CCLink 通信相关内容，此处不再赘述。

4.4 FANUC 工业机器人与欧姆龙 PLC 的 EtherNet/IP 通信

EtherNet/IP 是一种基于以太网的开放式现场总线，实质是以太网 TCP/IP 在工业上的应用，设备按照不同的 IP 地址进行寻址。FANUC 工业机器人支持通信速度 10Mb/s 和 100Mb/s、全双工和半双工方式，如图 4-56、图 4-57 所示。FANUC 工业机器人作为 EtherNet/IP Adapter（适配器）的软件订货号为 1A05B-2500-R538，作为 EtherNet/IP Scanner（扫描仪）的软件订货号为 1A05B-2500-R540。图 4-58 中欧姆龙 PLC 的 CPU 型号为 CP1H-XA40DT-A，通过 USB 接口的编程电缆（左侧）与 PC 的编程软件上传下载程序、硬件配置。图 4-59 所示的通信模块规格为 CJ1W-EIP21，通过网线可与 PC、FANUC 工业机器人网口进行 EtherNet/IP 通信。本例中，欧姆龙 PLC 的 IP 地址设为 192.168.250.1，FANUC 工业机器人的 IP 地址设为 192.168.250.2。

图　4-56

图　4-57

图　4-58

图　4-59

4.4.1　FANUC 工业机器人的 EtherNet/IP 配置

FANUC 工业机器人的 EtherNet/IP 配置步骤如下：

1）选择“MENU”，选择“6 设置”，选择“2 主机通讯”，如图 4-60 所示。

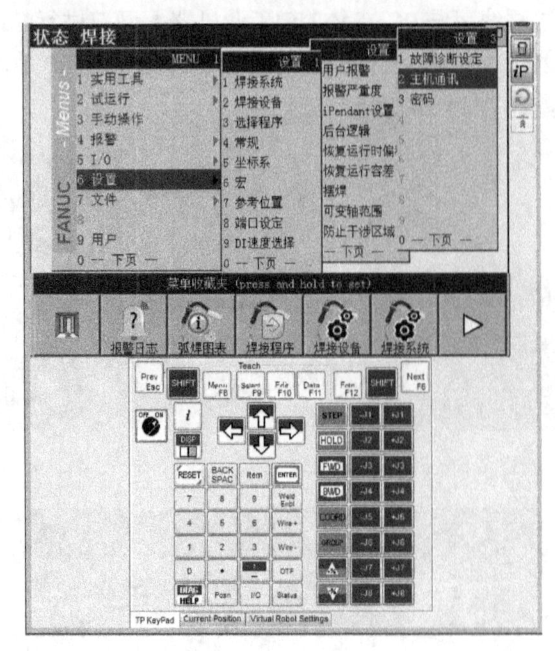

图 4-60

2）选择“TCP/IP”，如图 4-61 所示。

3）在“端口 #1 IP 地址”输入 FANUC 工业机器人的 IP 地址，本例设为 192.168.250.2，如图 4-62 所示。

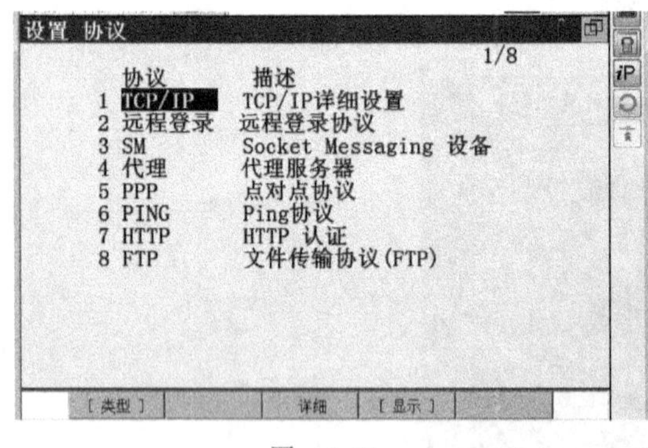

图 4-61

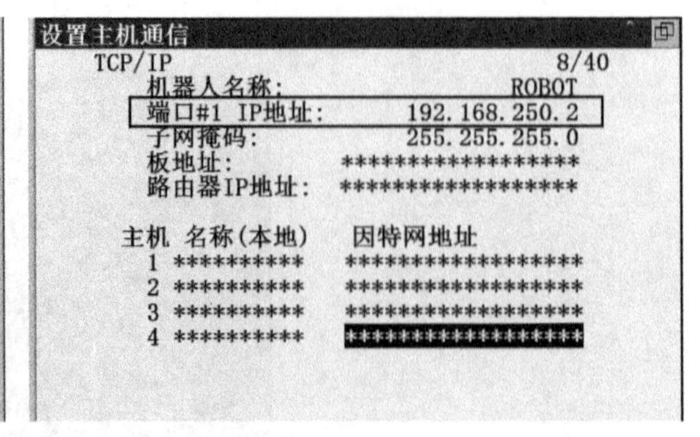

图 4-62

4.4.2 创建 EtherNet/IP 的 I/O 信号

创建 EtherNet/IP I/O 信号的步骤如下：

1）选择“MENU”，选择“5 I/O”，选择“5 EtherNet/IP”，如图 4-63 所示。

2）将光标指向“类型”列，选择“ADP”；将光标指向“启用”列，更改为“无效”，只有在无效状态，才可以更改配置，如图 4-64、如图 4-65 所示。

3）将光标指向“描述”列，单击“配置”，如图 4-66 所示。

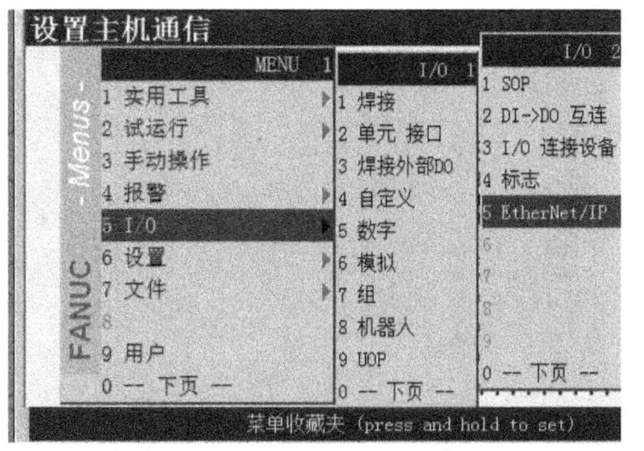

图　4-63

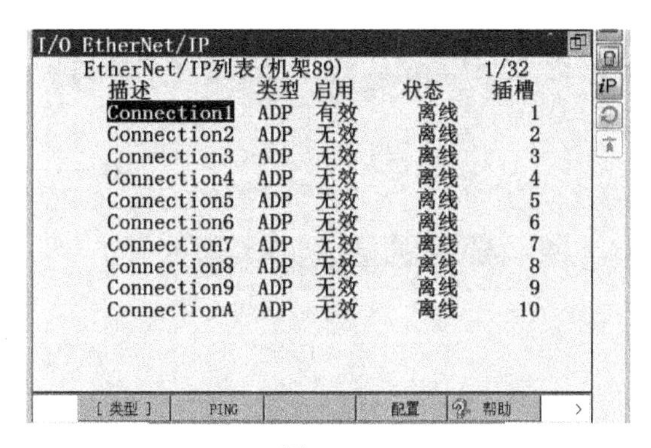

图　4-64

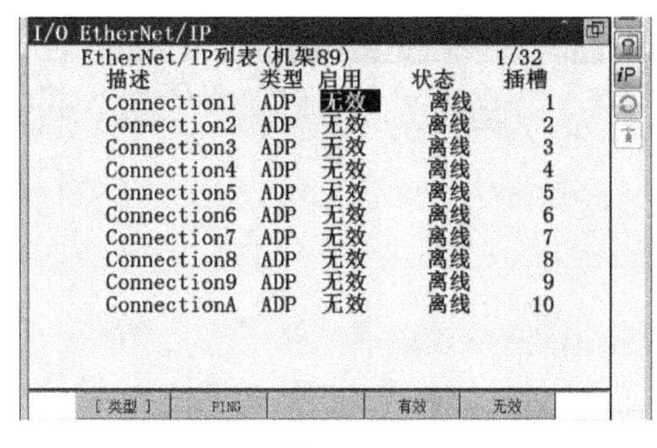

图　4-65

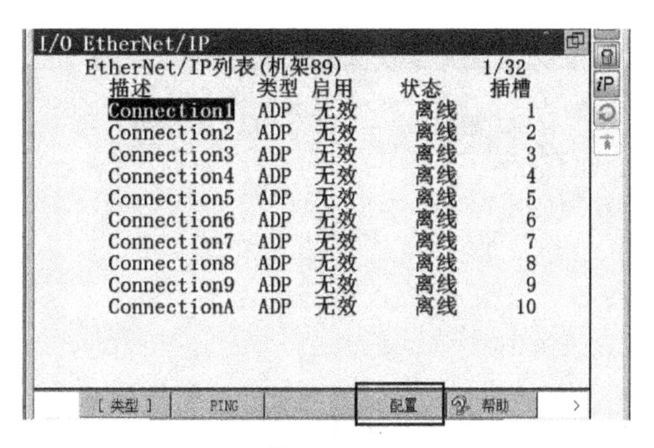

图　4-66

4）设置输入输出容量，本例输入输出容量 4 个字（8B），即 64 个信号，如图 4-67 所示。

5）光标指向“启用”列，更改为“有效”，设置结束，如图 4-68 所示。

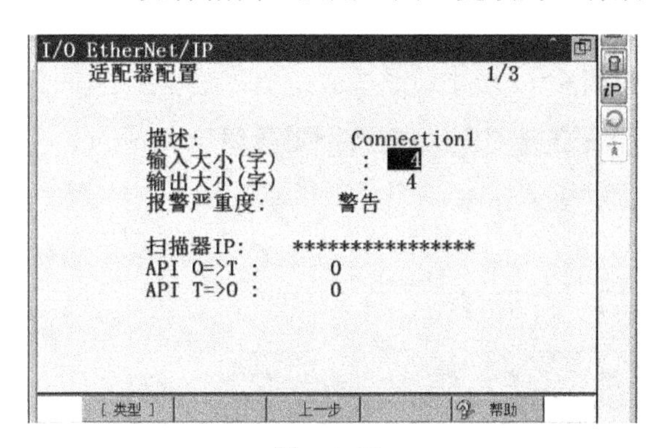

图　4-67

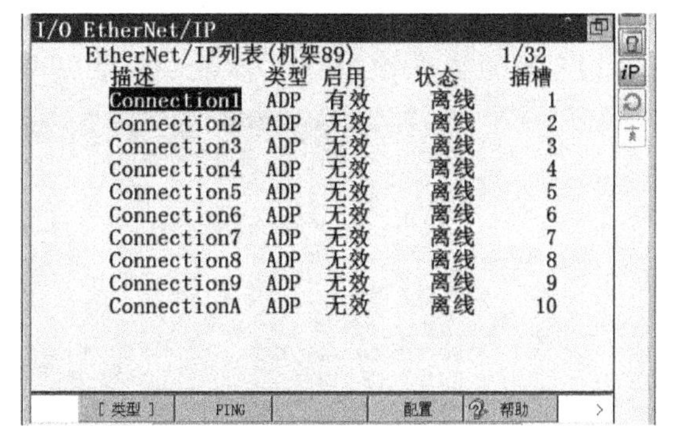

图　4-68

6）选择“MENU”，选择“5 I/O”，选择“5 数字”，如图 4-69 所示。

7）单击“分配”，如图 4-70 所示。

8）设置输入信号 DI［1］～DI［64］，一共 64 个输入信号，机架号为 89，如图 4-71 所示。

9）设置输出信号 DO［1］～DO［64］，一共 64 个输出信号，机架号为 89，如图 4-72 所示。

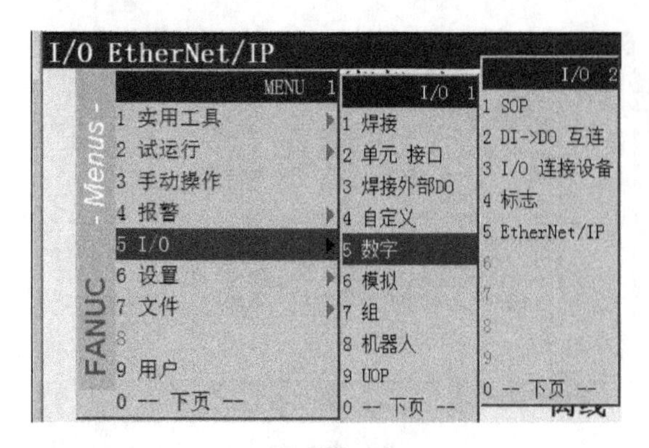

图 4-69

图 4-70

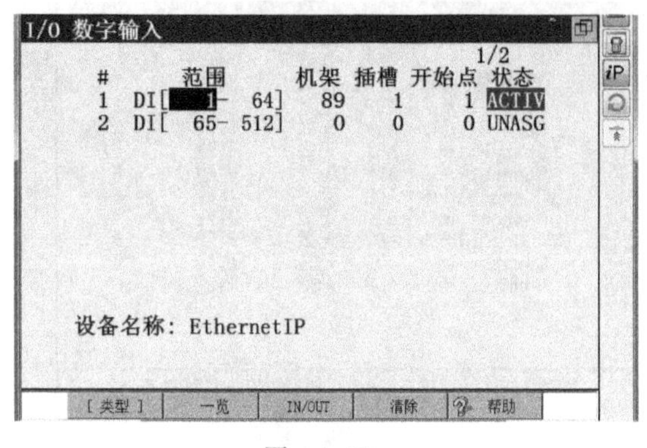

图 4-71

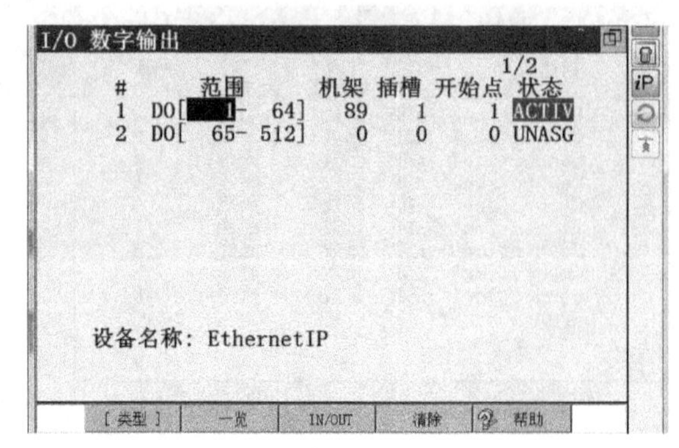

图 4-72

4.4.3 PLC 设置

本例中，通过 USB 口的传输电缆与 PC 连接进行设置。具体步骤如下：

1）启动欧姆龙编程软件 CX-Programmer，如图 4-73 所示。

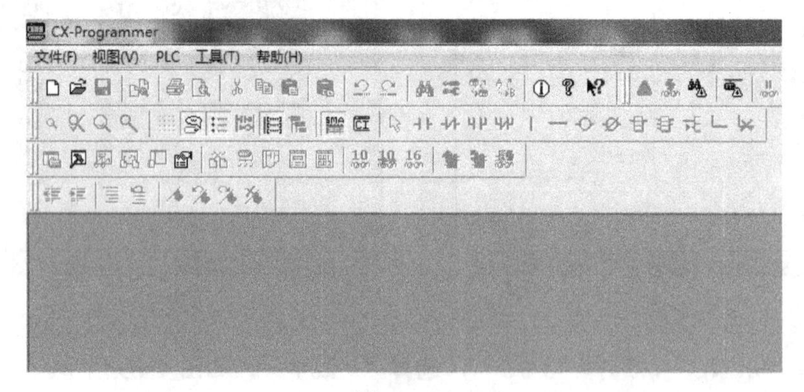

图 4-73

2）单击“新建”，弹出“变更 PLC”对话框，设“设备类型”为“CP1H”、“网络类型”为“USB”，PLC 通过 USB 接口进行与计算机的通信，可以进行上传 PLC 的硬件配置、设置通信模块 EIP21 的 IP 地址等操作，如图 4-74 所示。

3）单击“PLC”，选择“在线工作”，使 PC 通过编程电缆与 PLC 在线连接，如图 4-75 所示。

图　4-74　　　　　　　　　　　　　　图　4-75

4）单击“PLC”，选择“操作模式”，选择“编程”，只有在编程模式下 PLC 可以进行硬件设置，如图 4-76 所示。

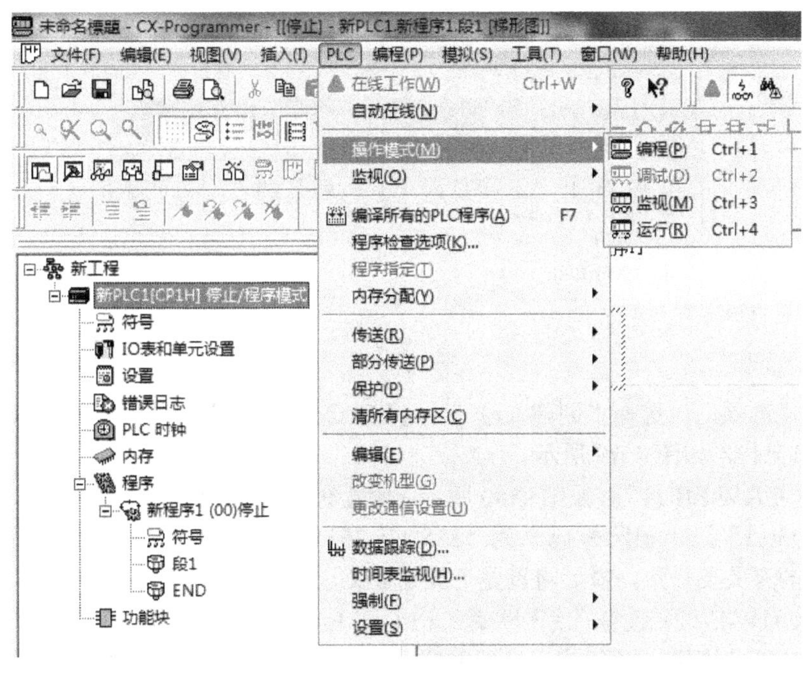

图　4-76

5）单击“PLC”，选择“编辑”，选择“I/O 表和单元设置（O）”，如图 4-77 所示，出现 I/O 分配表，如图 4-78 所示。

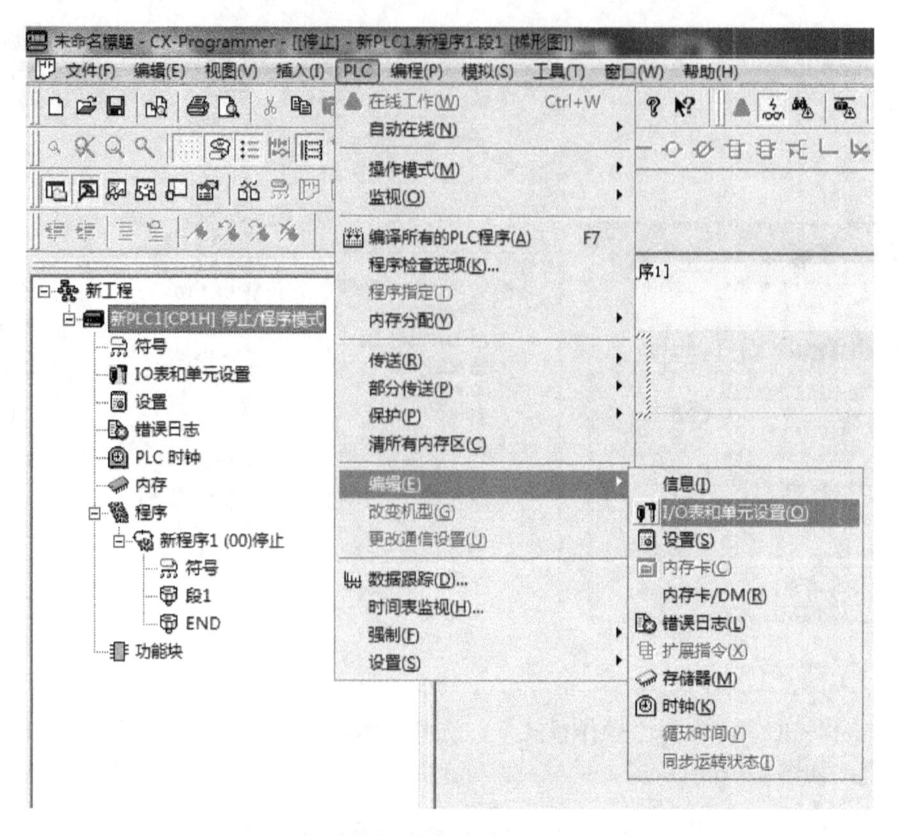

图 4-77

图 4-78

6）单击“选项”，选择“创建（r）”，将 PLC 的实际硬件组态上传到 PC，只有在编辑模式才可以上传，如图 4-79 所示。

7）双击“CJ1W-EIP21”，如图 4-80 所示，设置 PLC 通信模块 CJ1W-EIP21 的“IP 地址”为“192.168.250.1”，“子网掩码”为“255.255.255.0”，如图 4-81 所示，同时通信模块 CJ1W-EIP21 的开关要一致，最后将设置下载到 PLC 中。

8）设置 CJ1W-EIP21 通信，使得欧姆龙 PLC 和 FANUC 工业机器人可以进行网络通信。右击“CJ1W-EIP21”模块，选择“启动专用的应用程序”，选择“继承设定启动”，选择“Network Configurator”，如图 4-82、图 4-83 所示；启动网络配置，图 4-84 为网络配置对话框。

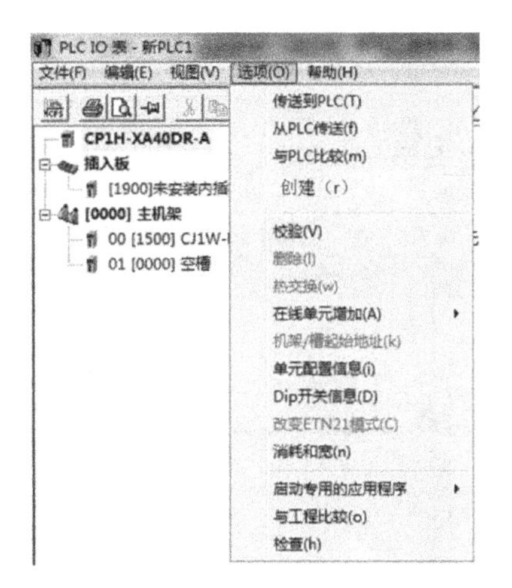

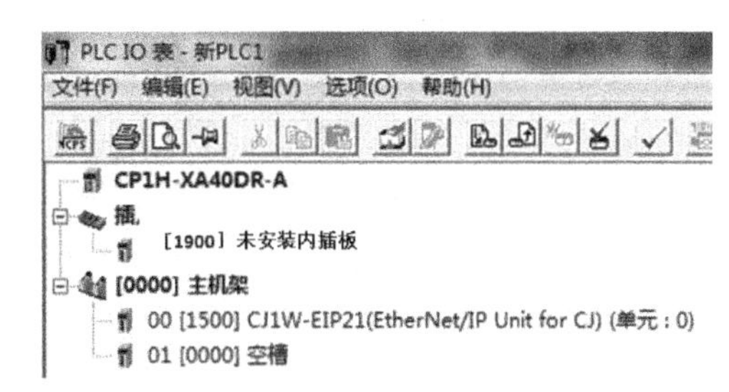

图　4-79　　　　　　　　　　　　　　　　　图　4-80

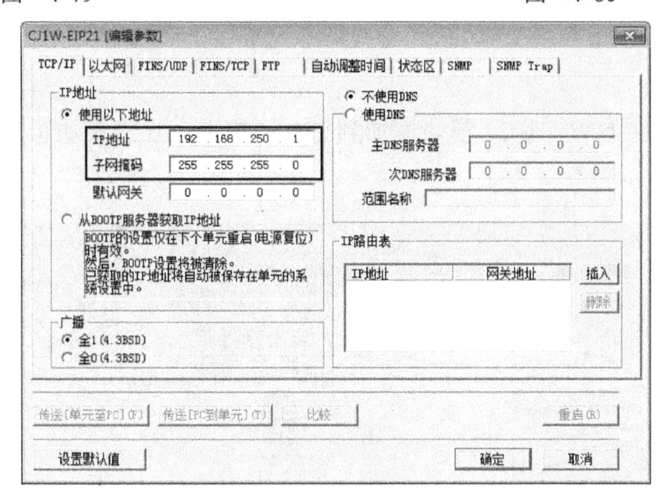

图　4-81

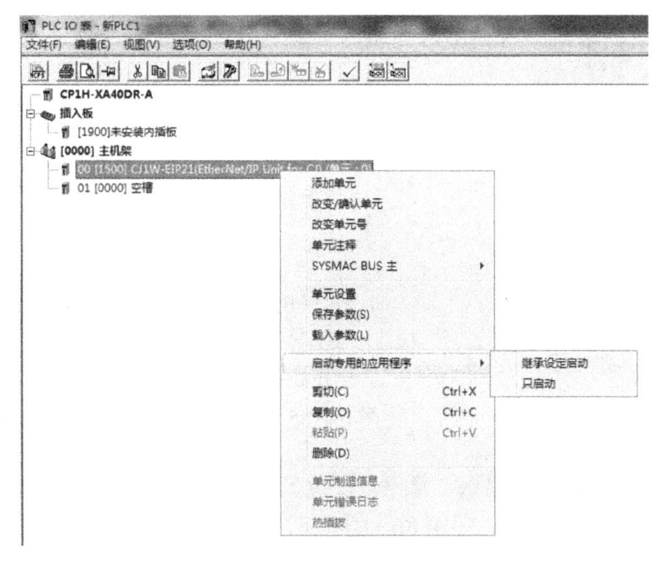

图　4-82

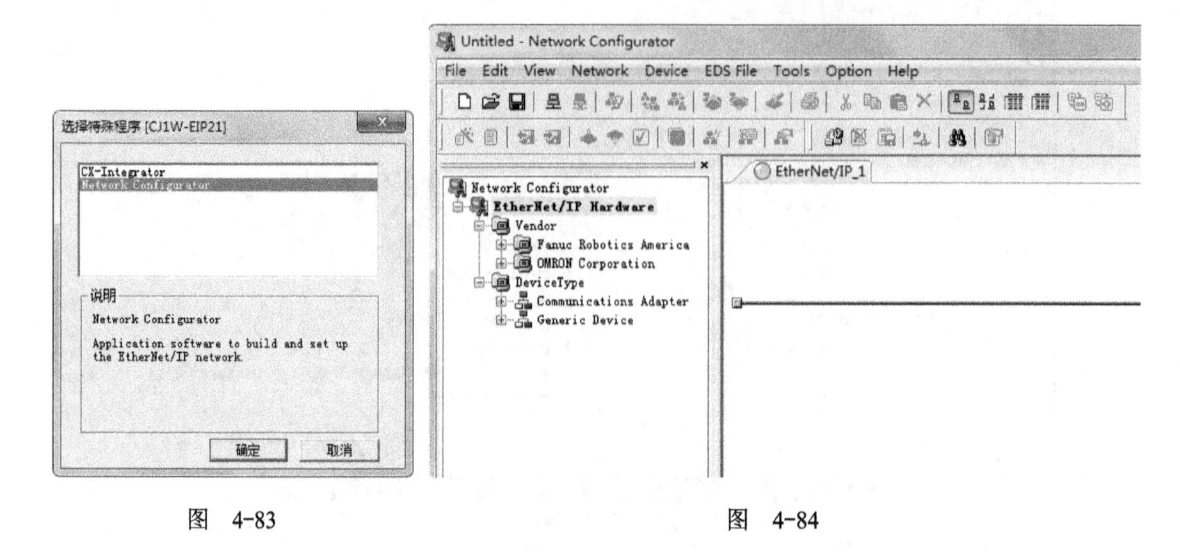

图 4-83　　　　图 4-84

9）拖拽左侧的 CJ1W-EIP21 模块添加到 EIP 网络上，右击模块可以修改模块的 IP 地址，如图 4-85 所示。

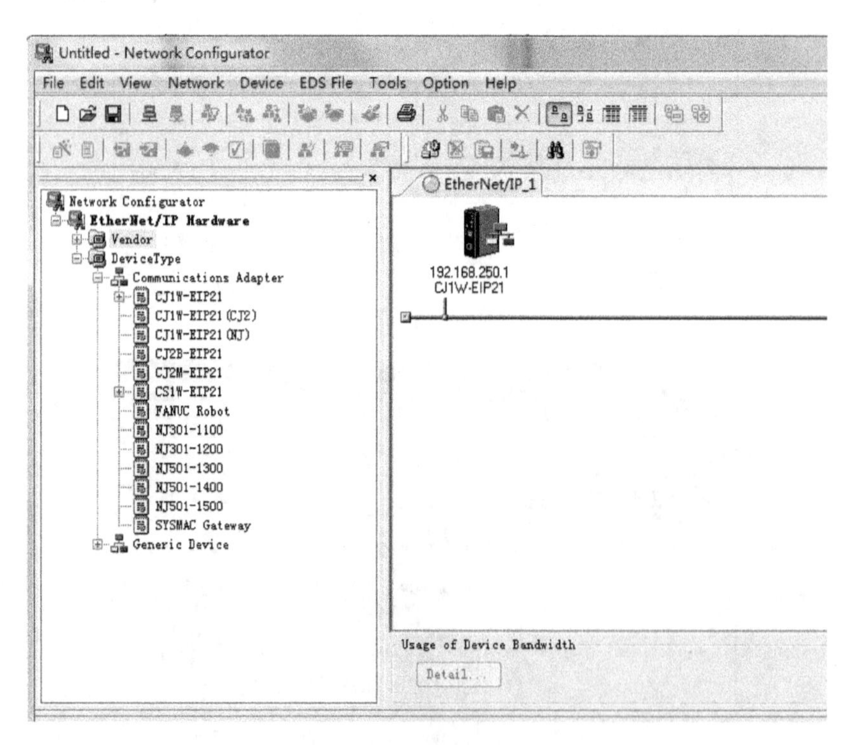

图 4-85

10）双击“CJ1W-EIP21”模块，选择“Tag Sets”选项卡，单击“New...”，新建标签、设置标签的大小并注册（Regist）。图 4-86、图 4-87 为新建输入标签 D100、长度 8B。图 4-88、图 4-89 为新建输出标签 D200、长度 8B。

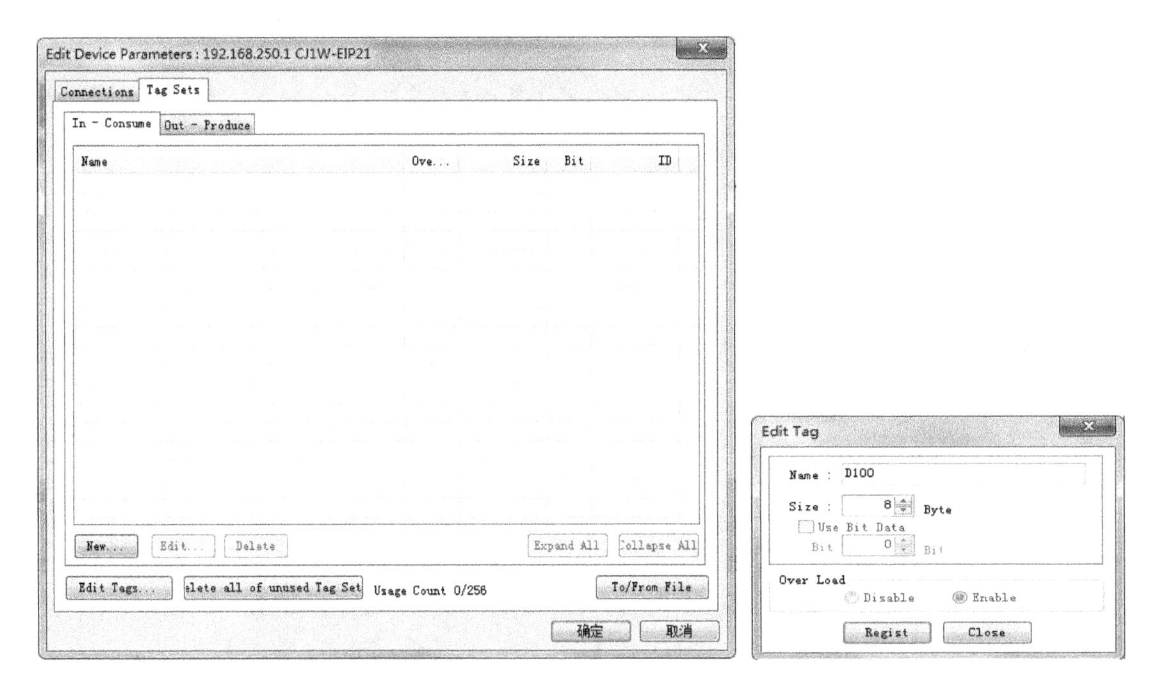

图　4-86　　　　图　4-87

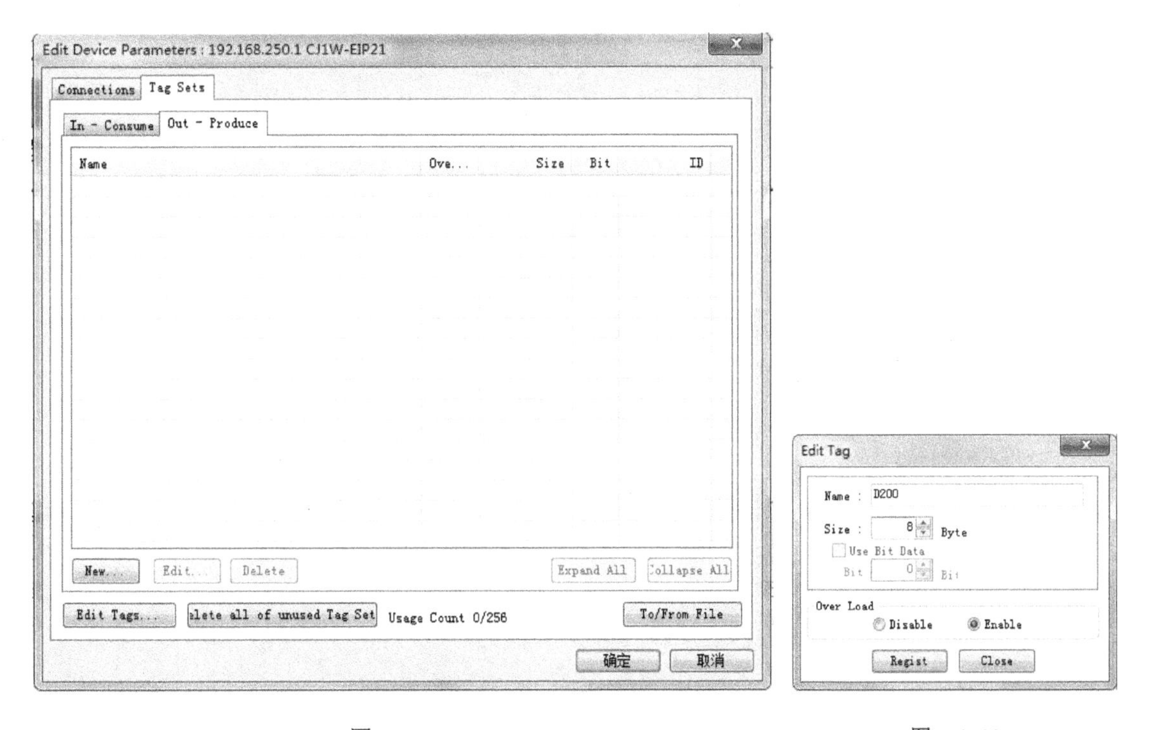

图　4-88　　　　图　4-89

11）安装 FANUC 工业机器人的 EDS 文件。只有安装了 EDS 文件，欧姆龙 PLC 才能与 FANUC 工业机器人进行 EtherNet/IP 通信。如图 4-90 所示，单击“EDS file”，选择“Install...”，选择“fanucrobot0202.eds”安装，如图 4-91 所示。

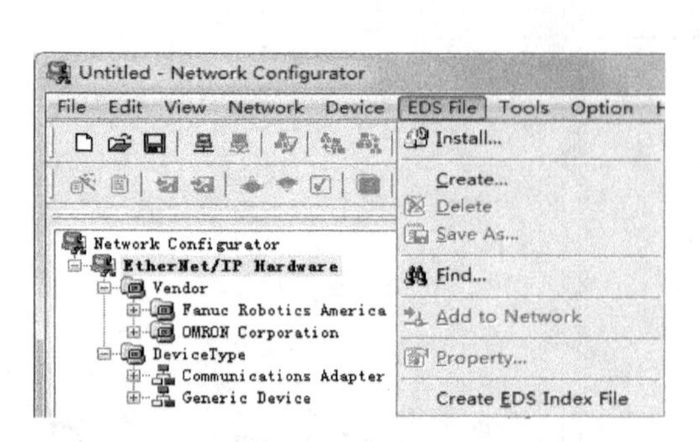

图 4-90

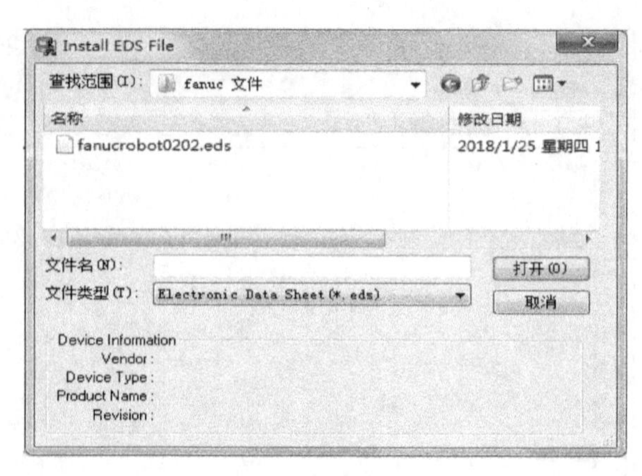

图 4-91

12）将 FANUC 工业机器人的“FANUC Robot”拖拽到 EIP 网络上，如图 4-92 所示。右击“FANUC Robot”模块，选择“Change Node Address ...”，可以修改 IP 地址，如图 4-93、图 4-94 所示。

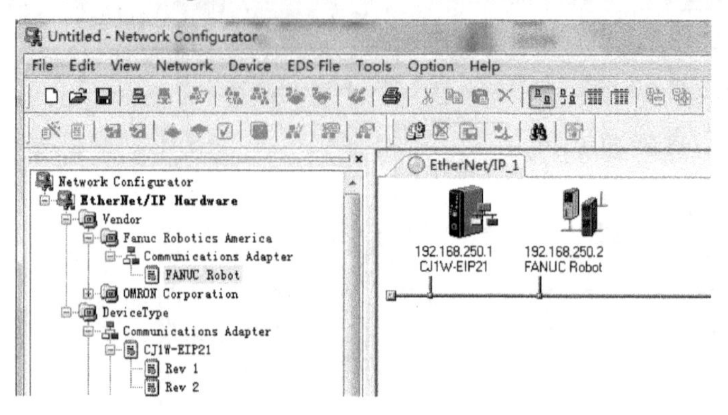

图 4-92

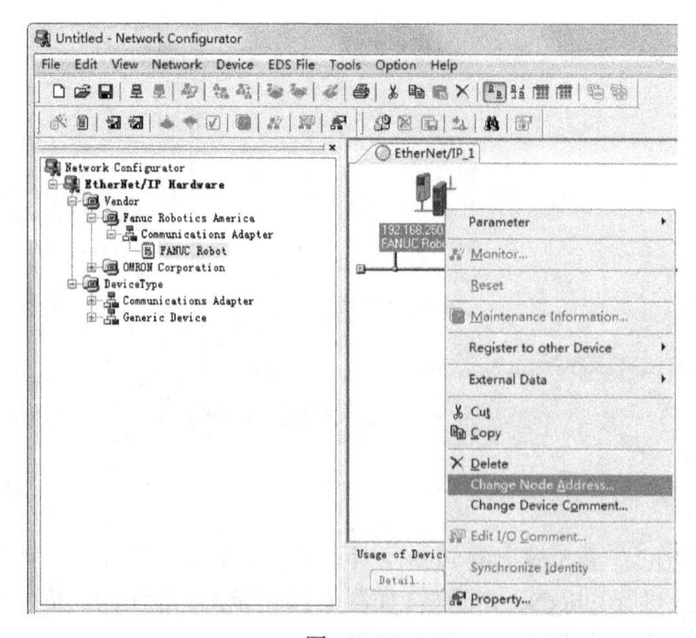

图 4-93

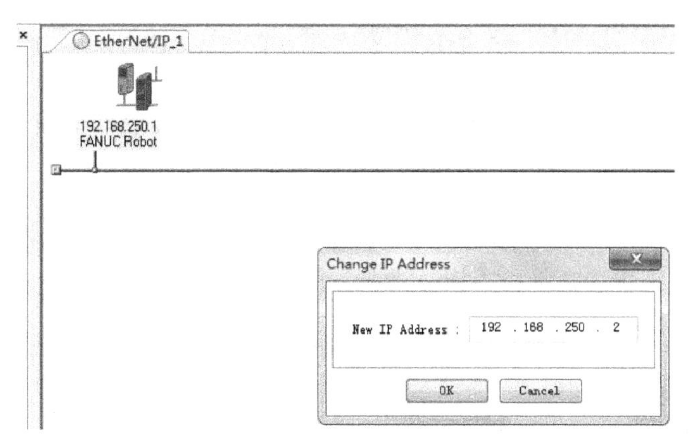

图 4-94

13）双击“FANUC Robot”机器人设备，确认输出 / 输入 8B。如图 4-95 所示，“0001 Output　8bytes”输出 8B，“0002 Input　8bytes”输入 8B，与机器人设置的输出 / 输入点数相同。

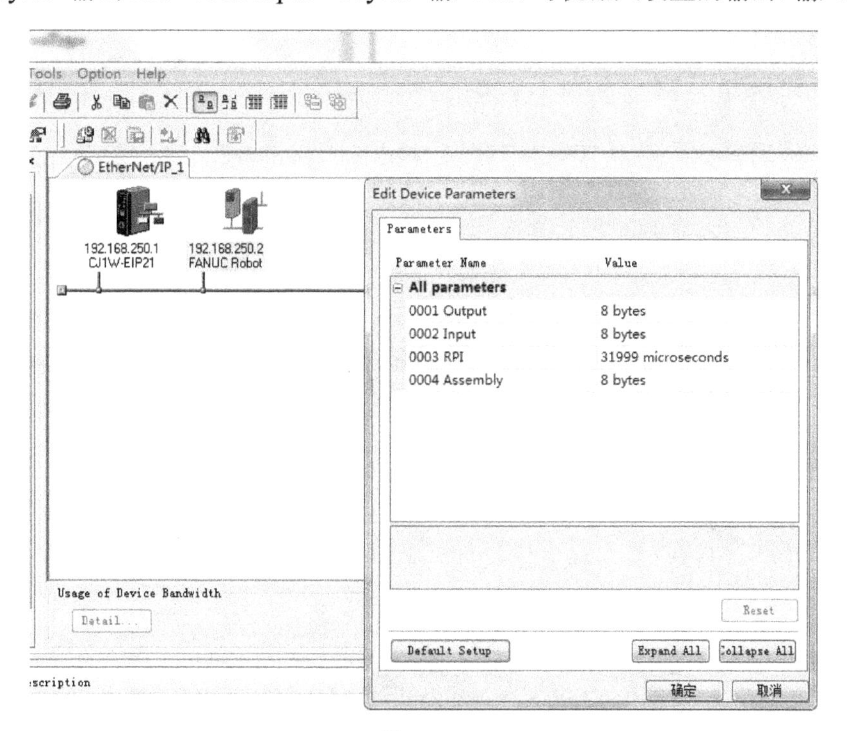

图 4-95

14）双击“CJ1W-EIP21”，出现图 4-96，选择“Connections”选项卡，选择“192.168.250.2 FANUC Robot”，选择向下黑色箭头，如图 4-97 所示，192.168.250.2 FANUC Robot FANUC 工业机器人注册到下方，表示将 FANUC 工业机器人连接到 CJ1W-EIP21 上。

15）给 FANUC 工业机器人分配输入 / 输出信号并注册（Regist）。单击图 4-97 的“New...”，弹出图 4-98 所示对话框。“Input Tag Set”选择“D00100”，作为 PLC 分配给机器人的虚拟输入信号。“Output Tag Set”选择“D00200”，作为 PLC 分配给机器人的虚拟输出信号。

如图4-99所示，“D00100-[8 Byte]”对应“Input_101-[8 Byte]”，D00100-[8 Byte]被设定为PLC的输入信号，与FANUC工业机器人的输出信号DO等效。“D00200-[8 Byte]”对应“Output_151-[8 Byte]”，D00200-[8 Byte]被设定为PLC的输出信号，与FANUC工业机器人的输入信号DI等效。单击“Regist”，如图4-100所示。

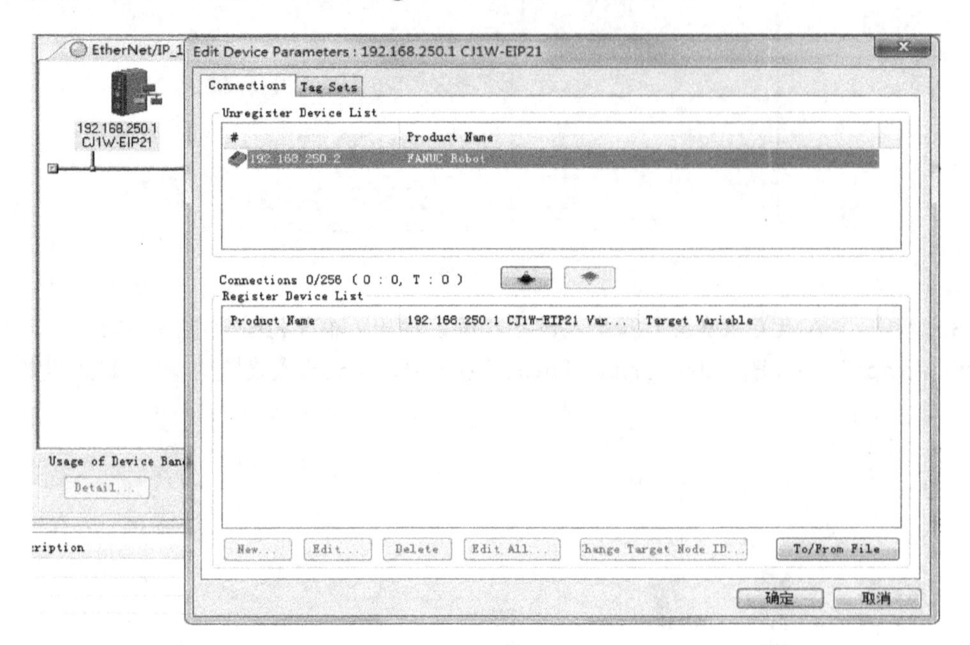

图 4-96

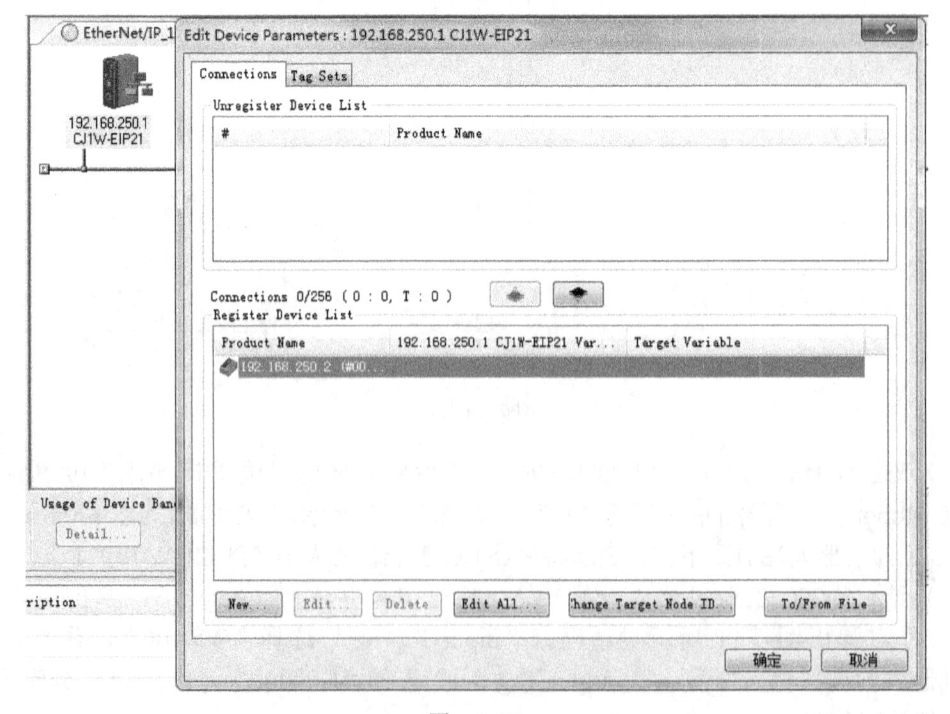

图 4-97

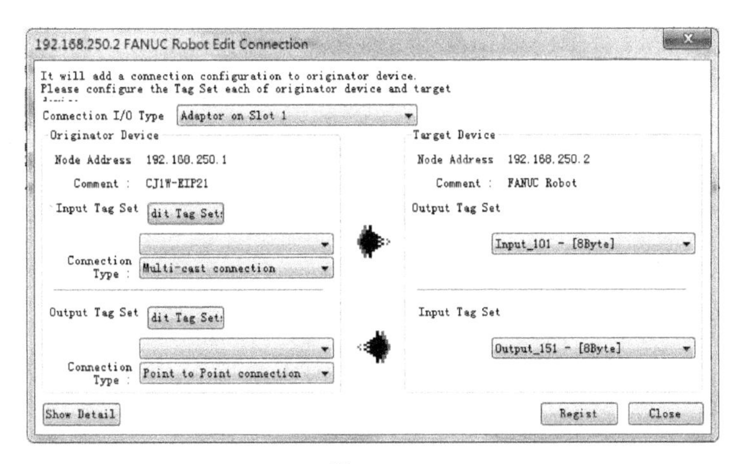

图　4-98

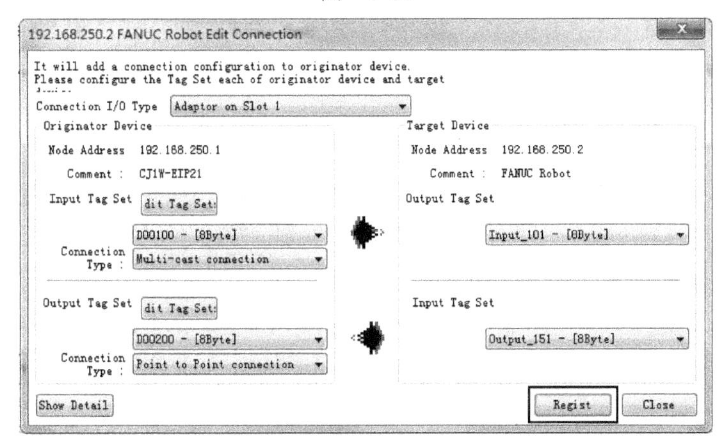

图　4-99

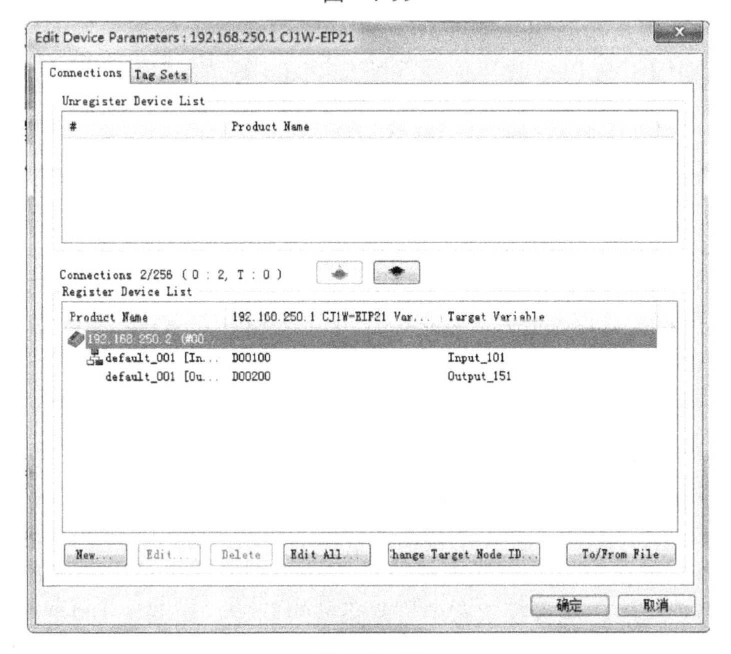

图　4-100

16）选择网络连接类型，如图4-101所示，单击“Option”选项卡，选择“Select Interface”，选择“CJ2 USB/Serial Port”，使用USB编程线进行通信。

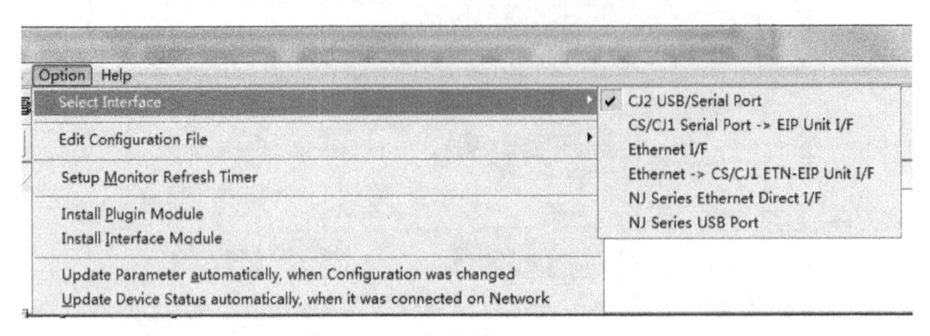

图 4-101

17）单击“Network”选项卡，选择“Connect...”，连接PC和欧姆龙PLC，如图4-102所示。

18）单击“Network”选项卡，单击“Download”，将组态下载到PLC内，完成PLC侧设定，如图4-103所示。

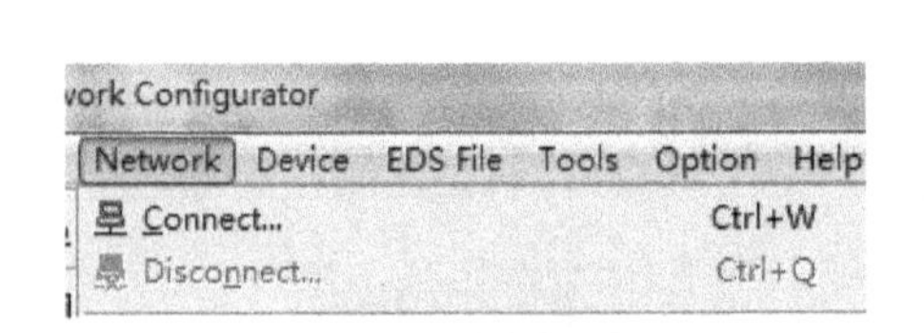

图 4-102

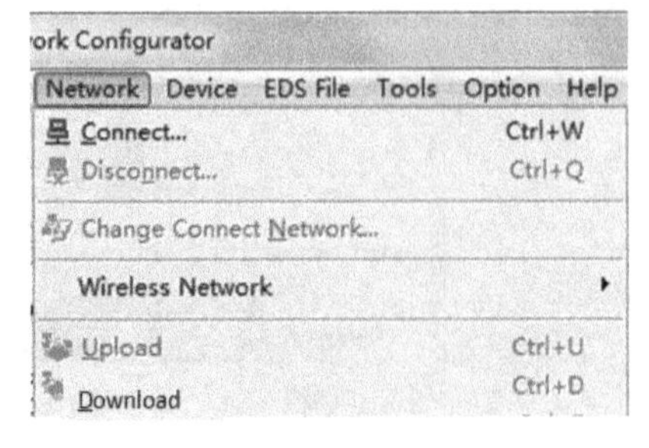

图 4-103

在表4-3中，机器人输出信号地址DO［1］与PLC输入信号地址D100.00等效，机器人输入信号地址DI［1］与PLC输出信号地址D200.00等效，以此类推。

表 4-3

机器人输出信号地址	PLC输入信号地址	机器人输入信号地址	PLC输出信号地址
DO［1, …, 16］ ←→	D100.00～D100.15	DI［1, …, 16］ ←→	D200.00～D200.15
DO［17, …, 32］ ←→	D101.00～D101.15	DI［17, …, 32］ ←→	D201.00～D201.15
DO［33, …, 48］ ←→	D102.00～D102.15	DI［33, …, 48］ ←→	D202.00～D202.15
DO［49, …, 64］ ←→	D103.00～D103.15	DI［49, …, 64］ ←→	D203.00～D203.15

4.5 系统外围设备信号UI/UO

系统外围设备信号是机器人发送和接收自远端控制器或周边设备的信号，可以实现选择程序、开始和停止程序、从报警状态中恢复系统等功能，如图4-104、图4-105所示。系统输入信号（UI）、系统输出信号（UO）具体说明见表4-4、表4-5。

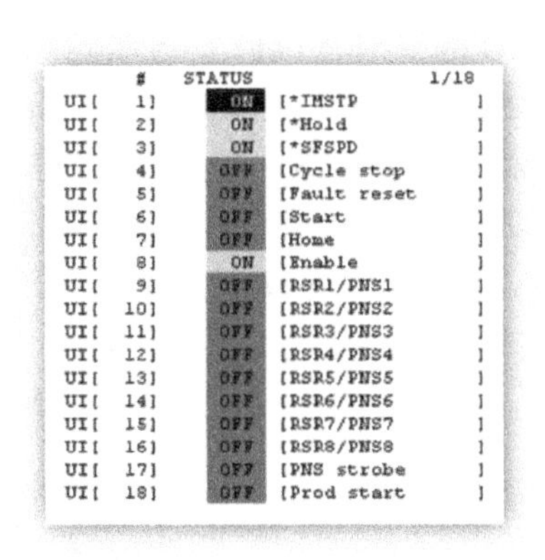

图　4-104

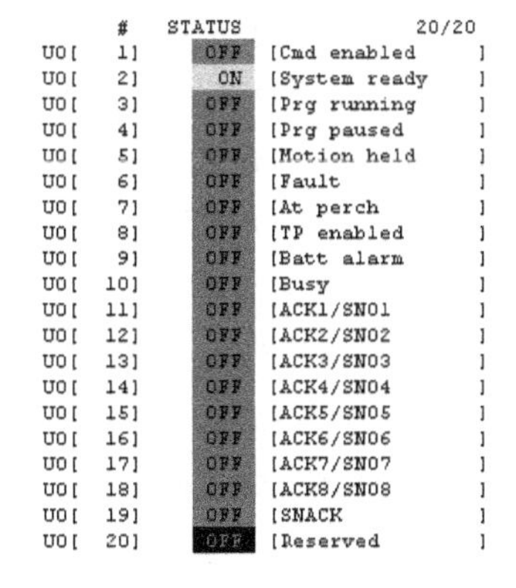

图　4-105

表　4-4

系统输入信号	含义	说明
UI[1]	IMSTP	紧急停机信号（正常状态：ON）
UI[2]	Hold	暂停信号（正常状态：ON）
UI[3]	SFSPD	安全速度信号（正常状态：ON）
UI[4]	Cycle Stop	周期停止信号
UI[5]	Fault reset	报警复位信号
UI[6]	Start	启动信号（信号下降沿有效）
UI[7]	Home	回 HOME 信号（需要设置宏程序）
UI[8]	Enable	使能信号
UI[9] ～ UI[16]	RSR1 ～ RSR8	机器人服务请求信号
UI[9] ～ UI[16]	PNS1 ～ PNS8	程序号选择信号
UI[17]	PNSTROBE	程序号选通信号
UI[18]	PROD_START	自动操作开始（生产开始）信号，信号下降沿有效

表　4-5

系统输出信号	含义	说明
UO[1]	CMDENBL	命令使能信号输出
UO[2]	SYSRDY	系统准备完毕输出
UO[3]	PROGRUN	程序执行状态输出
UO[4]	PAUSED	程序暂停状态输出
UO[5]	HELD	暂停输出
UO[6]	FAULT	错误输出
UO[7]	ATPERCH	机器人就位输出
UO[8]	TPENBL	示教器使能输出
UO[9]	BATALM	电池报警输出（控制柜电池电量不足，输出为 ON）
UO[10]	BUSY	处理器忙输出
UO[11] ～ UO[18]	ACK1 ～ ACK8	证实信号，当 RSR 输入信号被接收时，能输出一个相应的脉冲信号
UO[11] ～ UO[18]	SNO1 ～ SNO8	该信号组以 8 位二进制码表示相应的当前选中的 PNS 程序号
UO[19]	SNACK	信号数确认输出
UO[20]	Reserved	预留信号

4.6　程序启动条件及时序

机器人程序可以使用外部控制设备如 PLC 等通过信号的输入、输出来选择和执行。

系统信号是机器人发送和接收外部控制设备 UI/UO 的信号，以此实现机器人程序运行。FANUC 工业机器人自动执行程序有机器人服务请求方式 RSR（Robot Serve Request）和机器人程序编号选择启动方式 PNS（Program No. Select）两种。下面进行详细介绍。

1）设置自动运行的启动条件：控制柜模式开关置为 AUTO 档。非单步执行状态，UI[1]、UI[2]、UI[3]、UI[8] 为 ON，示教器为 OFF，如图 4-106 所示。

2）UI 信号设置为有效，如图 4-107 所示，选择“7 Enable UI signals: TRUE”。

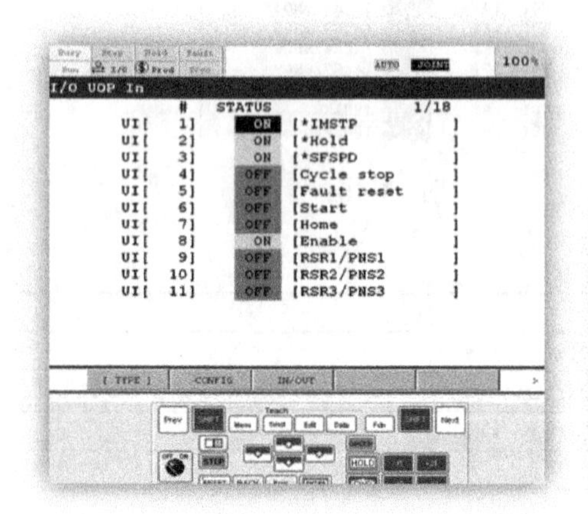

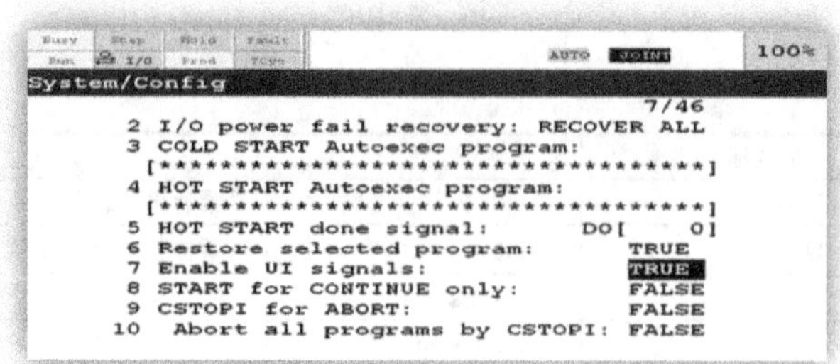

图 4-106　　　　图 4-107

3）自动模式为 Remote，如图 4-108 所示，选择“43 Remote/Local setup: Remote”。

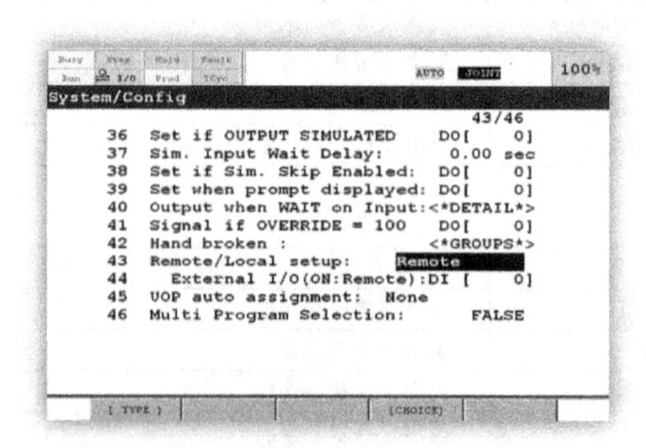

图 4-108

4）系统变量 $RMT_MASTER 为 0（默认值为 0），如图 4-109 所示，选择“465 $RMT_MASTER 0”。

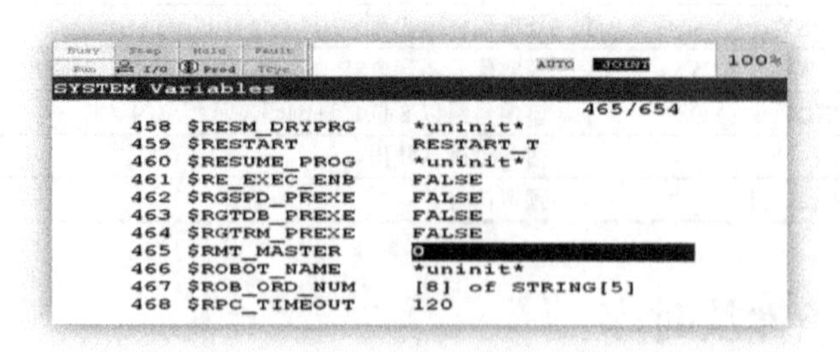

图 4-109

4.6.1　机器人服务请求方式 RSR

1. **通过机器人服务请求信号（RSR1 ～ RSR8）选择和开始程序的特点**

1）当一个程序正在执行或者中断时，被选择的程序处于等待状态。一旦原先的程序停止，就开始运行被选择的程序。

2）只能选择 8 个程序。

2. **自动运行方式 RSR 的程序命名要求**

1）程序名必须为 7 位。

2）由 RSR+4 位程序号组成。

3）程序号 =RSR 记录号 + 基数。

3. **RSR0121 程序的自动执行过程**

如图 4-110、图 4-111 所示，“10 Base number［100］”表示基数 =100；“2 RSR2 program number［ENABLE］［21］”中“ENABLE”表示 RSR2 有效，“21”表示对应的值为 21。RSR0121 程序号由基数的 100 和 RSR2 的 21 组成，如图 4-110 所示。

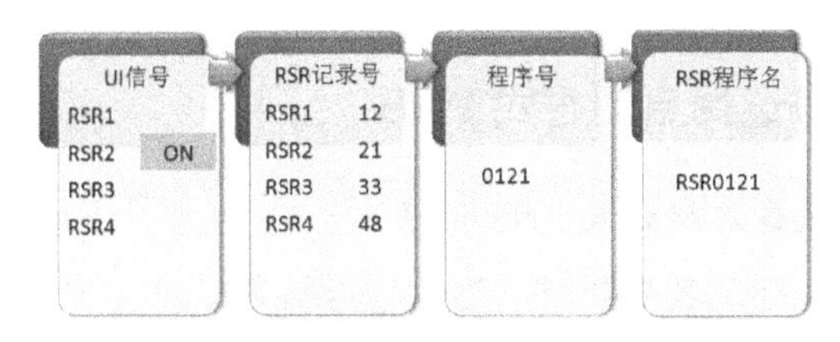

图　4-110

```
Prog Select
                                              1/12
     RSR Setup
   1 RSR1 program number [ENABLE ] [    12]
   2 RSR2 program number [ENABLE ] [    21]
   3 RSR3 program number [ENABLE ] [    33]
   4 RSR4 program number [ENABLE ] [    48]
   5 RSR5 program number [DISABLE] [     0]
   6 RSR6 program number [DISABLE] [     0]
   7 RSR7 program number [DISABLE] [     0]
   8 RSR8 program number [DISABLE] [     0]
   9 Job prefix                      [RSR]
  10 Base number                     [  100]

  [ TYPE ]                    ENABLE    DISABLE
```

图　4-111

RSR0121 程序的自动执行过程时序如图 4-112 所示，CMDENBL(O)（命令使能信号）对应的外围信号 UO[1] 必须导通，作为自动运行的前提条件。外部如 PLC 等控制装置发送给 FANUC 工业机器人外围信号 UI[10] 一个脉冲信号，UI[10] 对应 FANUC 工业机器人的 RSR2 信号（服务请求信号），RSR0121 程序开始自动执行，当 RSR2 对应的 UI[10] 输入信号被接收时，机器人的 ACK2（O）（对应的外围信号为 UO[12]）输出一个脉冲信号，表示 RSR0121 程序被执行。程序执行状态输出 PROGRUN（对应的外围信号 UO[3]）同时也为高电平，表示正在执行程序。

总之，PLC 给机器人 UI[10] 一个脉冲信号就开始执行程序 RSR0121。

当 RSR0121 正在执行时，被选择的程序 RSR1 对应的 RSR0112 处于等待状态，一旦 RSR0121 停止，就开始运行 RSR0112，ACK1（O）输出一个相应的脉冲信号（对应的外围信号 UO[11]），表示 RSR0112 程序被执行。

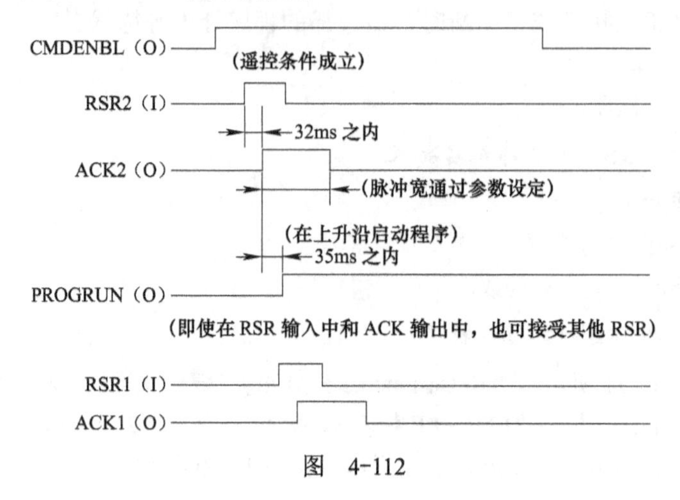

图 4-112

4.6.2 机器人程序编号选择启动方式 PNS

1. 机器人程序编号选择启动方式 PNS 的特点

1）当一个程序正在执行或者中断时，这些信号被忽略。

2）自动开始操作信号（PROD_START）：从第一行开始执行被选中的程序，当一个程序被中断或执行时，这个信号不被接收。

3）最多可以选择 255 个程序。

2. 自动运行方式 PNS 的程序命名要求

1）程序名必须为 7 位。

2）由 PNS+4 位程序号组成。

3）程序号 =PNS 记录号 + 基数。

3. PNS0138 程序的自动执行过程

如图 4-113 所示，“2 Base number［100］”表示基数 =100，PNS0138 程序号由基数的 100 和 38 组成。38 是由 PNS1 ～ PNS8 组成的二进制换算的十进制形成，如图 4-114 所示，对应的 PNS2、PNS3、PNS6 为高电平。

PNS0138 程序的自动执行过程时序如图 4-115 所示，CMDENBL(O)（命令使能信号）对应的 UO[1] 必须导通，作为自动运行的前提条件。程序号选择信号 PNS1 ～ PNS8 开始选择程序号，PNS0138 程序需要 PNS2（对应的外围信号 UI[10]）、PNS3（对应的外围信号 UI[11]）、PNS6（对应的外围信号 UI[14]）为高电平，通常需要外部如 PLC 等控制装置发送给 FANUC 工业机器人的外围信号 UI[10]、UI[11]、UI[14] 高电平。控制 PNSTROBE（对应的外围信号 UI[17]）为高电平，确认程序号有效。控制 PROD_START（对应的外围信号 UI[18]）下降沿启动所选择程序 PNS0138，程序开始自动执行。同时程序执行状态输出 PROGRUN（对应的外围信号 UO[3]）为高电平。

总之，PLC 给机器人 UI[10]、UI[11]、UI[14] 高电平，机器人选择程序 PNS0138。PLC 再给机器人 UI[17] 高电平，确认程序选择有效。PLC 再给机器人 UI[18] 一个脉冲信号，在 UI[18] 脉冲的下降沿，PNS0138 程序开始执行。

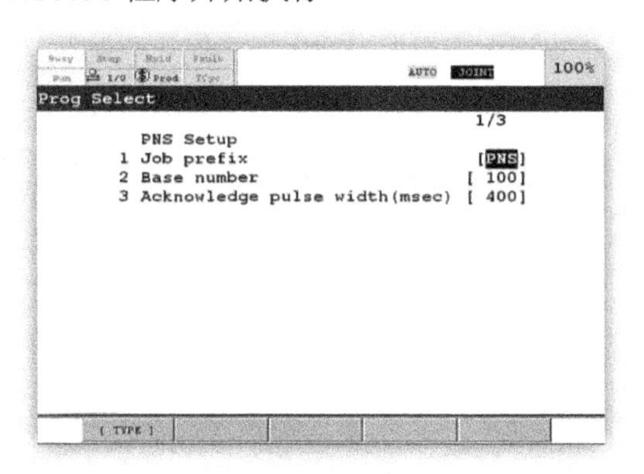

图　4-113

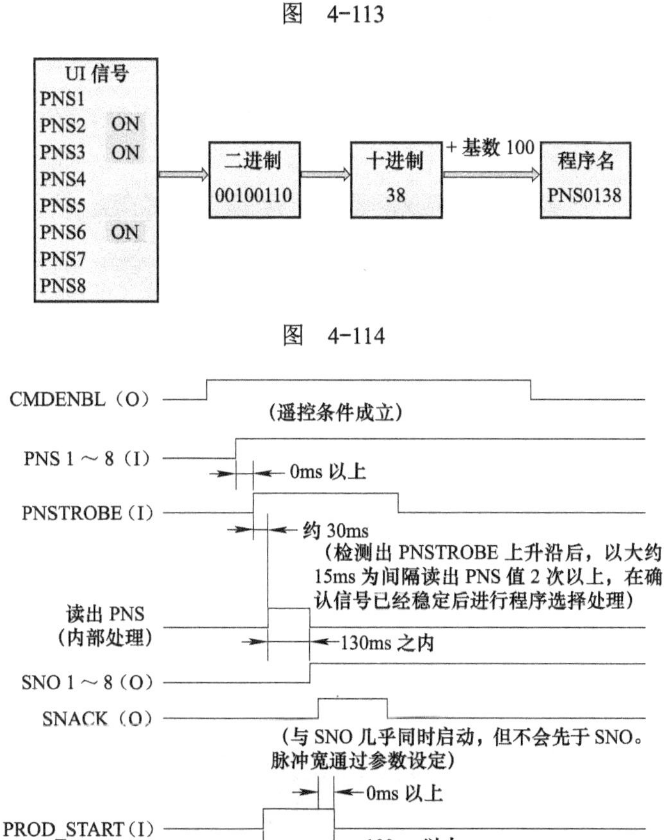

图　4-114

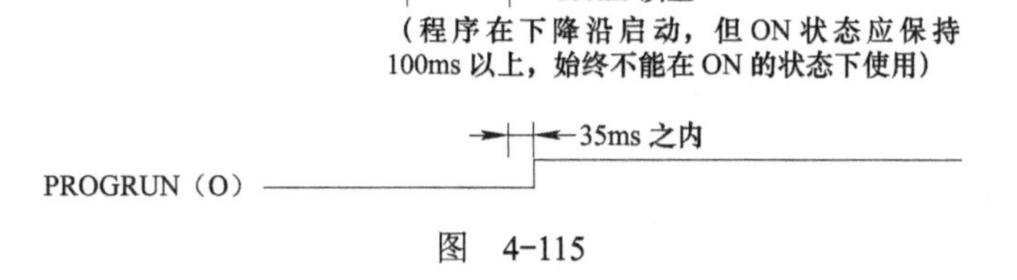

图　4-115

UI 信号可通过配置为 ON 或 UI 对应端子接入的外部信号导通为 ON。

4.7 程序启动实例

4.7.1 配置外围 UI/UO 信号

配置外围 UI/UO 信号的具体步骤如下：

1）依次单击“MENU”→“I/O”→“UOP”，如图 4-116 所示。

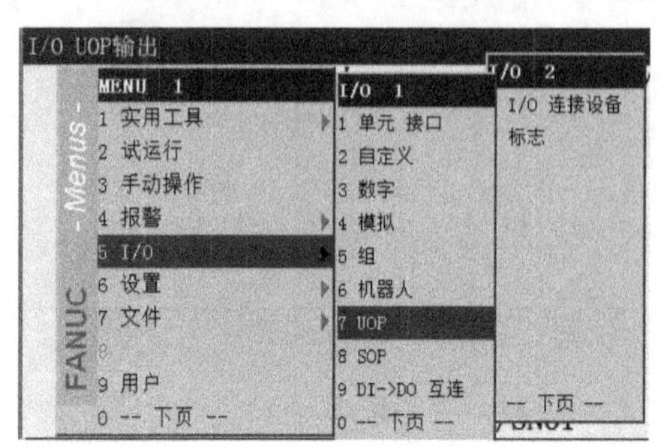

图 4-116

2）配置 UI 信号。UI 信号配置 UI[1]～UI[18]，机架 102 表示 PROFINET 通信，如图 4-117 所示。

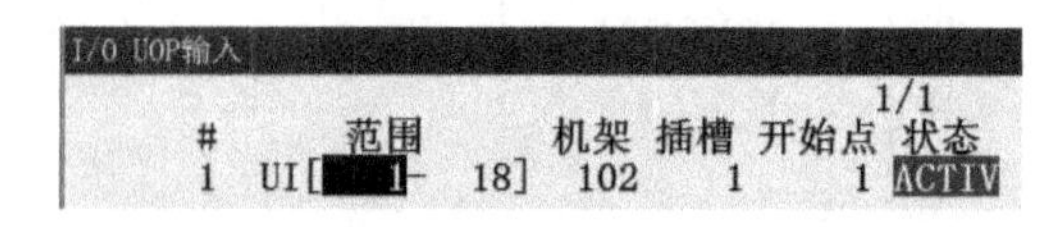

图 4-117

3）配置 UO 信号。UO 信号配置 UO[1]～UO[20]，机架 102 表示 PROFINET 通信，如图 4-118 所示。

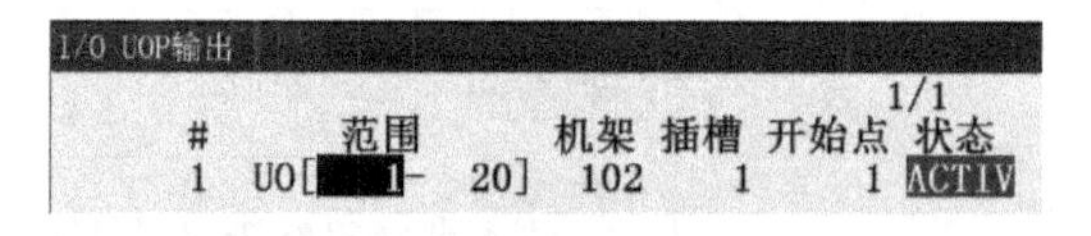

图 4-118

4）设置程序。依次单击“MENU”→“设置”→“选择程序”，选择“RSR”，在“RSR1 程序编号”中选择“启用”，程序编号设为“1”，这样就启用了程序 RSR0001，如图 4-119～图 4-122 所示。

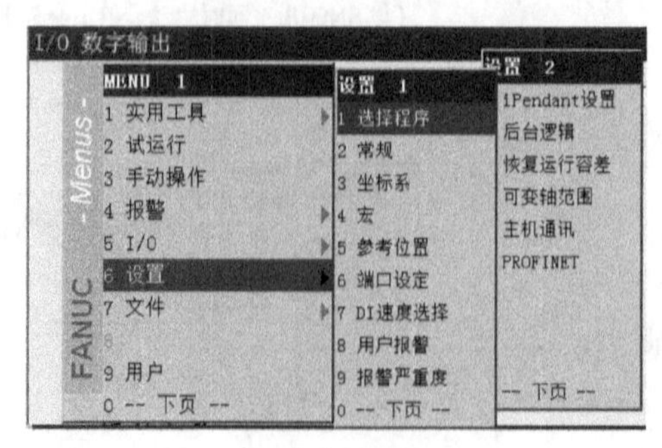

图 4-119

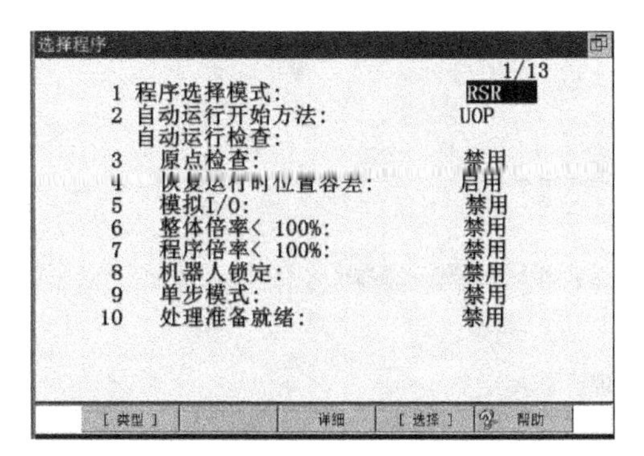

图　4-120

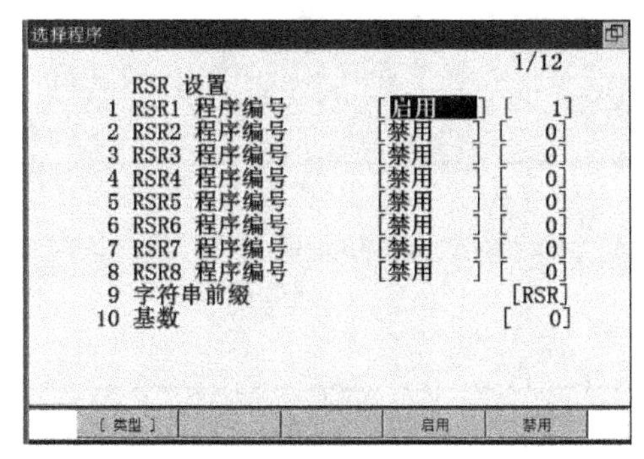

图　4-121

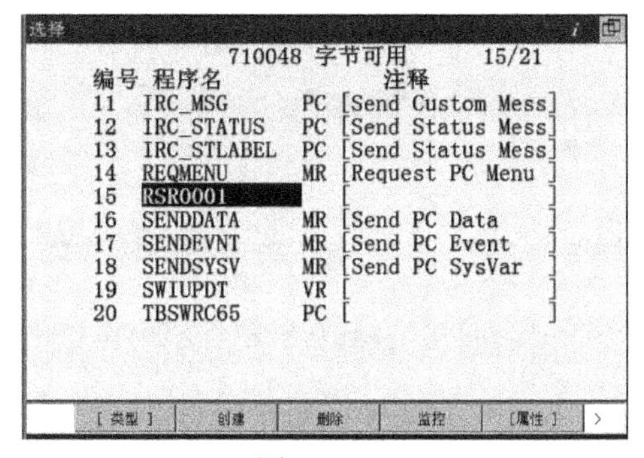

图　4-122

4.7.2　配置外围 PLC 信号

PLC 配置见“4.2.3 PLC 配置”章节，此处不再详述，信号对应见表 4-6。

表　4-6

机器人输入信号地址	PLC 输出信号地址	机器人输出信号地址	PLC 输入信号地址
UI [1, …, 8] ◀——▶	PQB0	UO [1, …, 8] ◀——▶	PIB0
UI [9, …, 16] ◀——▶	PQB1	UO [9, …, 16] ◀——▶	PIB1
UI [17, …, 18] ◀——▶	PQB2.0 ~ 2.1	UO [17, …, 20] ◀——▶	PIB2.0 ~ 2.3

4.7.3　PLC 编程

在博途软件中，选择“程序块”，在 OB1 中编写程序，如图 4-123 所示。

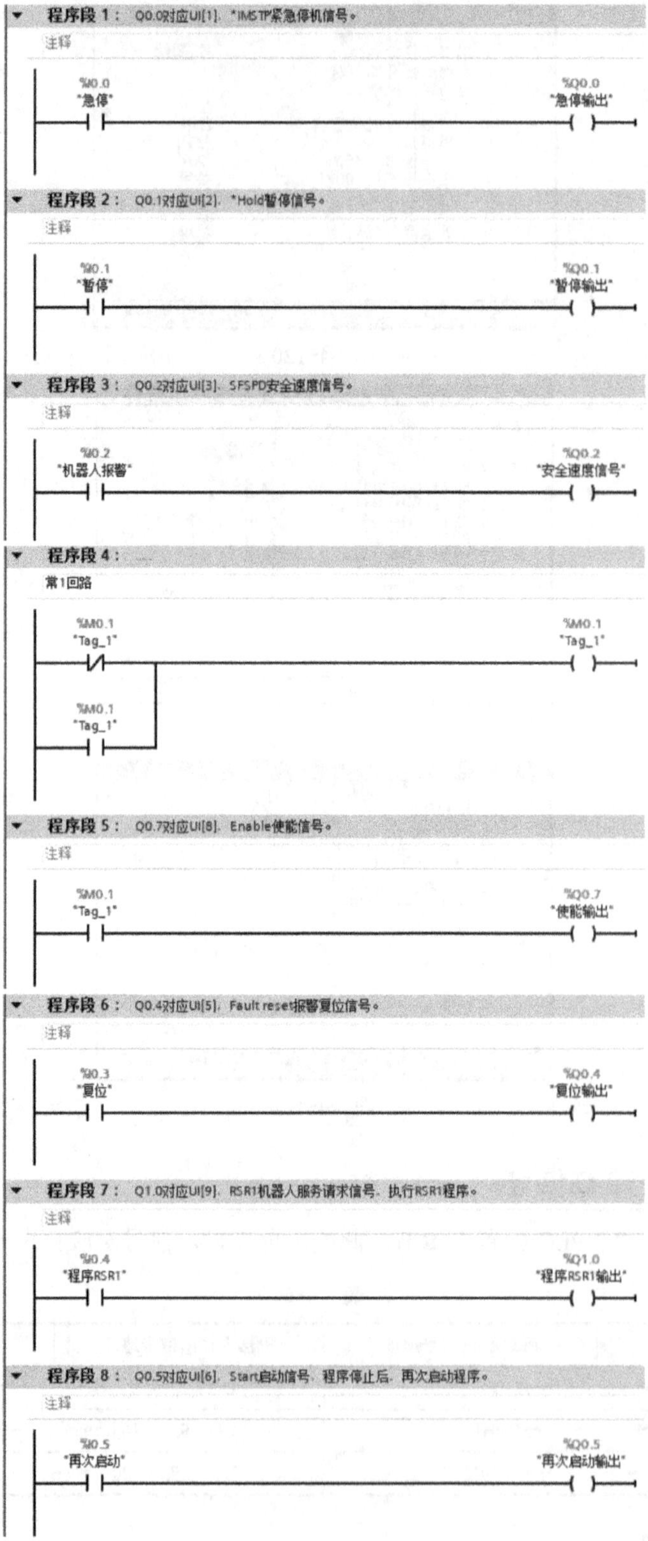

程序段 1： Q0.0对应UI[1]. *IMSTP紧急停机信号。

注释

%I0.0 "急停" —| |— %Q0.0 "急停输出" —( )—

程序段 2： Q0.1对应UI[2]. *Hold暂停信号。

注释

%I0.1 "暂停" —| |— %Q0.1 "暂停输出" —( )—

程序段 3： Q0.2对应UI[3]. SFSPD安全速度信号。

注释

%I0.2 "机器人报警" —| |— %Q0.2 "安全速度信号" —( )—

程序段 4： ……

常1回路

%M0.1 "Tag_1" —|/|— %M0.1 "Tag_1" —( )—

%M0.1 "Tag_1" —| |—

程序段 5： Q0.7对应UI[8]. Enable使能信号。

注释

%M0.1 "Tag_1" —| |— %Q0.7 "使能输出" —( )—

程序段 6： Q0.4对应UI[5]. Fault reset报警复位信号。

注释

%I0.3 "复位" —| |— %Q0.4 "复位输出" —( )—

程序段 7： Q1.0对应UI[9]. RSR1机器人服务请求信号. 执行RSR1程序。

注释

%I0.4 "程序RSR1" —| |— %Q1.0 "程序RSR1输出" —( )—

程序段 8： Q0.5对应UI[6]. Start启动信号. 程序停止后. 再次启动程序。

注释

%I0.5 "再次启动" —| |— %Q0.5 "再次启动输出" —( )—

图 4-123

PLC 中 I0.0 导通、Q0.0 得电，同时 FANUC 工业机器人中的 UI[1] 为 ON。

PLC 中 I0.1 导通、Q0.1 得电，同时 FANUC 工业机器人中的 UI[2] 为 ON。

PLC 中 I0.2 导通、Q0.2 得电，同时 FANUC 工业机器人中的 UI[3] 为 ON。

PLC 中 Q0.7 得电，同时 FANUC 工业机器人中的 UI[8] 为 ON。

工业机器人正常时，以上 4 个信号为 ON。

PLC 中 I0.4 导通、Q1.0 得电，同时 FANUC 工业机器人中的 UI[9] 为 ON，对应 RSR1 程序开始执行。

PLC 中 I0.3 导通、Q0.4 得电，同时 FANUC 工业机器人中的 UI[5] 为 ON，报警复位。

PLC 中 I0.5 导通、Q0.5 得电，同时 FANUC 工业机器人中的 UI[6] 为 ON，程序暂停后可以再次启动。

第 5 章 KUKA 工业机器人控制柜及安全控制回路

KUKA 工业机器人控制柜有 KR C4 标准型、KR C4 扩展型、KR C4 紧凑型、KR C4 中型、KR C4 小型 2 等几种规格。KUKA 工业机器人控制柜的 KR C2 系列已经停产，本章介绍 KUKA 工业机器人 KR C4 系列控制柜的组成及作用，如图 5-1 所示。

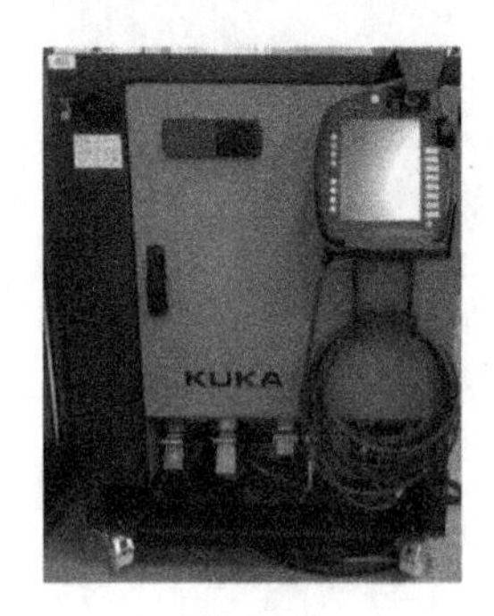

图 5-1

5.1 KUKA 工业机器人标准型控制柜的组成及作用

KUKA 工业机器人控制柜内视图如图 5-2 所示，各组成见表 5-1。

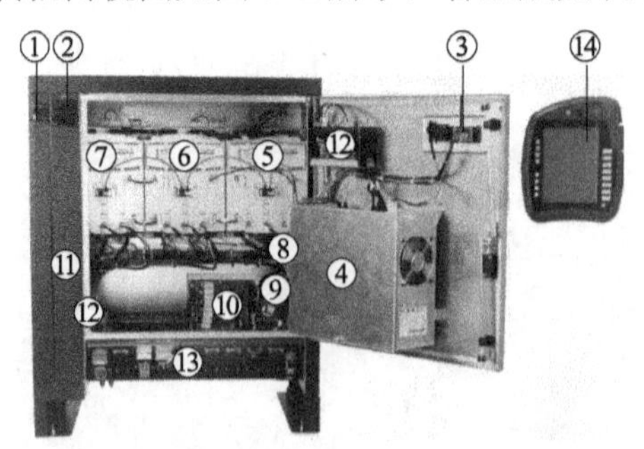

图 5-2

表 5-1

序号	说明	序号	说明
①	电源滤波器	⑧	制动滤波器
②	主开关	⑨	控制柜控制单元（CCU）
③	控制系统操作面板	⑩	SIB/SIB 扩展板
④	控制系统 PC	⑪	保险元件
⑤	驱动电源 KPP（驱动调节器选项）	⑫	蓄电池
⑥	驱动调节器 KSP	⑬	接线面板
⑦	驱动调节器 KSP（选项）	⑭	KUKA SmartPAD

5.1.1　KR C4 PC 组件

KR C4 PC 组件简称 KPC，KPC 主要由电源件、主板、DualNIC、RAM 存储器和硬盘等构成。

1．KPC 主板

1）KUKA 主板型号 D2608-K 的计算机组件接口如图 5-3、图 5-4 所示，接口的名称见表 5-2。

图　5-3

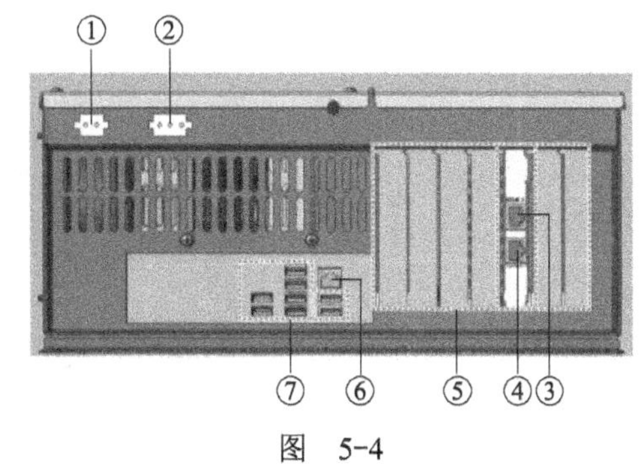

图　5-4

表　5-2

序号	接口	序号	接口
①	插头 X961，电源 DC 24V	⑤	现场总线卡插座 1 ～ 7
②	PC 风扇的 X962 插头	⑥	板载 LAN 网卡：KUKA 系统总线（KSB）
③	LAN 双网卡 DualNIC：KUKA 控制器总线（KCB）	⑦	8 USB 2.0 端口
④	LAN 双网卡 DualNIC：KUKA 线路接口（KLI）	—	—

2）KUKA 主板型号 D3076-K 的计算机组件接口如图 5-5、图 5-6 所示，接口的名称见表 5-3。

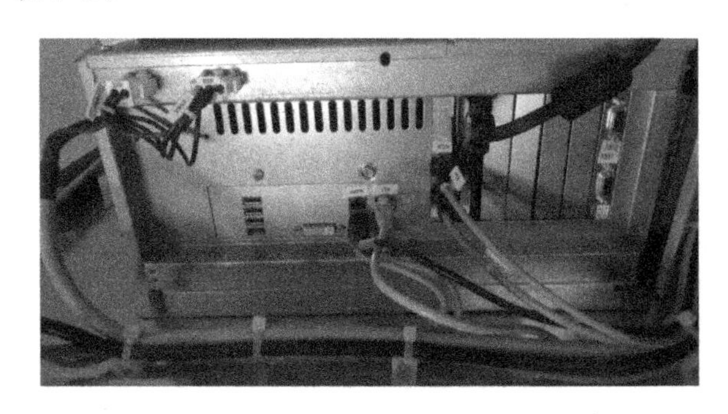

图　5-5

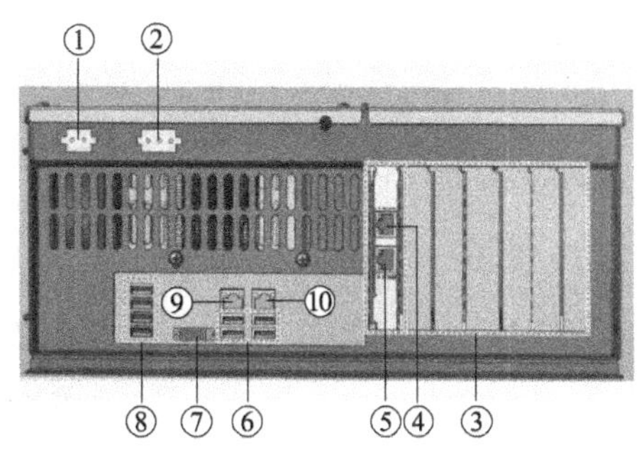

图　5-6

表 5-3

序号	接口	序号	接口
①	插头 X961，电源 DC 24V	⑥	4 USB 2.0 端口
②	PC 风扇的 X962 插头	⑦	DVI-I，支持 VGA 显示器
③	现场总线卡插座 1 ～ 7	⑧	4 USB 2.0 端口
④	LAN 双网卡 DualNIC：KUKA 控制器总线（KCB）	⑨	板载 LAN 网卡：KUKA 选项网络接口 KONI
⑤	LAN 双网卡 DualNIC：KUKA 系统总线（KSB）	⑩	板载 LAN 网卡：KUKA 线路接口（KLI）

3）KUKA 主板型号 D3236-K 的计算机组件接口如图 5-7 所示，接口的名称见表 5-4。

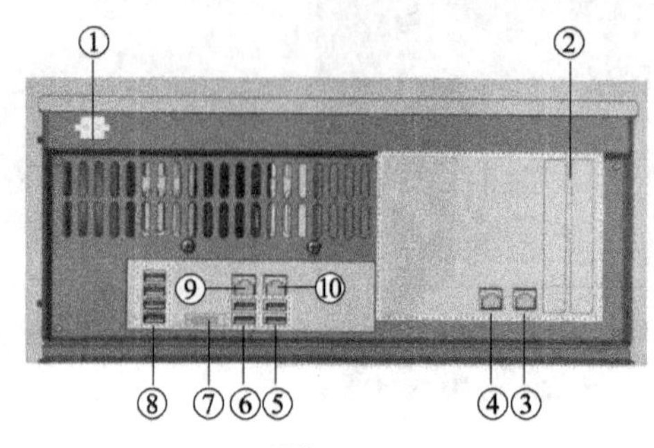

图 5-7

表 5-4

序号	接口	序号	接口
①	插头 X961， 电源 DC 24V	⑥	2 USB 3.0 端口
②	现场总线卡插座 1、2	⑦	DVI-I，支持 VGA 显示器
③	KUKA 控制器总线（KCB）	⑧	4 USB 2.0 端口
④	KUKA 系统总线（KSB）	⑨	KUKA 选项网络接口 KONI
⑤	2 USB 2.0 端口	⑩	KUKA 线路接口（KLI）

4）KUKA 主板型号 D3445-K 的计算机组件接口如图 5-8 所示，接口的名称见表 5-5。

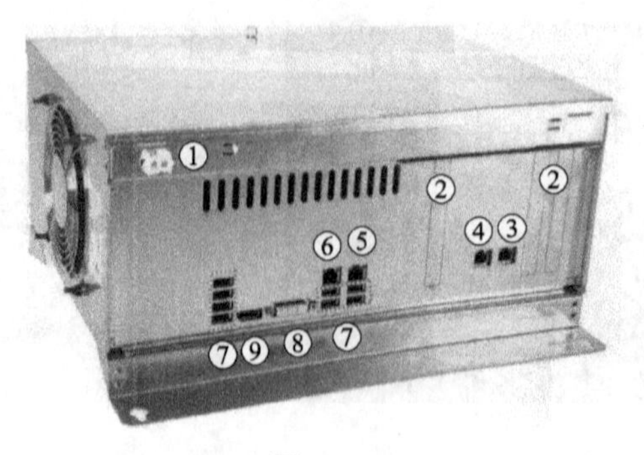

图 5-8

表　5-5

序号	接口	序号	接口
①	插头 X961，电源 DC 24V	⑥	主板内建 LAN 网卡：KUKA 选项网络接口 KONI
②	现场总线卡插座 1 ～ 7	⑦	USB 端口
③	主板内建 LAN 网卡：KUKA 控制器总线（KCB）	⑧	DVI-I，支持 VGA 显示器
④	主板内建 LAN 网卡：KUKA 系统总线（KSB）	⑨	显示端口
⑤	主板内建 LAN 网卡：KUKA 线路接口（KLI）	—	—

2. DualNIC

KUKA DualNIC 是一种可供两个总线系统 [KUKA 线路接口（KLI）和 KUKA 控制器总线（KCB）] 使用的双工网卡。该网卡是为适应 KUKA 要求而专门开发的，如图 5-9 所示。在较新的主板上已经不再配备 DualNIC 网卡，网络接口已经固定集成到主板上。

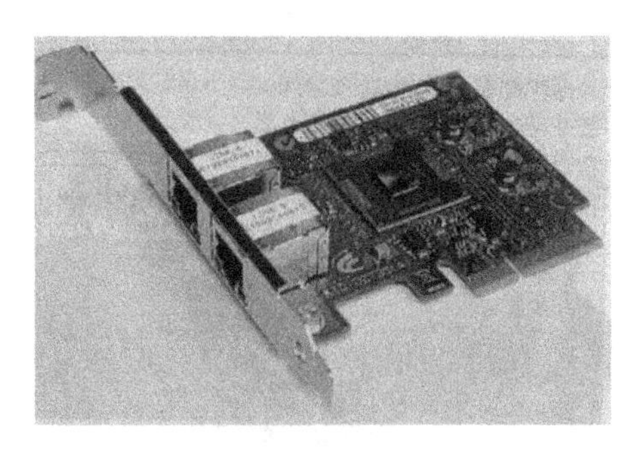

图　5-9

3. KPC 的存储介质

KPC 的存储介质为硬盘。硬盘包含必要的操作系统以及机器人系统运行所需的软件和所有数据。硬盘里存有 Windows 系统、KUKA 系统软件、工艺数据包（选项），如图 5-10 所示。

硬盘有 SATA 硬盘和 SSD 硬盘。SATA 硬盘为串口硬盘，SSD 硬盘为固态硬盘。使用 SSD 固态硬盘可缩短系统启动时间，且可避免条件很差的环境（例如振动）造成器件损坏。硬盘上的红线是 SATA 接口线，黑线为电源线。

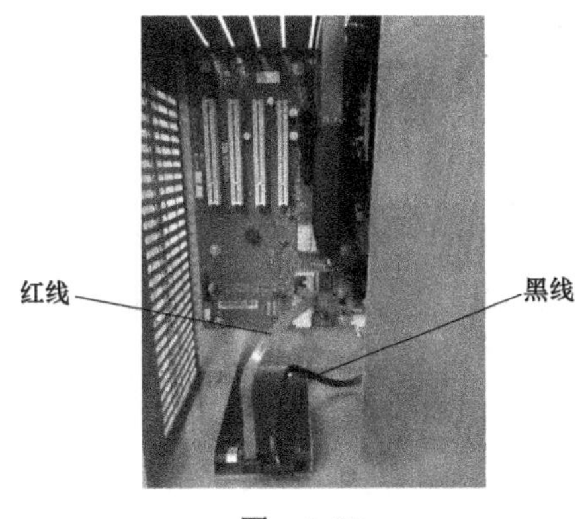

图　5-10

4. KPC 的电源件

电源件用于主板、硬盘等的电源供应。电源件的输入电压为 27V，如图 5-11 所示的①。

图 5-11

5. KPC 的 RAM 存储器

RAM 存储器模块用于装载操作系统 Windows 和 VxWorks，设备出厂时已配有经 KUKA 烧制的模块。如需升级/更换装备，只允许采用 KUKA 提供的 RAM 存储器，如图 5-12 所示。

图 5-12

6. KPC 的风扇

风扇用于计算机组件及整个机箱内部的冷却，如图 5-13 所示的③。图 5-13 中序号说明见表 5-6。

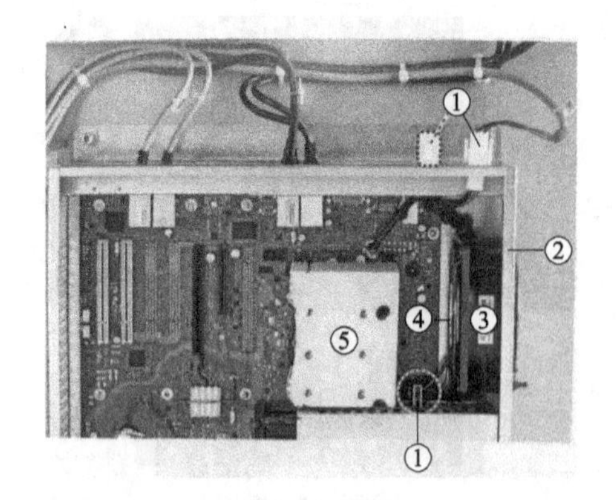

图 5-13

表　5-6

序号	说明	序号	说明
①	风扇插头	④	网栅
②	机箱	⑤	CPU 冷却体
③	风扇	—	—

5.1.2　KR C4 的总线系统

KR C4 的总线系统包括控制柜控制单元（CCU）、KUKA 控制总线（KCB）、KUKA 系统总线(KSB)、KUKA扩展总线(KEB)、KUKA线路接口(KLI)和KUKA服务接口(KSI)。

控制柜内部 KUKA 总线系统如图 5-14 所示，各部件见表 5-7。

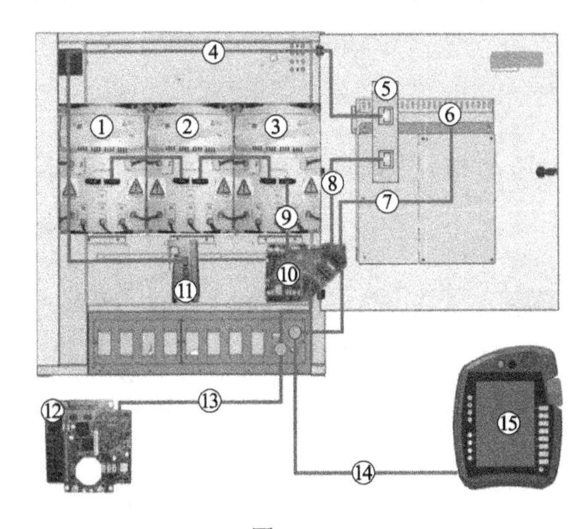

图　5-14

表　5-7

序号	部件	序号	部件
①	KSP A1-3	⑨	KCB
②	KSP A4-6	⑩	CCU
③	KPP+（A7/8）	⑪	交换机（工业以太网用）
④	KLI	⑫	分解器数字转换器（RDC）
⑤	DualNIC	⑬	KCB
⑥	以太网主板	⑭	操作面板接口
⑦	KSB	⑮	KUKA SmartPAD
⑧	KCB	—	—

1. CCU

CCU 包含两块电路板，上面一块是电源管理板 PMB，下面是控制柜接口板 CIB。CCU 是机器人控制系统所有组件的配电装置和通信接口。所有数据通过内部通信传输给控制系统，并在那里继续处理。当电源断电时，控制系统部件接受蓄电池供电，直至位置数据备份完成以及控制系统关闭。通过负载测试检查蓄电池的充电状态和质量，如图 5-15 所示。

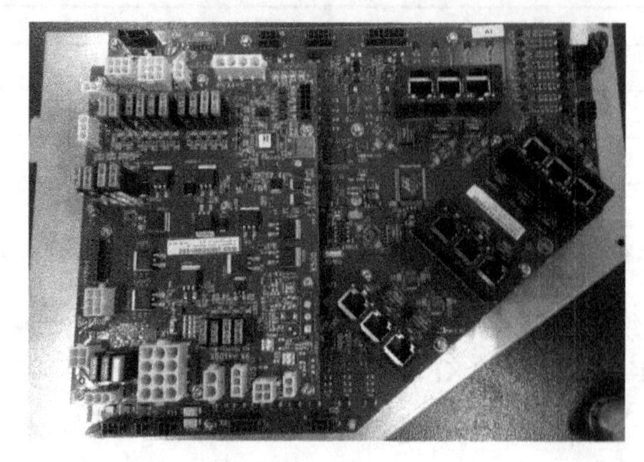

图 5-15

2. KCB

KR C4 的 KCB 如图 5-16 所示，包含的元件见表 5-8。下面介绍 KCB 主要元件的作用。

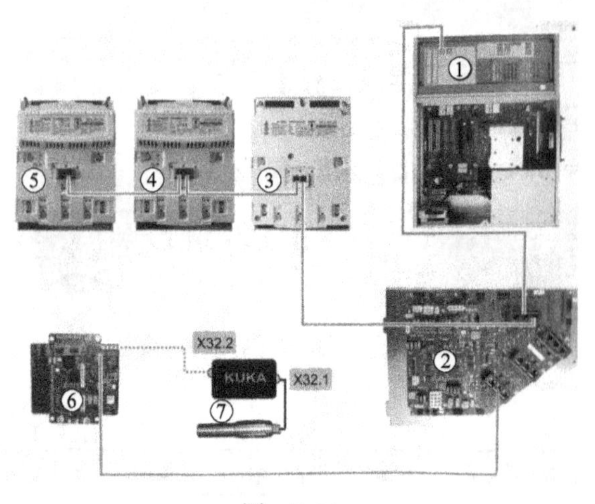

图 5-16

表 5-8

序号	元件	序号	元件
①	KPC	⑤	KUKA 伺服包 KSP A1-3
②	电路接口板（CIB）	⑥	RDC
③	KUKA 驱动电源（KPP）	⑦	电子控制装置（EMD）
④	KUKA 伺服包 KSP A4-6	—	—

（1）KPP　KPP 是驱动电源，可从三相电网中生成经过整流的中间回路电压，电压值为直流 600V。利用该中间回路电压可给内置驱动调节器和外置驱动装置供电，如图 5-17 所示。KPP 的接口位置如图 5-18 所示，相应接口说明见表 5-9。

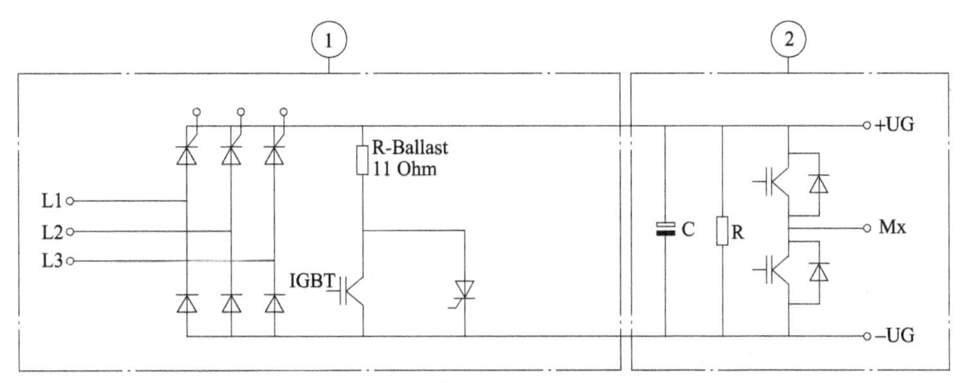

图　5-17

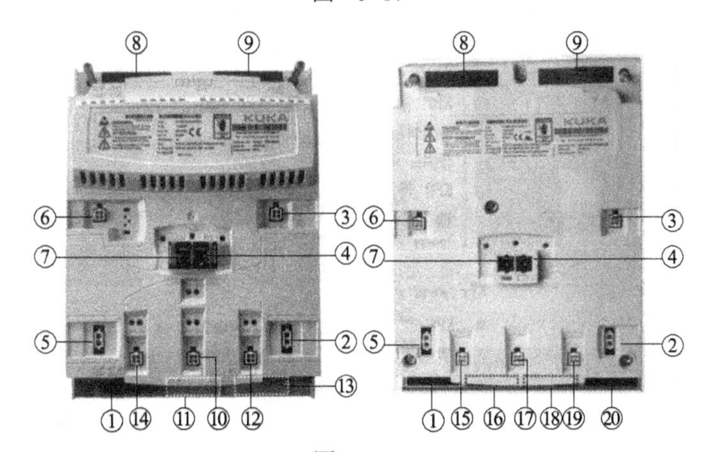

图　5-18

表　5-9

序号	接口	说明
①	X4	AC 和 PE 电源接口
②	X34	制动供电 IN
③	X11	控制电子装置供电 IN
④	X21	驱动总线 IN
⑤	X30	制动供电 OUT
⑥	X10	控制电子装置供电 OUT
⑦	X20	驱动总线 OUT
⑧	X7	镇流电阻
⑨	X6	直流中间回路 OUT
⑩	X32	制动器接口——轴 1
⑪	X2	电动机接口——轴 1
⑫	X33	制动器接口——轴 2
⑬	X3	电动机接口——轴 2
⑭	X31	未使用
⑮	X31	制动器接口——轴 4
⑯	X1	电动机接口——轴 4
⑰	X32	制动器接口——轴 5
⑱	X2	电动机接口——轴 5
⑲	X33	制动器接口——轴 6
⑳	X3	电动机接口——轴 6

（2）KSP　KSP 属于机械手驱动轴的传动调节器。KSP 将 KPP 整流的直流 600V 的电压逆变成交流电，驱动伺服电动机带动机器人各关节运动。KSP 的接口位置如图 5-19 所示，相应接口说明见表 5-10。

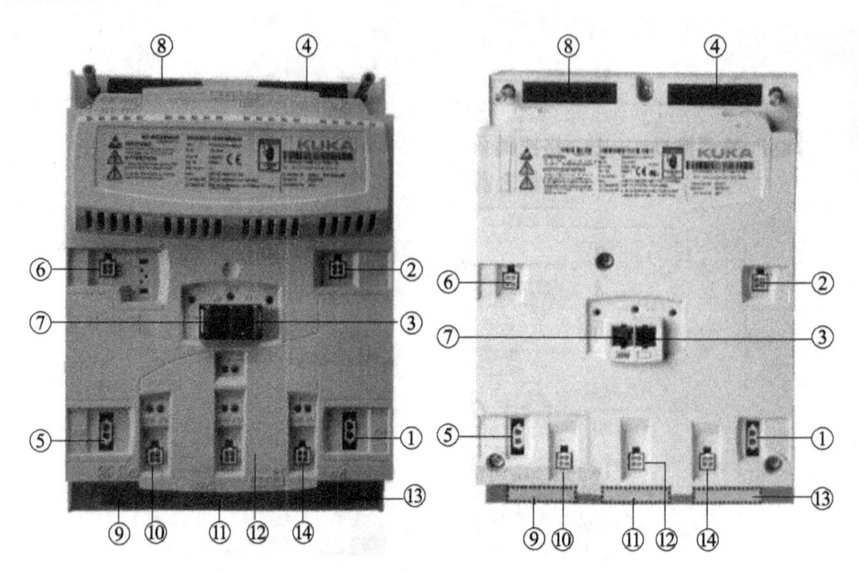

图　5-19

表　5-10

序号	接口	说明
①	X34	制动供电 IN
②	X11	控制电子装置供电 IN
③	X21	驱动总线 IN
④	X6	直流中间回路 IN
⑤	X30	制动供电 OUT
⑥	X10	控制电子装置供电 OUT
⑦	X20	驱动总线 OUT
⑧	X5	直流中间回路 OUT
⑨	X1	电动机接口 1
⑩	X31	制动器接口 1
⑪	X2	电动机接口 2
⑫	X32	制动器接口 2
⑬	X3	电动机接口 3
⑭	X33	制动器接口 3

（3）镇流电阻　镇流电阻用于将制动过程中产生的中间回路电压放电，如图 5-20 所示。图 5-20 中①为镇流电阻，是两个 22Ω 的电阻并联，实际总阻值为 11Ω；②为温度传感器。

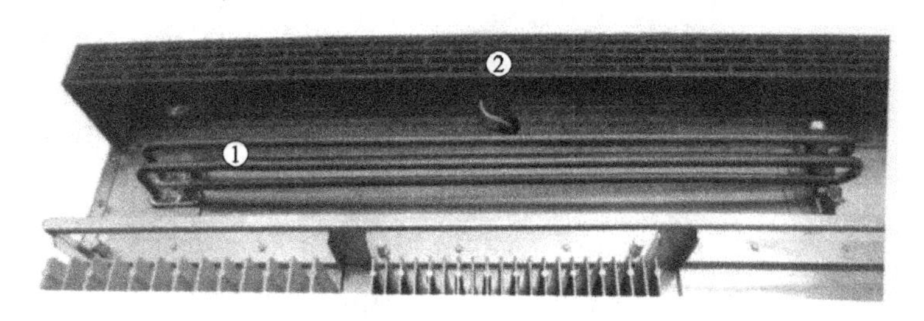

图　5-20

（4）RDC　RDC 是将分解器的模拟数值转换成数字信号，该电路板嵌装于一个 RDC 盒内，并整体固定在机器人支脚或者转台上，具体固定位置视机器人类型而定，如图 5-21 所示。分解器是指伺服电动机尾部的编码器或者旋转变压器，分解器用于检测伺服电动机的旋转速度和方向。

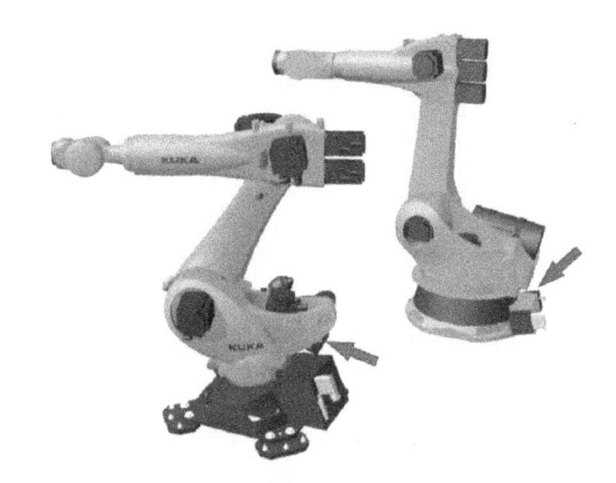

图　5-21

RDC 的工作任务如下：

1）将生成所需的分解器激励电压用于 8 个轴。

2）借助安全技术分解器（SIL2）采集 8 个电动机的位置数据。

3）采集 8 个电动机的工作温度。

4）采集 RDC 的温度。

5）与机器人控制器进行通信。

6）监控旋转变压器的线路是否中断。

7）评估 EMD。

8）将数据保存于存储卡 EDS（电子数据存储器）。

RDC 的接口位置如图 5-22 所示，相应说明见表 5-11。

图 5-22

表 5-11

序号	接口	说明	序号	接口	说明
①～⑧	X1..X8	1 ～ 8 号轴的旋转变压器接口	⑫	X18	KCB IN
⑨	X13	RDC 存储卡的 EDS 接口	⑬	X17	EMD 供电电源
⑩	X20	EMD	⑭	X15	供电电源 IN
⑪	X19	KCB OUT	⑮	X16	电源 OUT（下一 KCB 用户）

（5）EDS　EDS 是用于保存机器人和配电箱的专用数据。KR C4 内设有两个电子数据存储器，一个与 RDC 连接，另一个与 CCU 连接，如图 5-23 所示。

图 5-23

1）与 RDC 连接的 EDS。用于保存机器人和控制柜所属的且在更换过程中需予以保留的数据。其中一块芯片可常常被写入，包含工时计数器、绝对位置、分解器位置、补偿数据（偏差、对称）等数据；第二块芯片很少可写入，包含保养手册、PID 文件（高精度机器人）、MAM 文件（校准标记槽偏差）、CAL 文件（校准数据）、Robinfo 文件（机器人编号、机器人名称）、KLI 基本数据（工业以太网命名）、SAFEOP 文件（仅限于与选项 SafeOperation 的配合）、存档信息（客户档案路径）等数据。

2）与 CCU 连接的 EDS。用于保存电子型号铭牌、所有安全装置的序列号和从地址。

（6）EMD　EMD 用于机器人的校准。EMD 属于一个 EtherCAT 总线用户，EMD 插接在 RDC 的 X32 上，如图 5-24 所示。

图　5-24

3. KSB

KR C4 的 KSB 包括 SmartPAD、RoboTeam、SIB 等，如图 5-25 所示。

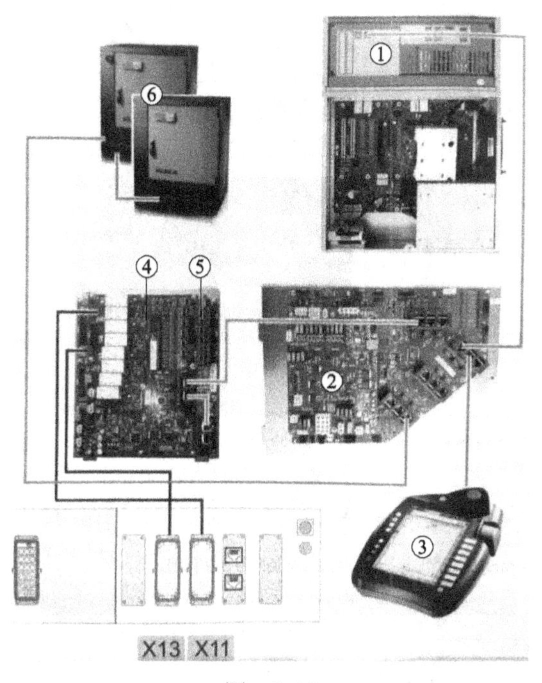

图　5-25

①—KPC　②—CIB　③—Smart PAD　④—SIB X11　⑤—SIB EXT X13　⑥—RoboTeam（选项）

（1）SmartPAD　SmartPAD 插接在机器人控制系统的接线端 X19 上，SmartPAD 拥有独立的 Windows CE 操作系统，控制系统与显示器通过远程桌面协议 RDP（Remote Desktop Protocol）衔接，SmartPAD 可以热插拔，运行期间可以插接或拔除，如图 5-26 所示。

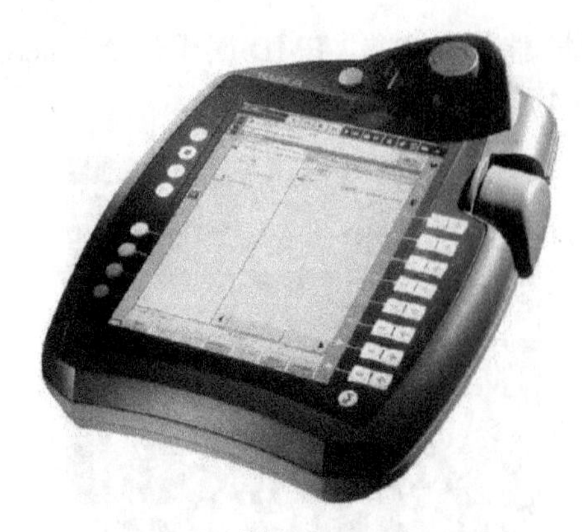

图 5-26

（2）SIB　安全接口板是客户安全接口的组成部分，且与 KSB 连接，如图 5-27 所示。安全接口板详细介绍见 5.3 节。

图 5-27

4. KEB

KEB 连接 EtherCat 母线耦合器（Beckhoff EK1100）、客户特定的 EtherCat 输入 / 输出模块（例如 Beckhoff EL1809 和 EL2809）、Profibus 网关（Beckhoff EL6731（主站）和 Beckhoff EL6731 0010（从站））、DeviceNet 网关（Beckhoff EL6752（主站）和 Beckhoff EL6752 0010（从站））、EtherCat Master/ Master 网关（Beckhoff EL6692），如图 5-28 所示。

图 5-28

5. KLI

KLI 连接的设备有 KPC、客户输入 / 输出模块、PLC、用于安全的 PLC、服务器、计算机等，如图 5-29 所示，相应说明见表 5-12。

KLI 可以进行以太网的现场总线（PROFINET、PROFIsafe、EtherNet/IP、CIP Safety）通信，通过 KLI 的以太网的客户接口 X66 和 X67 与设备及上级机构（客户网络、服务器）通信，通过 WorkVisual 软件配置现场总线。

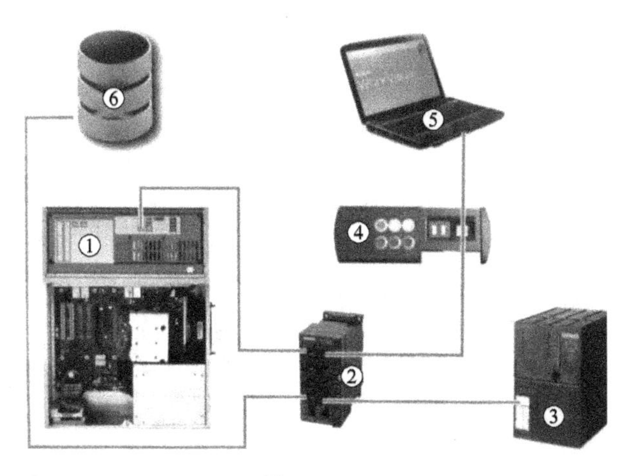

图　5-29

表　5-12

序号	说明	序号	说明
①	KPC	④	控制系统操作面板（CSP）
②	交换机（Switch）	⑤	计算机
③	PLC	⑥	服务器

5.2　KUKA 工业机器人紧凑型控制柜的组成

KUKA 工业机器人紧凑型控制柜连接如图 5-30 所示，其相应说明见表 5-13。

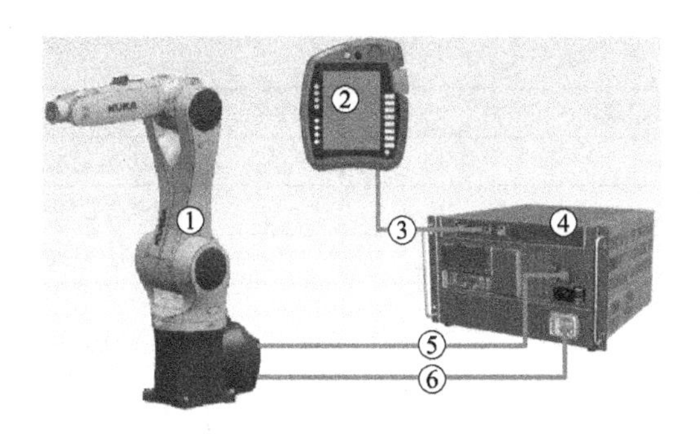

图　5-30

表 5-13

序号	说明	序号	说明
①	机械手	④	机器人控制系统
②	Smart PAD	⑤	连接电缆 / 数据线
③	连接电缆 / SmartPAD	⑥	连接电缆 / 电动机导线

5.2.1 KUKA 工业机器人紧凑型控制柜的组成和连接

KUKA 工业机器人紧凑型控制柜如图 5-31、图 5-32 所示。图 5-32 中①为控制部件，又称为控制箱，包括所有计算机和控制系统组件以及低压电源件；②为功率部件，又称为驱动装置，包括所有和驱动相关的组件，例如 KPP_SR 和 KSP_SR 等。

图 5-31

图 5-32

KUKA 工业机器人紧凑型控制柜连接如图 5-33 所示，相应接口说明见表 5-14。

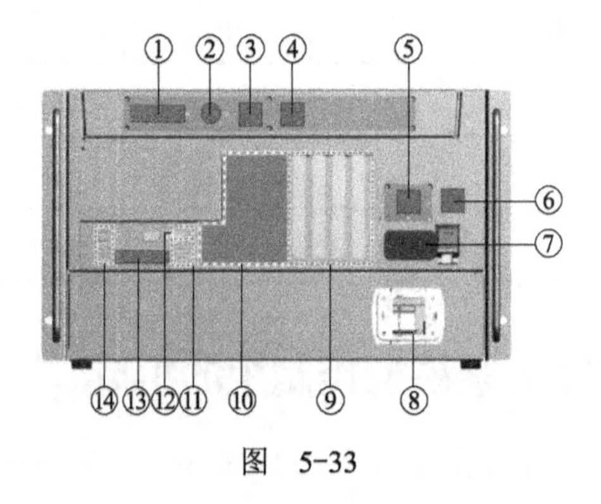

图 5-33

表 5-14

序号	接口说明	序号	接口说明
①	X11 接口	⑧	X20 电动机插头
②	X19 Smart PAD 接口	⑨	选装 PC 插槽
③	X65 扩展接口	⑩	现场总线卡挡板
④	X69 KSI	⑪	USB
⑤	数据线 X21	⑫	视觉系统
⑥	X66 KLI	⑬	DVI-I/ 显示器接口
⑦	X1 网络接口	⑭	USB

5.2.2　KUKA 工业机器人紧凑型控制柜控制箱的组成

KUKA 工业机器人紧凑型控制柜控制箱的组成如图 5-34 所示，其相应说明见表 5-15。

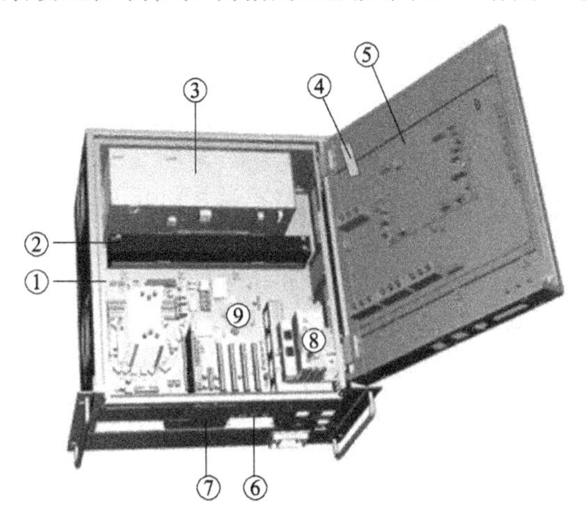

图　5-34

表　5-15

序号	说明	序号	说明
①	硬盘	⑥	PC 卡选项栏
②	蓄电池	⑦	网络端口挡板
③	低压电源件	⑧	选项（例如现场总线模块）
④	EDS	⑨	主板
⑤	小型机器人控制柜 CCU_SR	—	—

5.2.3　KUKA 工业机器人紧凑型控制柜驱动装置箱的组成

KUKA 工业机器人紧凑型控制柜驱动装置箱的组成如图 5-35 所示，其相应说明见表 5-16。

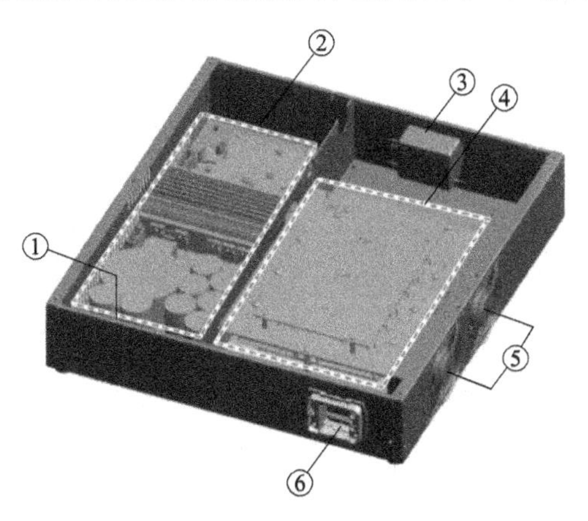

图　5-35

表 5-16

序号	说明	序号	说明
①	制动电阻	④	KUKA 小型机器人伺服包（KSP_SR）
②	KUKA 小型机器人配电箱（KPP_SR）	⑤	风扇
③	电源滤清器	⑥	电动机插头 X20

5.3 KUKA 工业机器人控制柜的安全控制回路

KUKA 工业机器人控制柜的安全控制回路有两种方式，一种是通过 SIB 控制，另一种是通过安全总线控制。安全控制回路断开时，机器人会相应出现停止 0（STOP0）、停止 1（STOP1）、停止 2（STOP2）动作。STOP0 出现时，机械停止，伺服电动机立即抱闸，机器人会偏离轨迹。STOP1 出现时，能耗制动，伺服电动机延时抱闸，机器人不会偏离轨迹。STOP2 出现时，伺服电动机不抱闸，自由停止，机器人不会偏离轨迹。

5.3.1 KUKA 工业机器人标准型控制柜的 SIB 安全控制回路

KUKA 工业机器人标准型控制柜的 SIB 如图 5-36 所示。接口位置如图 5-37 所示，相应说明见表 5-17。

图 5-36

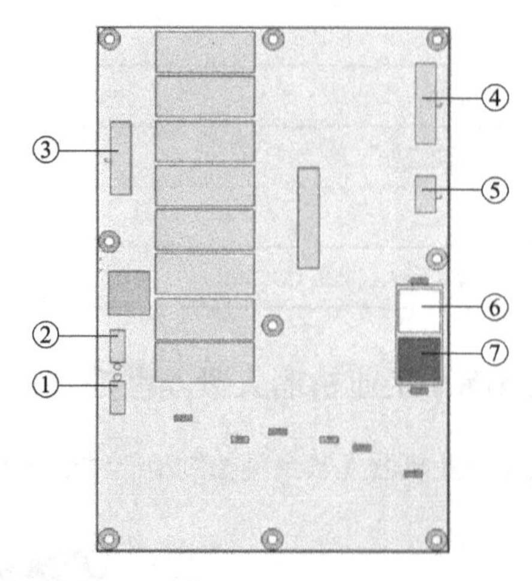

图 5-37

表 5-17

序号	接口	说明	序号	接口	说明
①	X250	SIB 供电	⑤	X254	安全输入端
②	X251	其他组件的供电	⑥	X259	KUKA 系统总线
③	X252	安全输出端	⑦	X258	KUKA 系统总线
④	X253	安全输入端	—	—	—

SIB 的外接线端子 X11 如图 5-38 所示，针脚连接如图 5-39 所示，针脚说明见表 5-18。

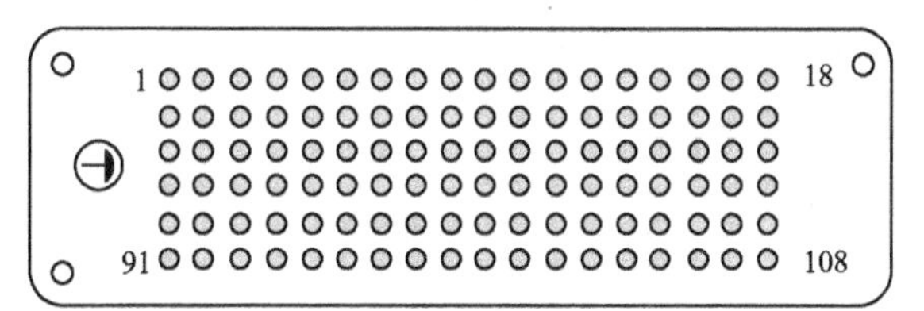

图　5-38

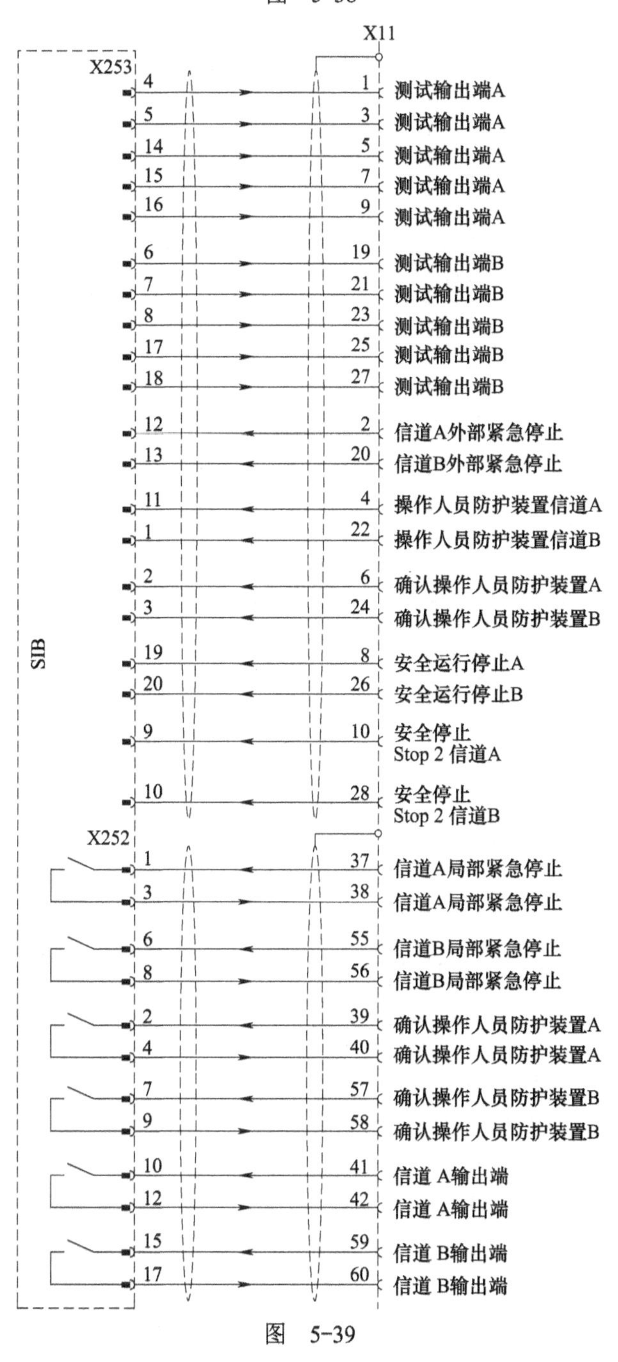

图　5-39

表 5-18

针脚	名称	说明
1	SIB 测试输出端 A	向通道 A 的每个接口输入端提供脉冲电压
3		
5		
7		
9		
19	SIB 测试输出端 B	向通道 B 的每个接口输入端提供脉冲电压
21		
23		
25		
27		
8	安全运行停止 A	各轴的安全运行停止输入端，激活停机监控。超出停机监控范围时，导入停机 0
26	安全运行停止 B	
10	安全停止 Stop2 信道 A	1）安全停止 Stop2（所有轴）输入端 2）各轴停机时，触发安全停止 2 并激活停机监控 3）超出停机监控范围时，导入停机 0
28	安全停止 Stop2 信道 B	
37	信道 A 局部紧急停止	1）输出端，内部紧急停止的无电势触点 2）满足下列条件时，触点闭合： ① SmartPAD 上紧急停止未操作 ② 控制系统已接通并准备就绪 3）如有条件未满足，则触点打开
38		
55	信道 B 局部紧急停止	
56		
2	信道 A 外部紧急停止	紧急停止，双信道输入端，在机器人控制系统中触发紧急停止功能
20	信道 B 外部紧急停止	
6	确认操作人员防护装置 A	1）用于连接带有无电势触点的确认操作人员防护装置的双信道输入端 2）可通过 KUKA 系统软件配置确认操作人员防护装置输入端的行为 3）在关闭防护门（操作人员防护装置）后，可在自动运行方式下，在防护栅外面用确认键接通机械手的运行。该功能在交货状态下不生效
24	确认操作人员防护装置 B	
4	操作人员防护装置信道 A	用于防护门闭锁装置的双信道连接，只要该信号处于接通状态，就可以接通驱动装置。仅在自动运行方式下有效
22	操作人员防护装置信道 B	
41	信道 A 输出端	输出端，无电势触点
42		
59	信道 B 输出端	
60		
39	确认操作人员防护装置 A	输出端，确认操作人员防护装置无电势触点。将确认操作人员防护装置的输入信号转接至在同一防护栅上的其他机器人控制系统
40		
57	确认操作人员防护装置 B	
58		

如果设备很大且不能较好地通览，则需要加设一个外部确认机制。需要利用 X311 的端子接入开关，如图 5-40、图 5-41 所示。如果没有外部确认机制，必须短接针脚 X311 的 11-12、13-14、29-30 和 31-32。

两个外部确认机制的功能（表 5-19）说明如下：

1）外部 1 信道确认机制：运行 T1（手动慢速运行）或 T2（手动快速运行）模式时，必须按住外部 1 信道的确认开关，使得输入端 11-12、29-30 闭合。

2）外部 2 信道确认机制：必须使得外部 2 信道的确认开关的输入端 13-14、31-32 闭合。

3）如果已连接一个 SmartPAD，则其确认键与外部确认机制“与”连接（ANDed）。

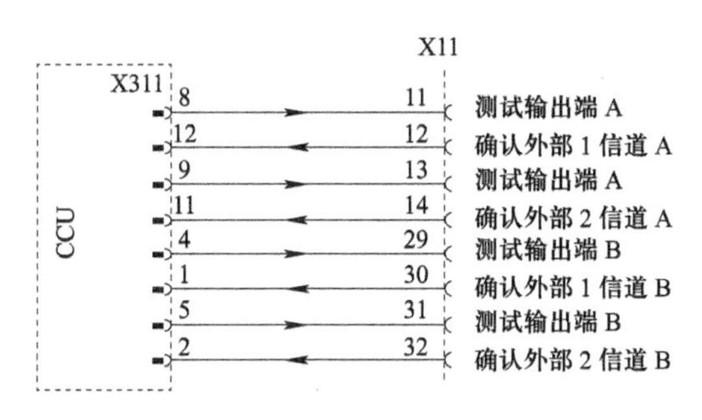

图　5-40

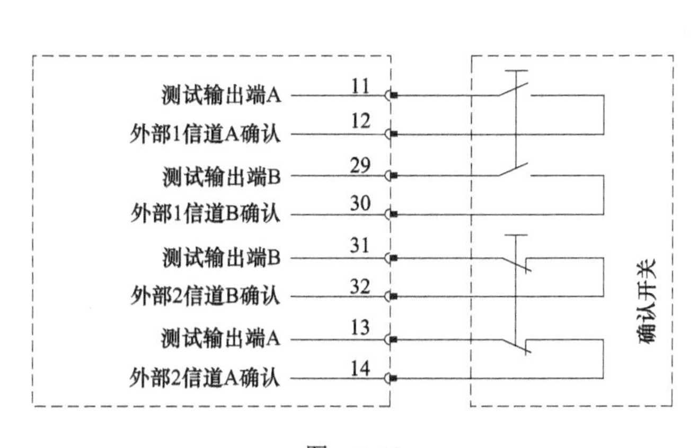

图　5-41

表　5-19

外部 1 信道确认机制输入端（11-12、29-30）	外部 2 信道确认机制（13-14、31-32）	“确认开关”的位置	功能（只针对在 T1、T2 模式）
输入端断开	输入端断开	非运行状态	安全停止 1
输入端断开	输入端闭合	未操作	安全停止 2
输入端闭合	输入端断开	紧急情况位置	安全停止 1
输入端闭合	输入端闭合	中间位置	轴开通（轴可移动）

KUKA 工业机器人标准型控制柜紧急停止开关接线方法如图 5-42 所示。

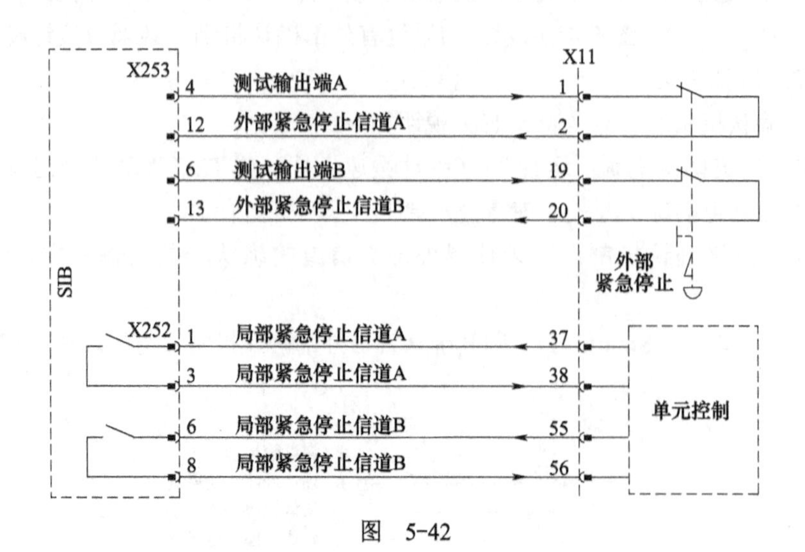

图 5-42

KUKA 工业机器人标准型控制柜的安全护栏双信道开关 S1 接线如图 5-43 所示，正常工作时 S1 开关是闭合的。除了 S1 开关之外，必须安装一个双信道确认开关 S2。S1 开关打开后，在工业机器人可重新启动自动运行模式之前，S1 开关闭合。另外，必须闭合 S2，确认防护门开关 S1 关闭。

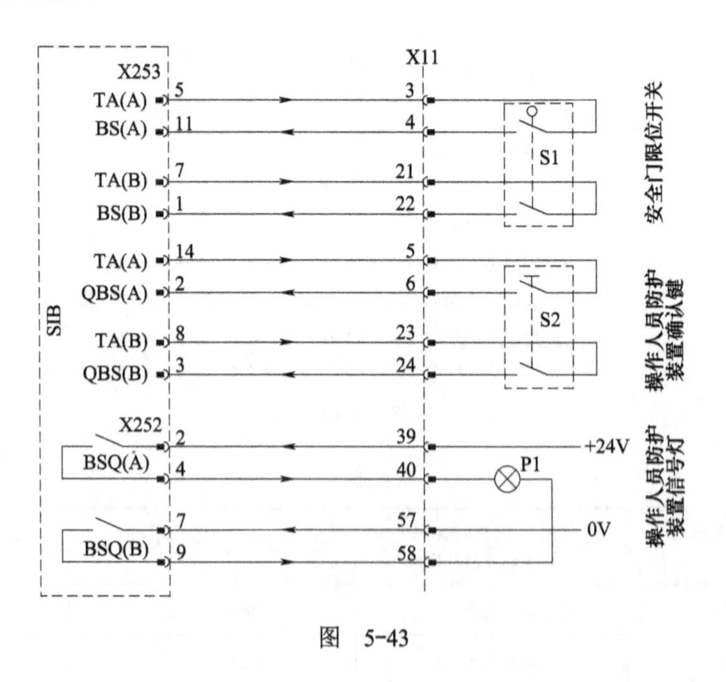

图 5-43

5.3.2 KUKA 工业机器人紧凑型控制柜的 SIB 安全控制回路

安全板的外接线端子 X11 针脚连接如图 5-44、图 5-45 所示，针脚说明见表 5-20。

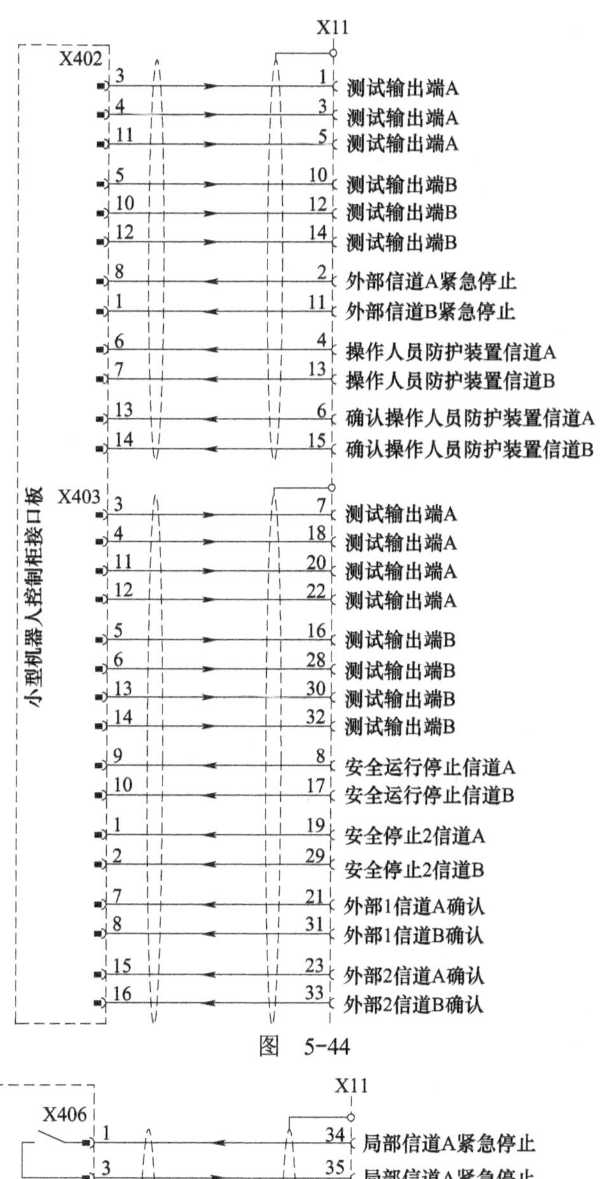
X11
X402
小型机器人控制柜接口板
3 1 测试输出端A
4 3 测试输出端A
11 5 测试输出端A
5 10 测试输出端B
10 12 测试输出端B
12 14 测试输出端B
8 2 外部信道A紧急停止
1 11 外部信道B紧急停止
6 4 操作人员防护装置信道A
7 13 操作人员防护装置信道B
13 6 确认操作人员防护装置信道A
14 15 确认操作人员防护装置信道B
X403
3 7 测试输出端A
4 18 测试输出端A
11 20 测试输出端A
12 22 测试输出端A
5 16 测试输出端B
6 28 测试输出端B
13 30 测试输出端B
14 32 测试输出端B
9 8 安全运行停止信道A
10 17 安全运行停止信道B
1 19 安全停止2信道A
2 29 安全停止2信道B
7 21 外部1信道A确认
8 31 外部1信道B确认
15 23 外部2信道A确认
16 33 外部2信道B确认
图　5-44

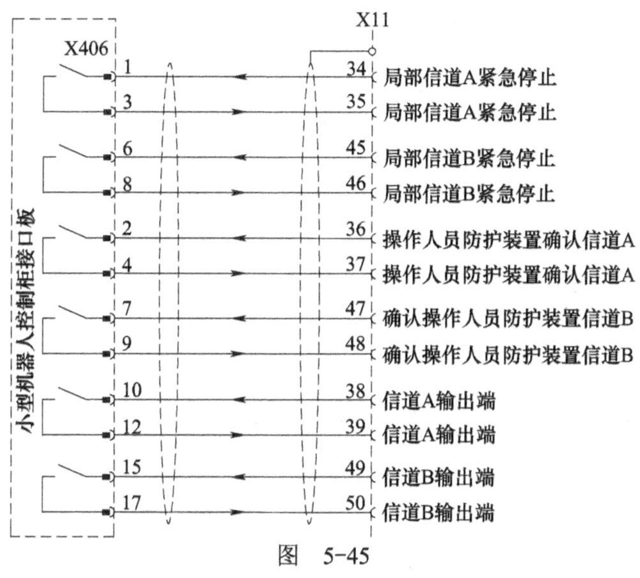
X11
X406
小型机器人控制柜接口板
1 34 局部信道A紧急停止
3 35 局部信道A紧急停止
6 45 局部信道B紧急停止
8 46 局部信道B紧急停止
2 36 操作人员防护装置确认信道A
4 37 操作人员防护装置确认信道A
7 47 确认操作人员防护装置信道B
9 48 确认操作人员防护装置信道B
10 38 信道A输出端
12 39 信道A输出端
15 49 信道B输出端
17 50 信道B输出端
图　5-45

表 5-20

针脚	名称	说明	备注
1	测试输出端 A	向信道 A 的每个接口输入端提供脉冲电压	
3			
5			
7			
18			
20			
22			
10	测试输出端 B	向信道 B 的每个接口输入端提供脉冲电压	
12			
14			
16			
28			
30			
32			
2	外部信道 A 紧急停止	紧急停止，双信道输入端，最大 24V	在机器人控制系统中触发紧急停止功能
11	外部信道 B 紧急停止		
4	操作人员防护装置信道 A	用于防护门闭锁装置的双信道连接，最大 24V	只要该信号处于连接状态就可以接通驱动装置，仅在自动模式下有效
13	操作人员防护装置信道 B		
6	确认操作人员防护装置信道 A	用于连接带有无电势触点的、确认操作人员防护装置的双信道输入端	可通过 KUKA 系统软件配置确认操作人员防护装置输入端的行为 在关闭安全门（操作人员防护装置）后，可在自动运行方式下，在防护门外面用确认键接通机械手运行
15	确认操作人员防护装置信道 B		
8	安全运行停止信道 A	各轴的安全运行停止输入端	激活停机监控。超出停机监控范围时导入停机 0
17	安全运行停止信道 B		
19	安全停止 Stop2 信道 A	安全停止 Stop2（所有轴）输入端	各轴停机时触发安全停止 Stop 2 并激活停机监控 超出停机监控范围时导入停机 0
29	安全停止 Stop2 信道 B		
21	外部 1 信道 A 确认	用于连接外部带有无电势触点的双信道确认开关 1	如果未连接外部确认开关 1，则必须短接信道 A 的针脚 20/21 和信道针脚 30/31。仅在测试运行方式下有效
31	外部 1 信道 B 确认		
23	外部 2 信道 A 确认	用于连接外部带有无电势触点的双信道确认开关 2	如果未连接外部确认开关 2，则必须短接信道 A 的针脚 22/23 和信道 B 的针脚 32/33。仅在测试运行方式下有效
33	外部 2 信道 B 确认		
34	局部信道 A 紧急停止	输出端，内部紧急停止的无电势触点	满足以下条件触点闭合： ① SmartPAD 上紧急停止未操作 ②控制系统已接通并准备就绪 如有条件未满足，则触点打开
35			
45	局部信道 B 紧急停止		
46			
36	操作人员防护装置信道 A	输出端，接口 1 确认操作人员防护装置无电势触点	确认操作人员防护装置的输入信号转接至在同一护栏上的其他机器人控制系统
37		输出端，接口 2 确认操作人员防护装置无电势触点	
47	操作人员防护装置信道 B	输出端，接口 1 确认操作人员防护装置无电势触点	
48		输出端，接口 2 确认操作人员防护装置无电势触点	

KUKA 工业机器人紧凑型控制柜的紧急停止开关接线方法如图 5-46 所示。

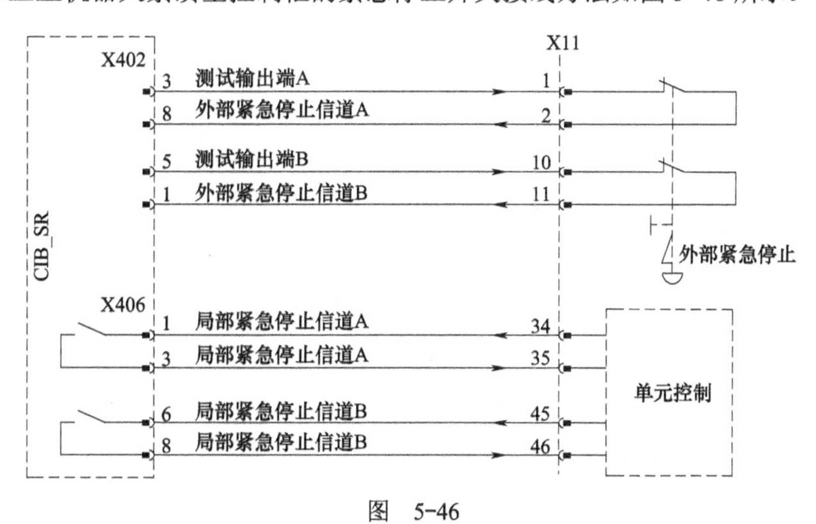

图　5-46

KUKA 工业机器人紧凑型控制柜的安全护栏双信道开关 S1 接线如图 5-47 所示，正常工作时 S1 开关是闭合的。除了 S1 开关之外，必须安装一个双信道确认开关 S2。S1 开关打开后，在工业机器人可重新启动自动运行模式之前，S1 开关闭合。另外必须闭合 S2，确认防护门开关 S1 关闭。

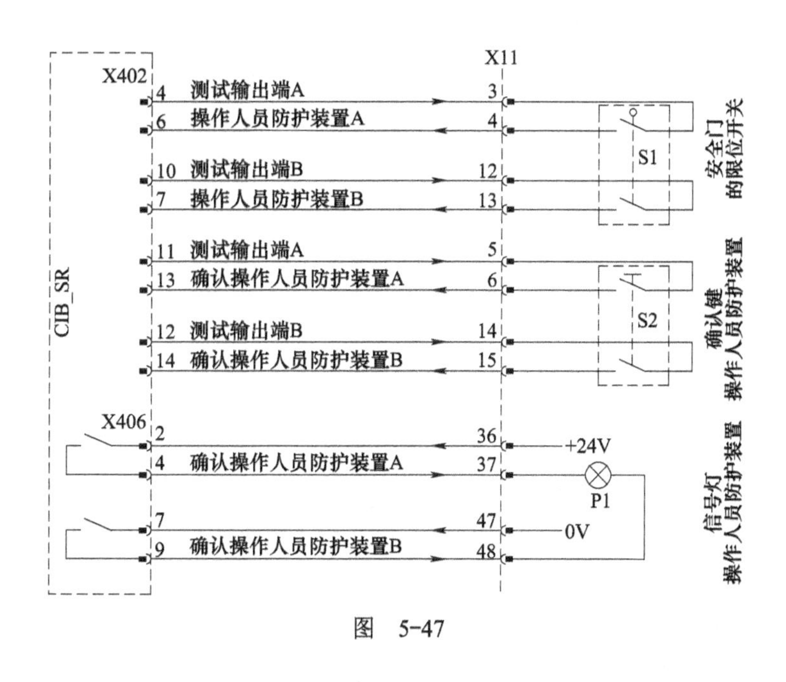

图　5-47

5.3.3　KUKA 工业机器人 PROFIsafe 安全功能

KUKA 工业机器人可以通过安全总线系统实现安全控制，不再需要 SIB。这样降低了硬件成本。KUKA 工业机器人支持 PROFIsafe、CIPsafe、FsoE 等总线安全协议。

在总线安全协议中，输入输出的两个字节已被预先占用，可以通过PLC进行控制。输入输出的两个字节见表5-21、表5-22。

表 5-21

安全输入字节0								安全输入字节1							
7	6	5	4	3	2	1	0	7	6	5	4	3	2	1	0
E7	E2	SHS2	SHS1	QBS	BS	NHE	RES	SPA	RES	RES	RES	RES	RES	SBH	US2

表 5-22

安全输出字节0								安全输出字节1							
7	6	5	4	3	2	1	0	7	6	5	4	3	2	1	0
T2	T1	AUT	PE	ZS	FF	AF	NHL	SP	PSA	RES	RES	SHS2	SHS1	BS	NHE

PLC通过控制字输入给KUKA工业机器人的安全输入字节，可以控制KUKA工业机器人运行。同样KUKA工业机器人的安全输出字节传递给PLC，将工业机器人的状态传递给PLC，见表5-23。

表 5-23

PLC（Q信号）输出→ KUKA工业机器人安全输入字节
PLC（I信号）输入← KUKA工业机器人安全输出字节

常用的安全总线输入信号简要说明如下，详细说明见表5-24～表5-27。其中，表5-24为输入字节0说明，表5-25为输入字节1说明，表5-26为输出字节0说明，表5-27为输出字节1说明。

1. **输入字节0**

0：RES，保留字，配置为1。

1：NHE，外部急停的输入端。对应PLC中的急停信号，PLC中的信号为0，机器人急停控制。

2：BS，操作人员防护装置。对应PLC中的防护门开关信号。1，代表防护门关闭；0，代表防护门打开。

3：QBS，操作人员防护装置的确认。对应PLC中防护门关闭的确认。1，代表防护门关闭确认的按钮被按压导通。

4：SHS1，安全停止Stop1（所有轴）。对应PLC中的输出信号，可以控制KUKA工业机器人所有轴以Stop1的方式停止。停止1（Stop1）出现时，能耗制动，伺服电动机延时抱闸，机器人不会偏离轨迹。

5：SHS2，安全停止Stop2（所有轴）。对应PLC中的输出信号，可以控制KUKA工业机器人所有轴以Stop2的方式停止。停止2（Stop2）出现时，伺服电动机不抱闸，自由停止，机器人不会偏离轨迹。

6：E2，闭合回路。0，代表闭合回路未激活；1，代表闭合回路已激活。专用于上海汽车大众模式的 KUKA 工业机器人。

7：E7，闭合回路。0，代表闭合回路未激活；1，代表闭合回路已激活。专用于上海汽车大众模式的 KUKA 工业机器人。

2. **输入字节 1**

0：US2，设为 1，选通 US2 接口生效。

1：SBH，安全的运行停止（所有轴）。设为 0，表示安全运行停止已激活。在这种情况下，KUKA 工业机器人激活了静止监控，机器人一旦出现移动，立即机械抱闸，处于 Stop0 状态。

2 ～ 6：RES，保留位，设为 1。

7：SPA：确认关闭 PROFIsafe。0，表示 PROFIsafe 确认未激活；1，表示 PROFIsafe 确认已激活。

表　5-24

位	信号	说明
0	RES	1）预留 1 2）需将输入端配置为 1
1	NHE	用于外部紧急停止的输入端 0= 外部紧急停止功能已激活，1= 外部紧急停止功能未激活
2	BS	操作人员防护装置 用于访问防护区的输入端。在自动模式下，信号触发 Stop1。即使任何一扇防护门关上，机器人也不允许重新开动，所以必须对功能取消进行确认 0= 操作人员防护装置未激活，例如防护门打开，1= 操作人员防护装置已激活
3	QBS	操作人员防护装置的确认 在系统集成商的操作及编程指南（VSS 8.1）里，对硬件选项配置项“确认操作人员防护装置已关”（如果设备侧的信号 BS 获得确认，可在安全配置的硬件选项下取消激活）具有相关的说明。确认操作人员防护装置的前提是 BS 位出现“操作人员防护装置已确保无误”的信号 0= 操作人员防护装置未被确认 脉冲波 0->1= 操作人员防护装置已确认
4	SHS1	安全停止 Stop1（所有轴） 安全停止 Stop1 的信号。触发加速的阶梯式停止。机器人以最快速度在安全装置作用下停止。所有轴顺沿预定轨迹停止运动。驱动装置在进入静止状态后关机。FF（运行许可）设为 0。US2 电压关断，AF（驱动许可）在 1.5s 后设为 0。取消该功能时无须确认 该信号不允许用于紧急停止功能 0= 安全停止已激活，1= 安全停止未激活
5	SHS2	安全停止 Stop2（所有轴） 安全停止 Stop2 的信号。触发加速的阶梯式停止。机器人以最快速度在安全装置作用下停止。所有轴顺沿预定轨迹停止运动。驱动装置在进入静止状态后不关机。停机监控被激活，FF（运行许可）设为 0。US2 电压关断。取消该功能时无须确认 该信号不允许用于紧急停止功能 0= 安全停止已激活，1= 安全停止未激活
6	E2	E2 闭合回路（用于运行方式选择的客户个性化信号） 0=E2 闭合回路未激活，1=E2 闭合回路已激活
7	E7	E7 闭合回路（用于运行方式选择的客户个性化信号） 0=E7 闭合回路未激活，1=E7 闭合回路已激活

表 5-25

位	信号	说明
0	US2	US2 馈电压（用于接通第二非缓冲式馈电压 US2 的信号） 前提条件：在“安全配置”中，“硬件选项”下的“外围接触器”是“通过 PROFIsafe”设定的。 可进行下列设置： 1）“不使用”（US2 常闭） 2）“通过 PROFIsafe”（通过 PROFIsafe 输入端接通 US2） 3）倘若满足下列条件，则 US2“自动”（US2 由 KRC 接通）接通： ① FF（运行许可）设为 1 ②必须满足 E2/E7 逻辑电路要求 有关硬件选项配置的信息请参见系统集成商的操作及编程指南资料（VSS 8.1） 0= 关闭 US2，1= 接通 US2
1	SBH	安全的运行停止（所有轴） 前提条件：所有轴停止运转 该功能不会触发停机，而只是激活安全停机监控。在激活该功能后监控所有轴是否都保持在其位置上 取消该功能时无须确认 该信号不允许用于紧急停止功能 0= 安全运行停止已激活，1= 安全运行停止未激活
2	RES	预留 11 须将输入端配置为 1
3	RES	预留 12 须将输入端配置为 1
4	RES	预留 13 须将输入端配置为 1
5	RES	预留 14 须将输入端配置为 1
6	RES	预留 15 须将输入端配置为 1
7	SPA	确认关闭 PROFIsafe 设备确认已收到关闭信号。在控制系统给出 SP 信号（关闭 PROFIsafe）后 1s，操作请求即使在 PLC 未加确认的情况下也将被执行，控制系统关闭 0= 确认未激活，1= 确认已激活

表 5-26

位	信号	说明
0	NHL	本机紧急停止（本机紧急停止功能已被触发） 0= 本机紧急停止功能已激活，1= 本机紧急停止功能未激活
1	AF	驱动许可（KRC 内部安全控制已许可驱动装置开机） 0= 驱动许可未激活（机器人控制系统必须关闭驱动装置），1= 驱动许可已激活（机器人控制系统允许将驱动装置切换至受控状态）
2	FF	FF（运行许可）（KRC 内部安全控制系统已准许机器人动作） 0=FF（运行许可）未激活（机器人控制系统必须停止当前运动），1=FF（运行许可）已激活（机器人控制系统允许触发运动）
3	ZS	确认开关中的一个处于中间位置（在测试运行中给出许可指令） 0= 确认未激活，1= 确认已激活
4	RES	预留 5
5	EXT	机器人处于外部运行方式 0= 外部运行方式未激活，1= 外部运行方式已激活
6	T1	机器人处于“手动低速”工作方式状态 0= 运行方式 T1 未激活，1= 运行方式 T1 已激活
7	T2	机器人处于“手动高速”工作方式状态 0= 运行方式 T2 未激活，1= 运行方式 T2 已激活

表 5-27

位	信号	说明
0	NHE	外部紧急停止已触发 0= 外部紧急停止已激活，1= 外部紧急停止未激活
1	BS	操作人员防护装置 0= 不能确保操作人员防护，1= 可确保操作人员防护（操作人员防护装置输入端 =1；如果已配置，操作人员防护装置确认输入端已被确认）
2	SHS1	安全停止 Stop1（所有轴） 0= 安全停止 Stop1 未激活，1= 安全停止 Stop1 已激活（已达到安全状态）
3	SHS2	安全停止 Stop2（所有轴） 0= 安全停止 Stop2 未激活，1= 安全停止 Stop2 已激活（已达到安全状态）
4	RES	预留 13
5	RES	预留 14
6	PSA	PROFIsafe 已激活（指示作为 PROFIsafe 设备总线用户的机器人控制系统的状态） 前提条件：必须在控制系统上安装工业以太网 0=PROFIsafe 总线上的机器人控制系统未激活，1=PROFIsafe 总线上的机器人控制系统已激活
7	SP	关闭 PROFIsafe（机器人控制系统通知结束 PROFIsafe 连接），如果 PLC 在收到信号 SP 后发送信号 SPA 作为确认，则将 PSA 设定为 0 且控制系统关机 信号 SP 设定之后 1s，在未经 PLC 确认的情况下机器人控制系统将 PSA 输出端复位且控制系统关机 0= 连接结束通知功能未激活，1= 连接结束通知功能已激活

第 6 章　KUKA 工业机器人与 PLC 的通信

6.1　KUKA 工业机器人与西门子 PLC 的 PROFIBUS 通信

6.1.1　KUKA 工业机器人 PROFIBUS 通信配置

KUKA 工业机器人通过 BECKHOFF EL6731-0010 从站模块、总线耦合器 EK1100 与 PLC 进行通信，如图 6-1 所示。

图　6-1

KUKA 工业机器人通过从站模块 BECKHOFF EL6731-0010 与 PLC 进行 Profibus 通信时，需要通过 WorkVisual 软件进行配置，因此要求事先从网站下载 EL6731-0010 的配置文件，如图 6-2 所示，下载 GSD_EL6731.zip 文件。

倍福
IPC
I/O
运动控制
自动化软件
应用案例及解决方案
技术支持
技术培训
下载
资料文档
多媒体
文档
技术图纸
软件
配置文件
嵌入式控制器
总线耦合器
总线端子模块
EtherCAT
现场总线端子盒
PC 现场总线卡
现场总线模块
驱动技术
TwinCAT
一般细则及条款
Beckhoff 信息系统
搜索

EtherCAT XML Device Description / ESI EtherCAT Slave Information

Product	Language	Size	Date	Zip file
XML Device Description	german/ english	3800 kB	24.07.2013	Beckhoff_EtherCAT_XML.zip

EtherCAT Systemmanager Extension
For some Beckhoff EtherCAT products the Beckhoff System Manager provides product-specific enhancements. If this support isn't includedin your TwinCAT/System Manager then you can download here the required dll-file. Copy .dll- and .bat-File to ..\TwinCAT\Resource\ and start the .bat-File by doubleclick. The information "required up to" declares, from which TwinCAT version this support is already integrated.

EtherCAT Systemmanager Extension

Produkt	works from version	required up to version	Date	Zip file
EL6224 IO-Link	2.10 b1325	2.10 b1330	22.04.2013	EL6224_TcSmIOLinkExtension.zip
EL6692 EtherCAT Bridge	2.10 b1325	2.10 b1330	17.10.2008	EL6692_TcSmExtension.zip
EL6201 ASI-Interface	2.11 b2234		07.08.2013	EL6201_TcSmASiExtension.zip

EtherCAT fieldbus gateways
All the files are to be unpacked into the directory \TwinCAT\IO\<Feldbus>. They can be used after a TwinCAT reboot.

EtherCAT fieldbus gateways

Product	Language	Size	Date	Zip file
EL6631-0010 EtherCAT PROFINET Device	–	13 kB	15.03.2013	GSDML_EL6631.zip
EL6731-0010 EtherCAT PROFIBUS Slave	–	6 kB	13.03.2008	GSD_EL6731.zip
EL6751-0010 EtherCAT-CANopen Slave	–	80 kB	04.11.2008	EDS_EL6751.zip
EL6752-0010 EtherCAT DeviceNet Slave	–	3 kB	11.04.2008	EDS_EL6752.zip

图　6-2

将网线一端接到 KUKA 工业机器人控制柜的 KLI，另一端接到计算机的网口。KLI 默认 IP 地址为 172.31.1.147，子网掩码为 255.255.0.0。计算机应设为同一网段，IP 地址为 172.31.1.X，X 是 147 以外的值，子网掩码为 255.255.0.0。

1）打开 WorkVisual 软件，如图 6-3 所示。

图　6-3

2）单击“File”，选择“Import/Export”，选择“导入

设备说明文件”，选择“GSD.EL6731（1）”的配置文件，如图 6-4 ～图 6-7 所示，添加 EL31095F.GSE、EL31095F.GSG 文件。

图 6-4

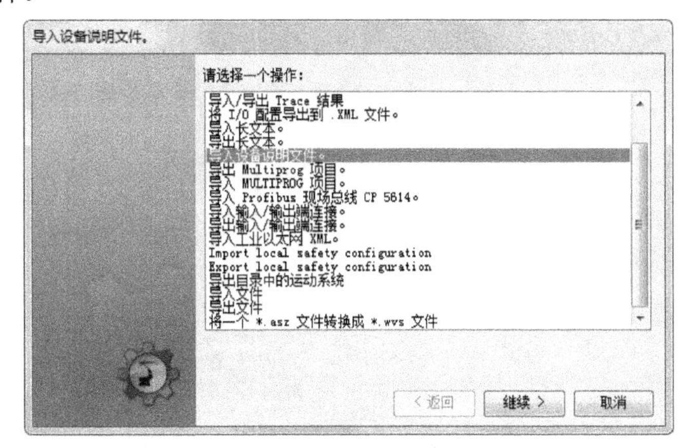

图 6-5

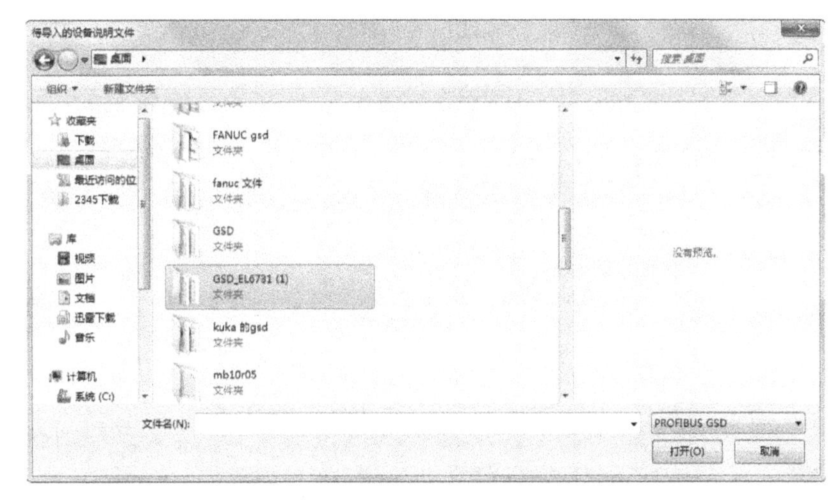

图 6-6

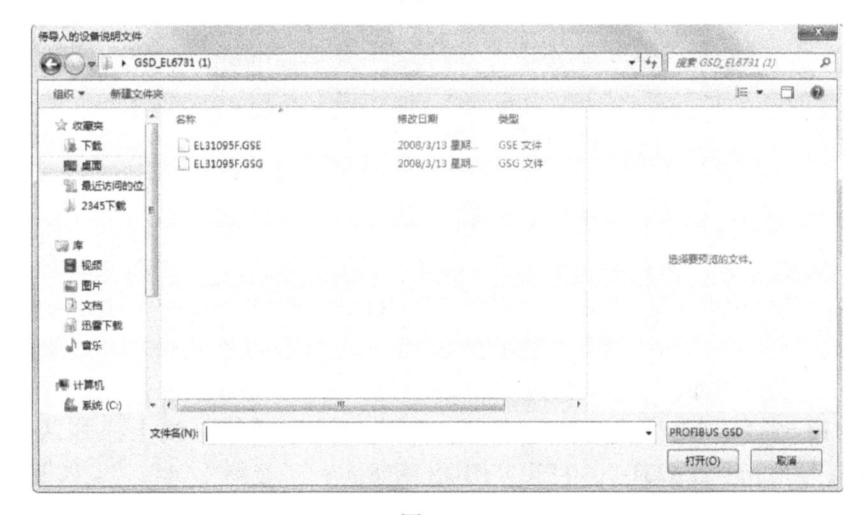

图 6-7

3）在“KUKA Extension Bus（SYS-44）”添加总线耦合器 EK1100。右击“KUKA Extension Bus（SYS-44）”扩展总线，选择“Add…”，如图 6-8 所示。选择“EK1100 EtherCAT Coupler（2A E-Bus）”，单击“确定”，添加总线耦合器 EK1100，如图 6-9 所示。

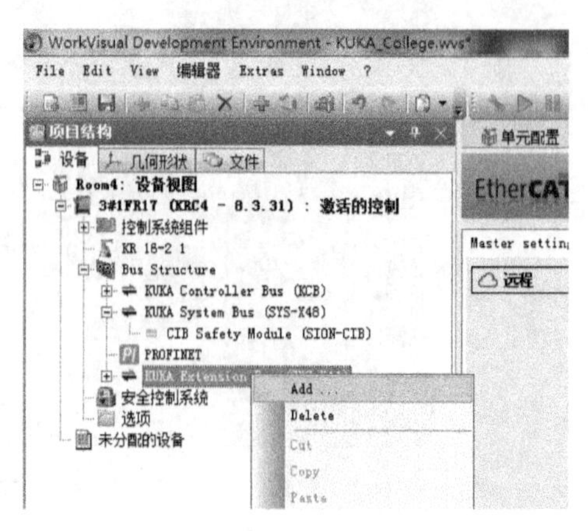

图 6-8

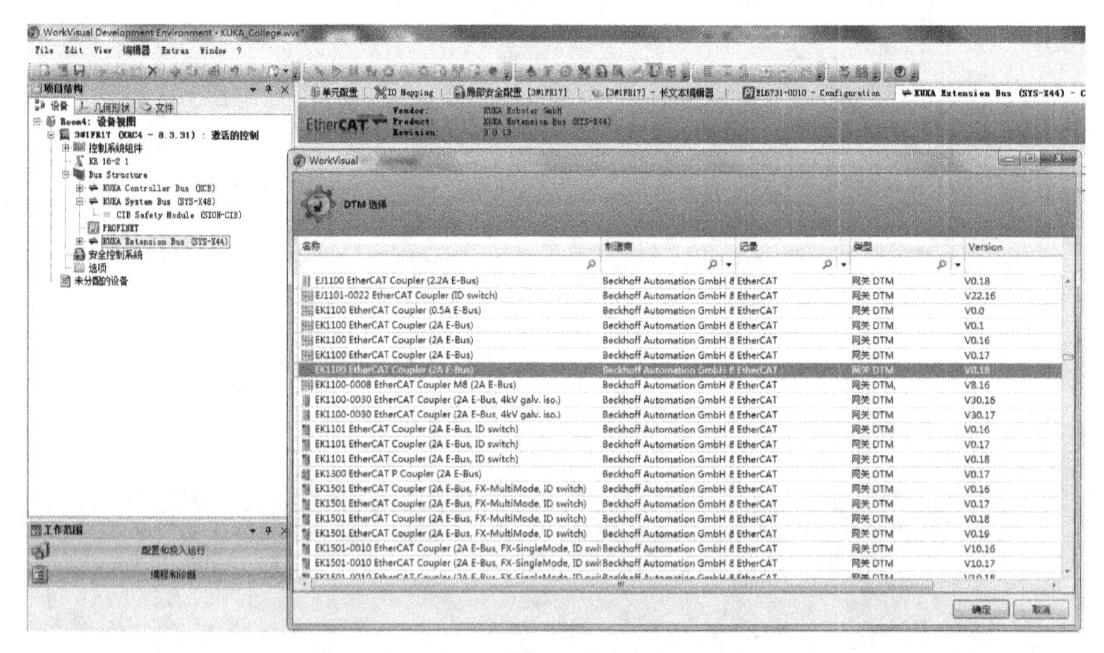

图 6-9

4）在总线耦合器“EK1100 EtherCAT Coupler（2A E-Bus）”上添加从站模块通信总线“EL6731-0010 PROFIBUS DP Slave”。右击“EK1100 EtherCAT Coupler（2A E-Bus）”，选择“Add…”，如图 6-10 所示。选择“EL6731-0010 PROFIBUS DP Slave”，如图 6-11 所示，单击“确定”，完成添加。

5）在“EL6731-0010 PROFIBUS DP Slave”从站模块通信总线上添加从站模块“PI EL6731-0010”。右击“EL6731-0010 PROFIBUS DP Slave”，选择“Add…”，如图 6-12 所示。选择从站模块“PI EL6731-0010”，如图 6-13 所示，单击“确定”，完成添加。

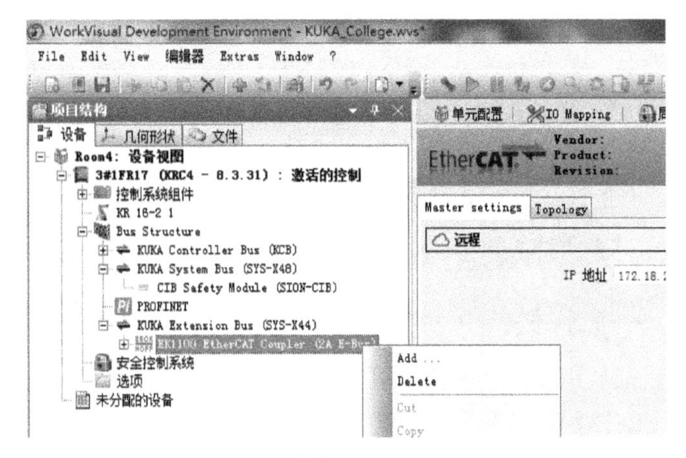

图 6-10

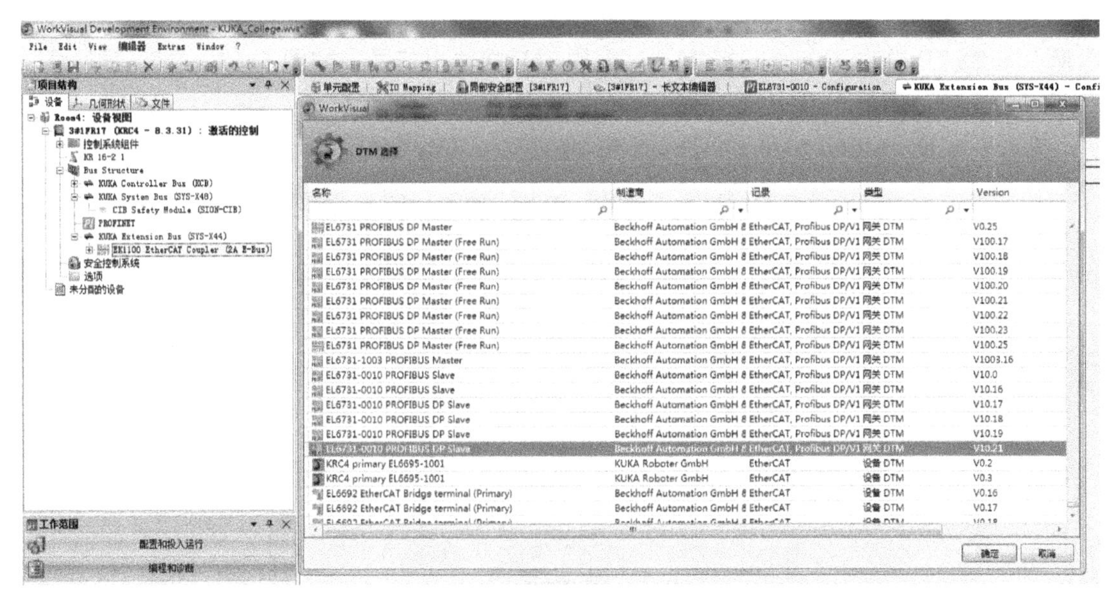

图 6-11

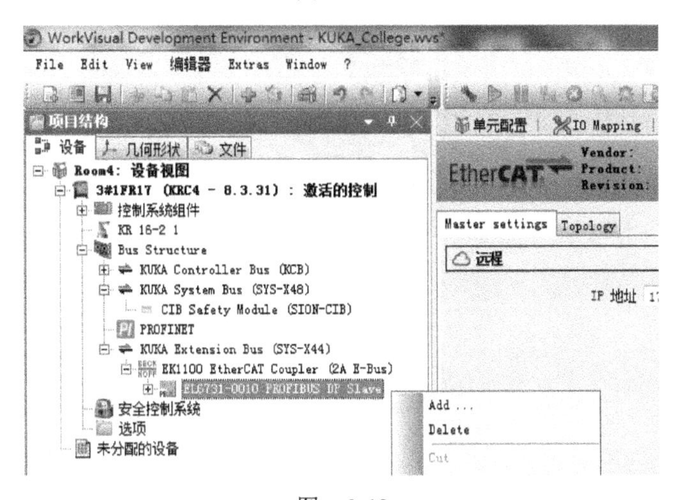

图 6-12

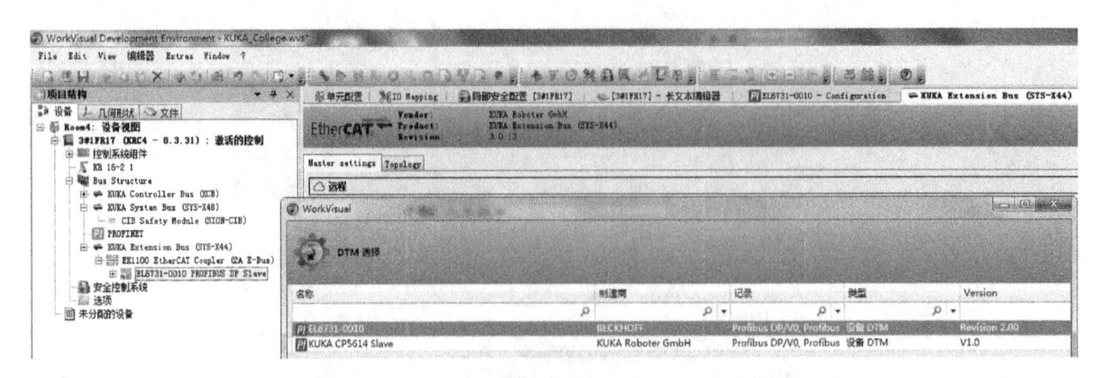

图 6-13

6）给从站模块EL6731-0010配置输入输出信号。双击“PI EL6731-0010”，单击“Module configuration”选项卡，如图6-14所示。选择“16 Byte Slave-In /Master-Out”，给从站模块EL6731-0010配置16B的输入信号，如图6-15所示。然后添加到Slot［2］中，如图6-16所示。选择“16 BYTE Slave-Out /Master-In”，配置16B的输出信号，如图6-17所示。然后添加到Slot［3］中，如图6-18所示。

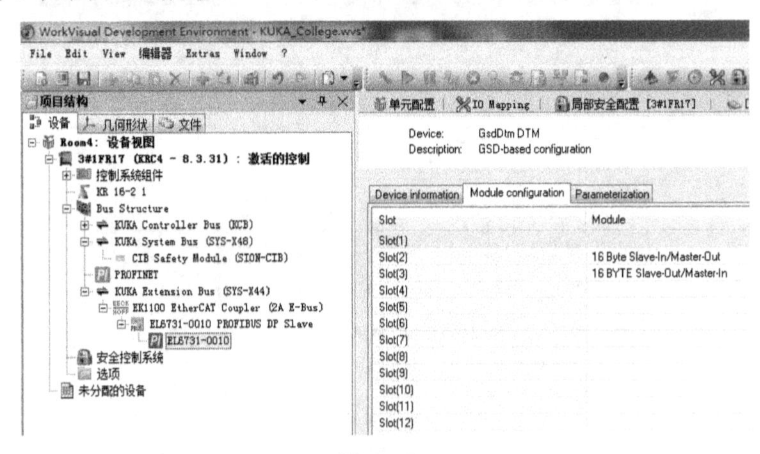

图 6-14

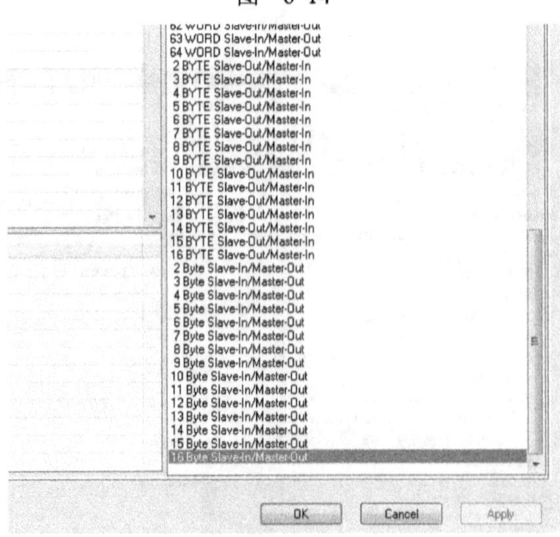

图 6-15

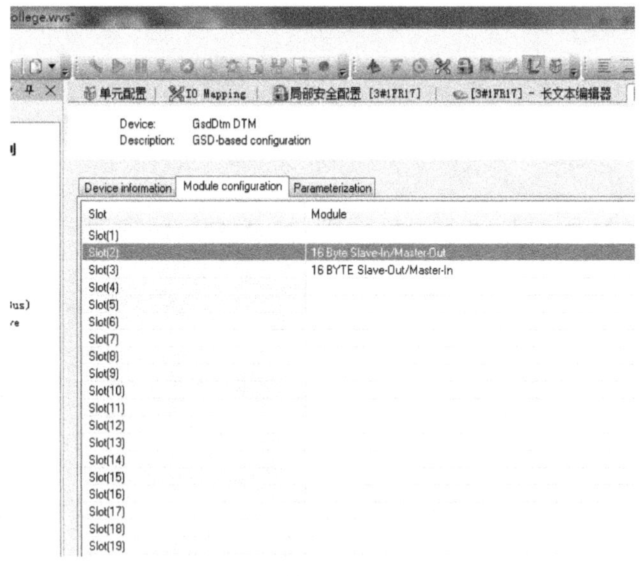

图　6-16

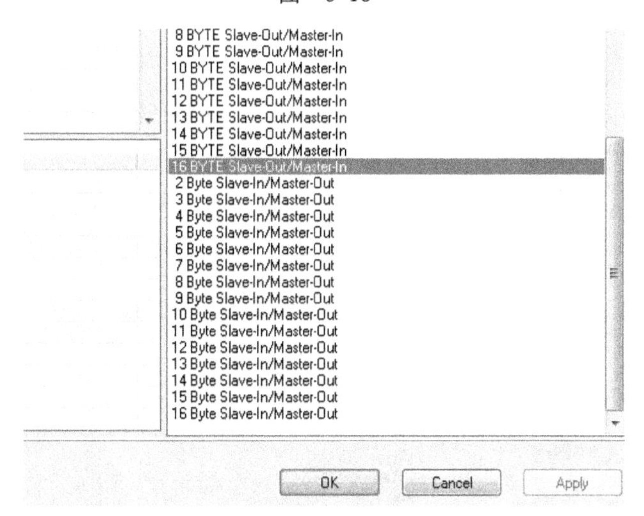

图　6-17

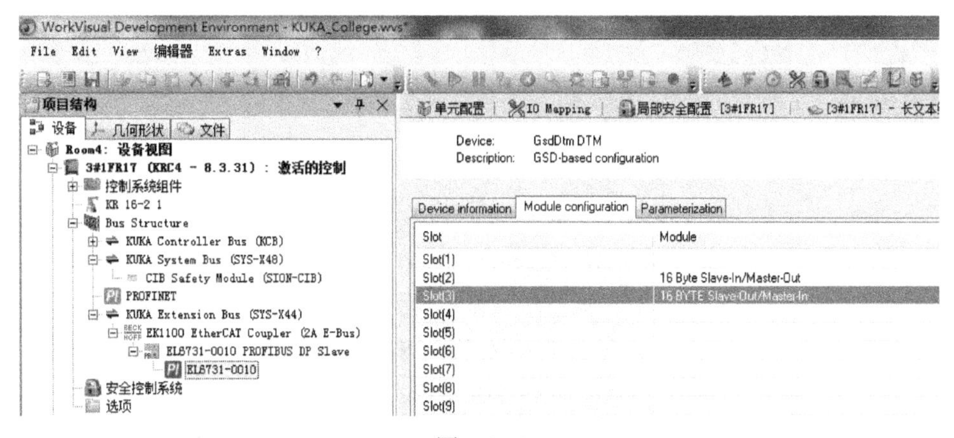

图　6-18

7）修改 KUKA 工业机器人 PROFIBUS 地址。单击“Gateway setings”选项卡，将“Profibus address”的值修改为 3，如图 6-19 所示。KUKA 工业机器人 Profibus 地址的值为 3。

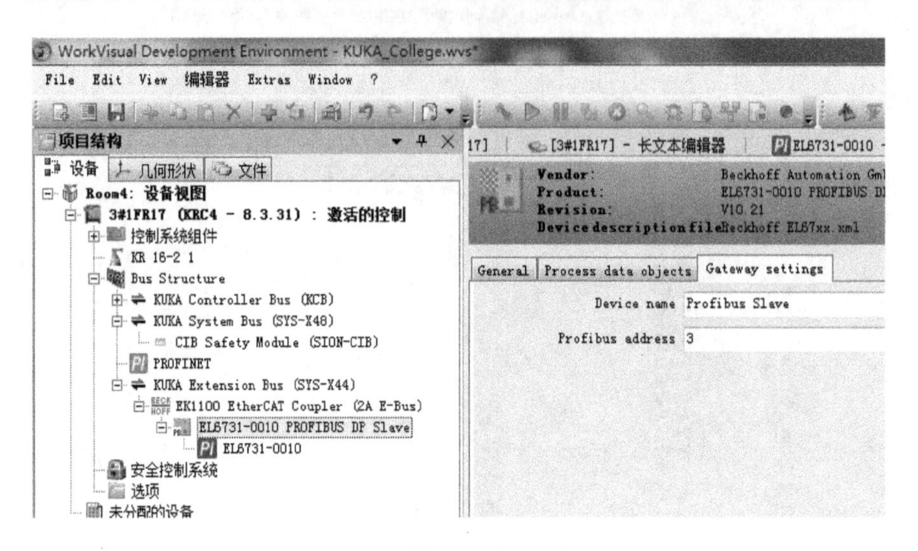

图 6-19

8）关联输入输出地址。在图 6-20 的右边单击“现场总线”选项卡，选择“ PI EL6731-0010”。在图 6-20 的中间选择“数字输入端”，给从站模块 EL6731-0010 关联输入信号“$IN［］”。本例中，给从站模块 EL6731-0010 的 16B 输入信号配置 $IN［100］～ $IN［227］，一共 128 个输入信号。

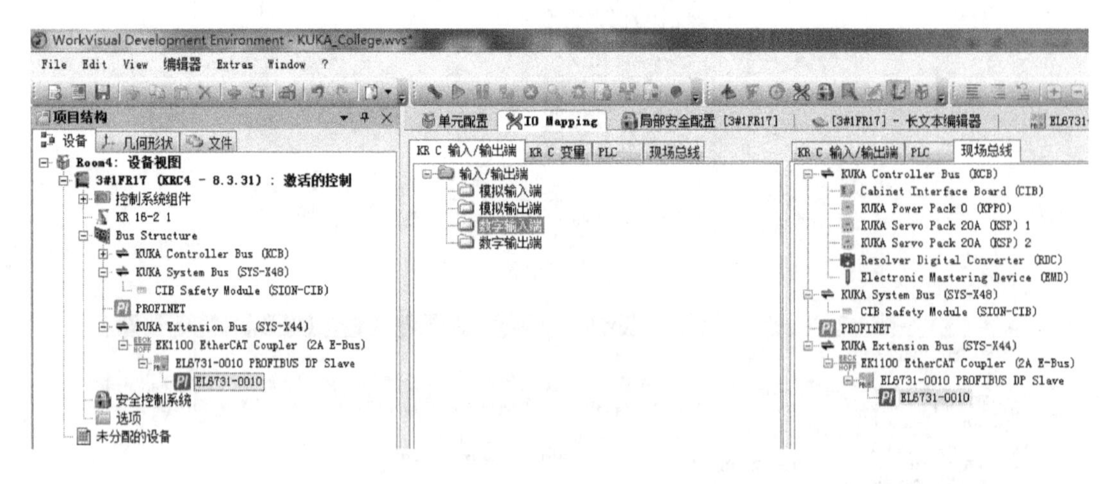

图 6-20

9）将输入信号 8 个一组，组成 1B。选择 $IN［100］～ $IN［107］，右击，选择“Group”，选择“BYTE”，单击“OK”，如图 6-21 ～图 6-23 所示，“$IN［100］～ $IN［107］”组成一个信号组“$IN［100］G”，与图 6-20 右边“PI EL6731-0010”字节信号相对应。一共需要建立 16 组字节信号“$IN［100］G ～ $IN［220］G”，与从站模块“16 Byte Slave-In/Master-Out”16B 输入信号对应。

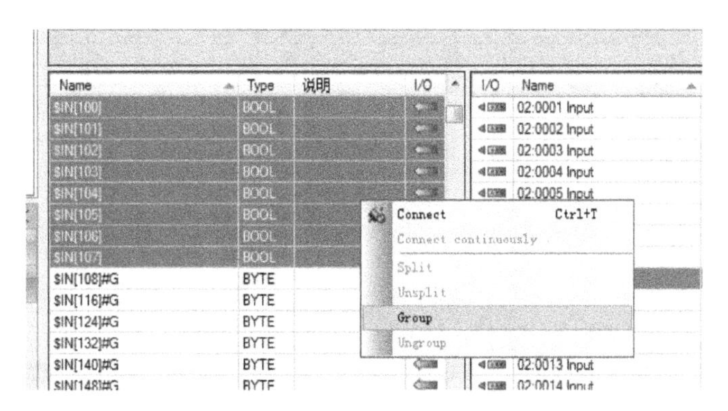

图　6-21

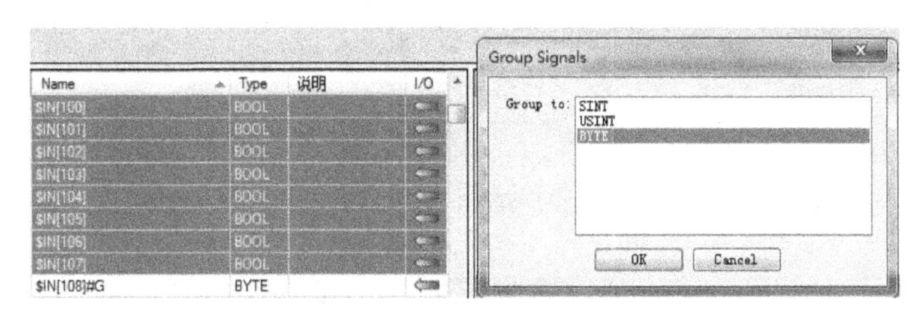

图　6-22

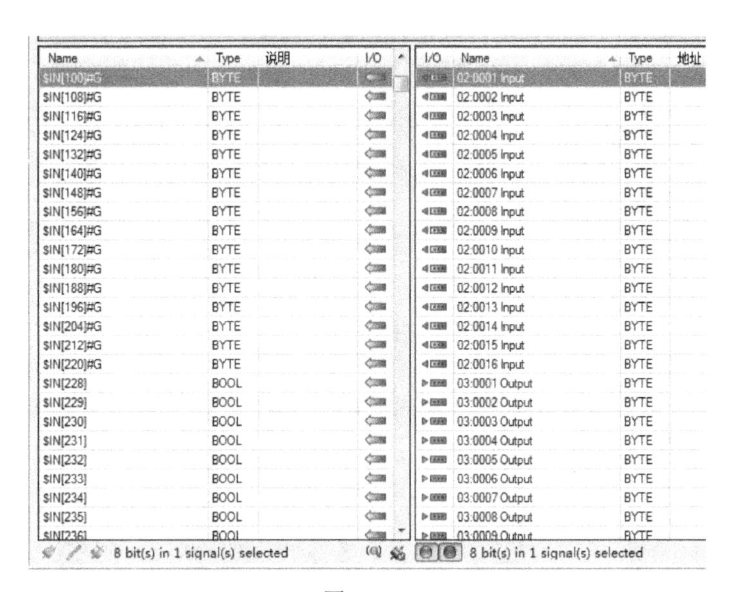

图　6-23

10）数字输入信号与现场总线信号关联。如图 6-24 所示，“$IN［100］G ～ $IN［220］G”与“02:0001 input BYTE ～ 02:00016 input BYTE”相对应。这样给从站模块“PI EL6731-0010”分配了 $IN［100］～ $IN［227］一共 128 个输入信号。

11）同样配置输出信号。一共建立 16 组字节信号。如图 6-25、图 6-26 所示，“$OUT［100］G ～ $OUT［220］G”与“03:0001Output BYTE ～ 03:00016 Output BYTE”相对应。这样给从站模块“ PI EL6731-0010”分配了 $OUT［100］～ $OUT［227］一共 128 个输出信号。

Name	Type	说明	I/O	I/O	Name	Type	地址
$IN[100]#G	BYTE		⇐	◀	02:0001 Input	BYTE	
$IN[108]#G	BYTE		⇐	◀	02:0002 Input	BYTE	
$IN[116]#G	BYTE		⇐	◀	02:0003 Input	BYTE	
$IN[124]#G	BYTE		⇐	◀	02:0004 Input	BYTE	
$IN[132]#G	BYTE		⇐	◀	02:0005 Input	BYTE	
$IN[140]#G	BYTE		⇐	◀	02:0006 Input	BYTE	
$IN[148]#G	BYTE		⇐	◀	02:0007 Input	BYTE	
$IN[156]#G	BYTE		⇐	◀	02:0008 Input	BYTE	
$IN[164]#G	BYTE		⇐	◀	02:0009 Input	BYTE	
$IN[172]#G	BYTE		⇐	◀	02:0010 Input	BYTE	
$IN[180]#G	BYTE		⇐	◀	02:0011 Input	BYTE	
$IN[188]#G	BYTE		⇐	◀	02:0012 Input	BYTE	
$IN[196]#G	BYTE		⇐	◀	02:0013 Input	BYTE	
$IN[204]#G	BYTE		⇐	◀	02:0014 Input	BYTE	
$IN[212]#G	BYTE		⇐	◀	02:0015 Input	BYTE	
$IN[220]#G	BYTE		⇐	◀	02:0016 Input	BYTE	
$IN[228]	BOOL		⇐	▶	03:0001 Output	BYTE	
$IN[229]	BOOL		⇐	▶	03:0002 Output	BYTE	
$IN[230]	BOOL		⇐	▶	03:0003 Output	BYTE	
$IN[231]	BOOL		⇐	▶	03:0004 Output	BYTE	
$IN[232]	BOOL		⇐	▶	03:0005 Output	BYTE	
$IN[233]	BOOL		⇐	▶	03:0006 Output	BYTE	
$IN[234]	BOOL		⇐	▶	03:0007 Output	BYTE	
$IN[235]	BOOL		⇐	▶	03:0008 Output	BYTE	
$IN[236]	BOOL		⇐	▶	03:0009 Output	BYTE	

8 bit(s) in 1 signal(s) selected　　8 bit(s) in 1 signal(s) selected

图 6-24

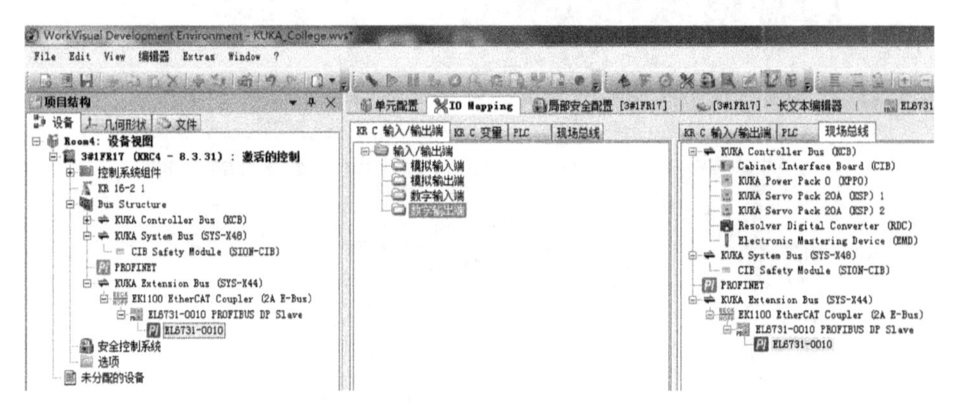

图 6-25

Name	Type	I/O	I/O	Name	Type
$OUT[100]#G	BYTE	⇒	▶	03:0001 Output	BYTE
$OUT[108]#G	BYTE	⇒	▶	03:0002 Output	BYTE
$OUT[116]#G	BYTE	⇒	▶	03:0003 Output	BYTE
$OUT[124]#G	BYTE	⇒	▶	03:0004 Output	BYTE
$OUT[132]#G	BYTE	⇒	▶	03:0005 Output	BYTE
$OUT[140]#G	BYTE	⇒	▶	03:0006 Output	BYTE
$OUT[148]#G	BYTE	⇒	▶	03:0007 Output	BYTE
$OUT[156]#G	BYTE	⇒	▶	03:0008 Output	BYTE
$OUT[164]#G	BYTE	⇒	▶	03:0009 Output	BYTE
$OUT[172]#G	BYTE	⇒	▶	03:0010 Output	BYTE
$OUT[180]#G	BYTE	⇒	▶	03:0011 Output	BYTE
$OUT[188]#G	BYTE	⇒	▶	03:0012 Output	BYTE
$OUT[196]#G	BYTE	⇒	▶	03:0013 Output	BYTE
$OUT[204]#G	BYTE	⇒	▶	03:0014 Output	BYTE
$OUT[212]#G	BYTE	⇒	▶	03:0015 Output	BYTE
$OUT[220]#G	BYTE	⇒	▶	03:0016 Output	BYTE

8 bit(s) in 1 signal(s) selected　　8 bit(s) in 1 signal(s) selected

图 6-26

12）对配置进行编译，传输到机器人中。单击图 6-27 的生成代码，单击图 6-28 安装，WorkVisual 软件所做的配置向 KUKA 控制柜进行传输，如图 6-29 所示。

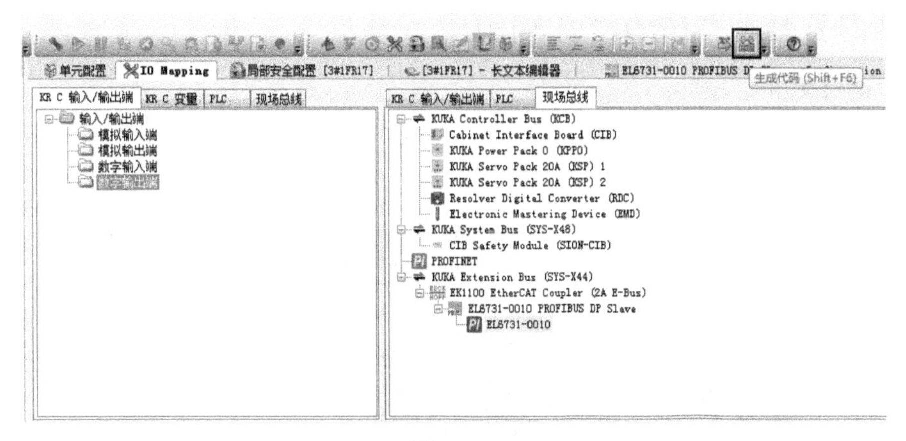

图　6-27

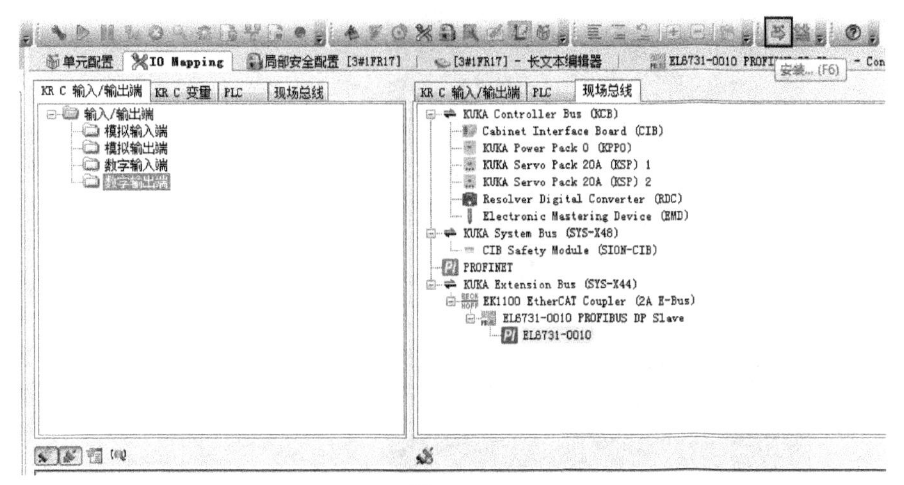

图　6-28

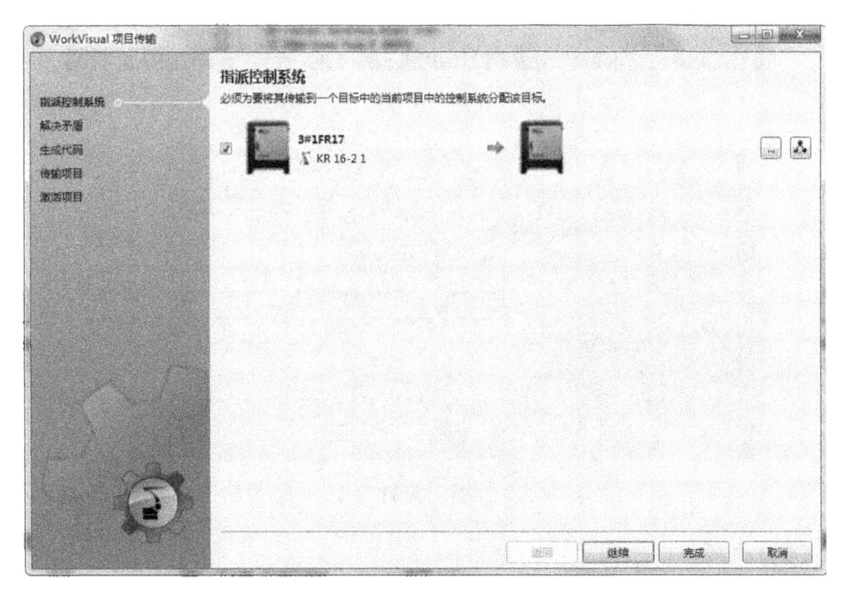

图　6-29

6.1.2 西门子 PLC 的 PROFIBUS 配置

1. **创建项目**

打开 TIA 博途软件，选择“启动”，单击“创建新项目”，在“项目名称”输入创建的项目名称（本例为项目 3），单击“创建”按钮，如图 6-30、图 6-31 所示。

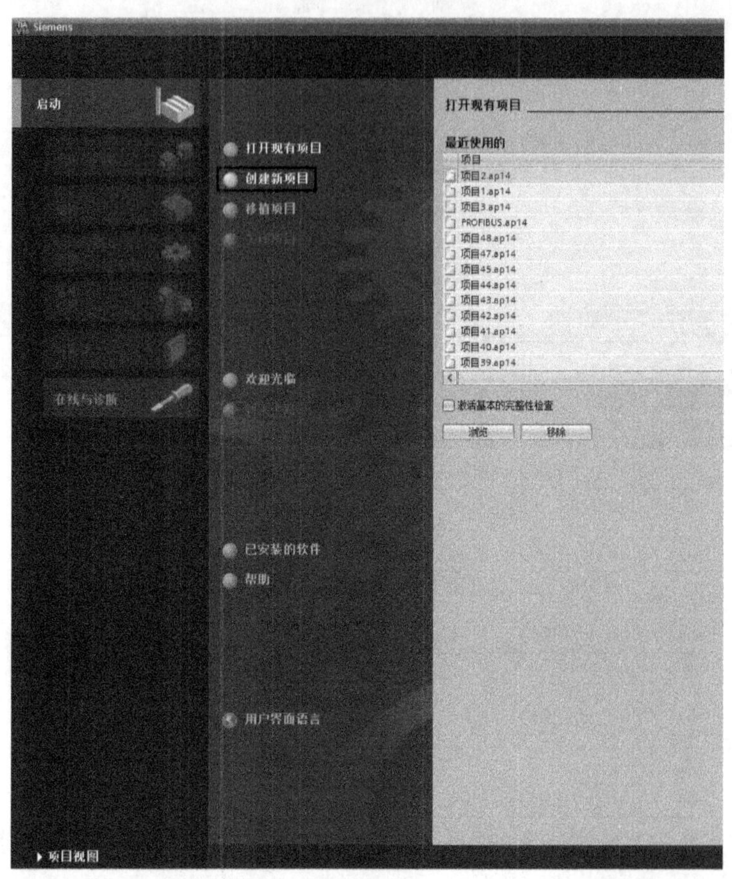

图 6-30

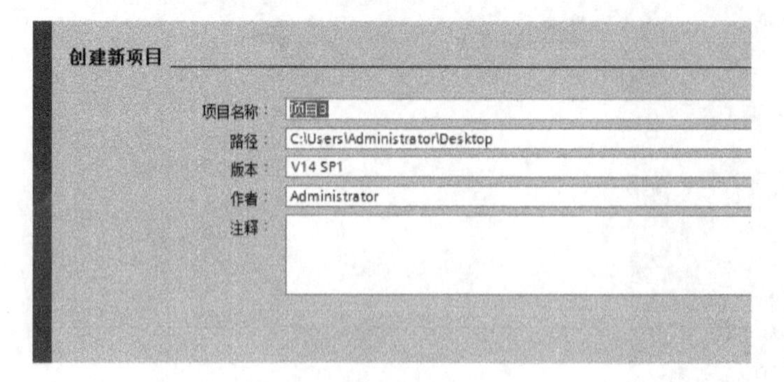

图 6-31

2. **安装 GSD 文件**

当博途软件需要配置第三方设备进行 PROFIBUS 通信时（例如和 KUKA 工业机器人通

信），需要安装第三方设备的 GSD 文件，本例中需要安装从站模块 BECKHOFF EL6731-0010 的 GSD 文件。

在项目对话框中单击“选项”，选择“管理通用站描述文件（GSD）”命令，选择“GSD_EL6731（1）”，单击“确定”，选择“el31095f.gse”“el31095f.gsg”文件，单击“安装”，从站模块“EL6731-0010”安装到博途软件中，如图 6-32 ～图 6-34 所示。

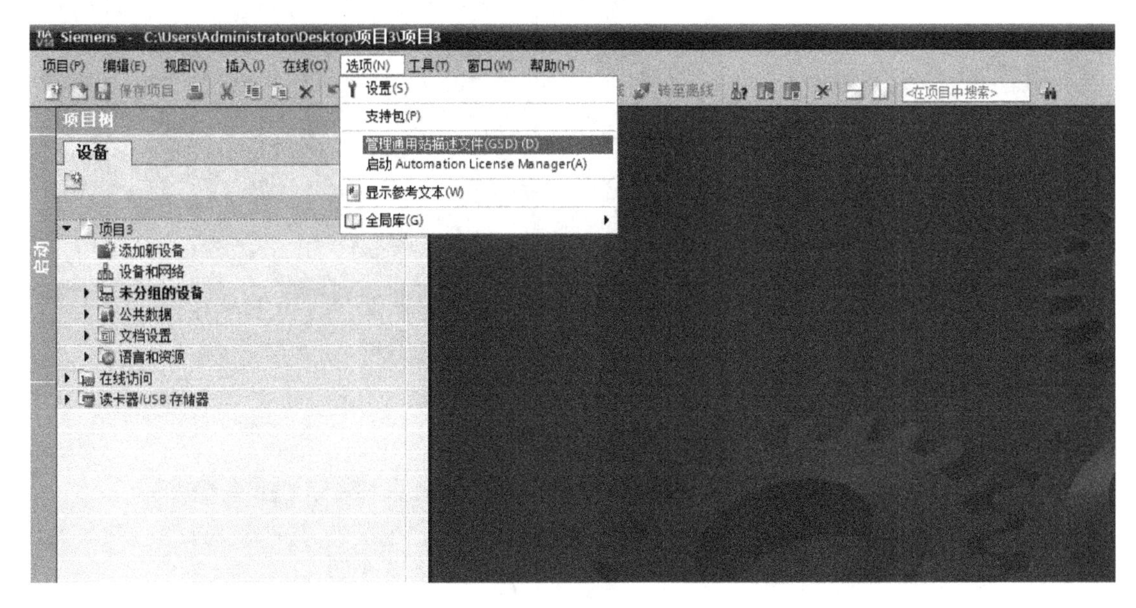

图　6-32

图　6-33

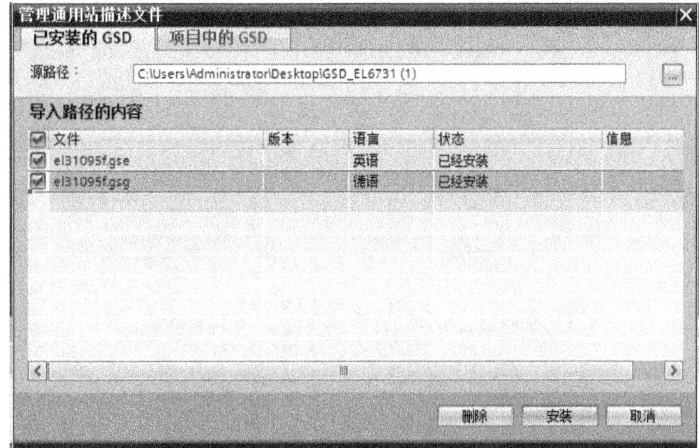

图　6-34

3. 添加 PLC

单击“添加新设备”，选择“控制器”，本例选择“SIMATIC S7-300”中的“CPU 314C-2 PN/DP”，订货号选择“6ES7 314-6EH04-0AB0”，版本为 V3.3，注意订货号和版本号要与实际的 PLC 一致，单击“确定”，打开设备视图，如图 6-35 ～图 6-37 所示。

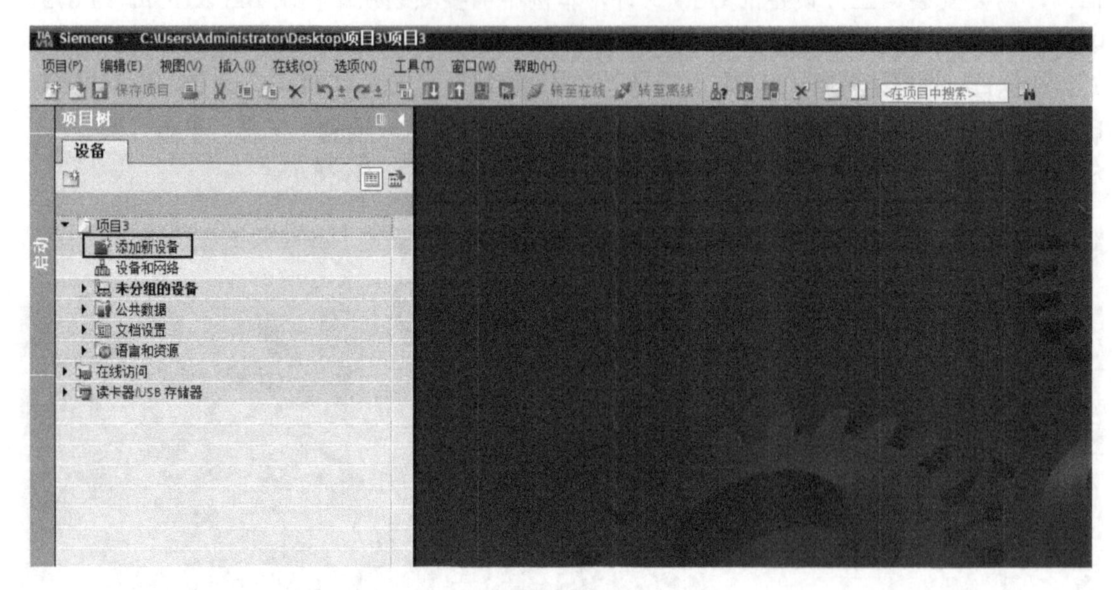
Siemens - C:\Users\Administrator\Desktop\项目3\项目3
项目(P) 编辑(E) 视图(V) 插入(I) 在线(O) 选项(N) 工具(T) 窗口(W) 帮助(H)
保存项目
转至在线
转至离线
<在项目中搜索>
项目树
设备
项目3
添加新设备
设备和网络
未分组的设备
公共数据
文档设置
语言和资源
在线访问
读卡器/USB 存储器
启动

图 6-35

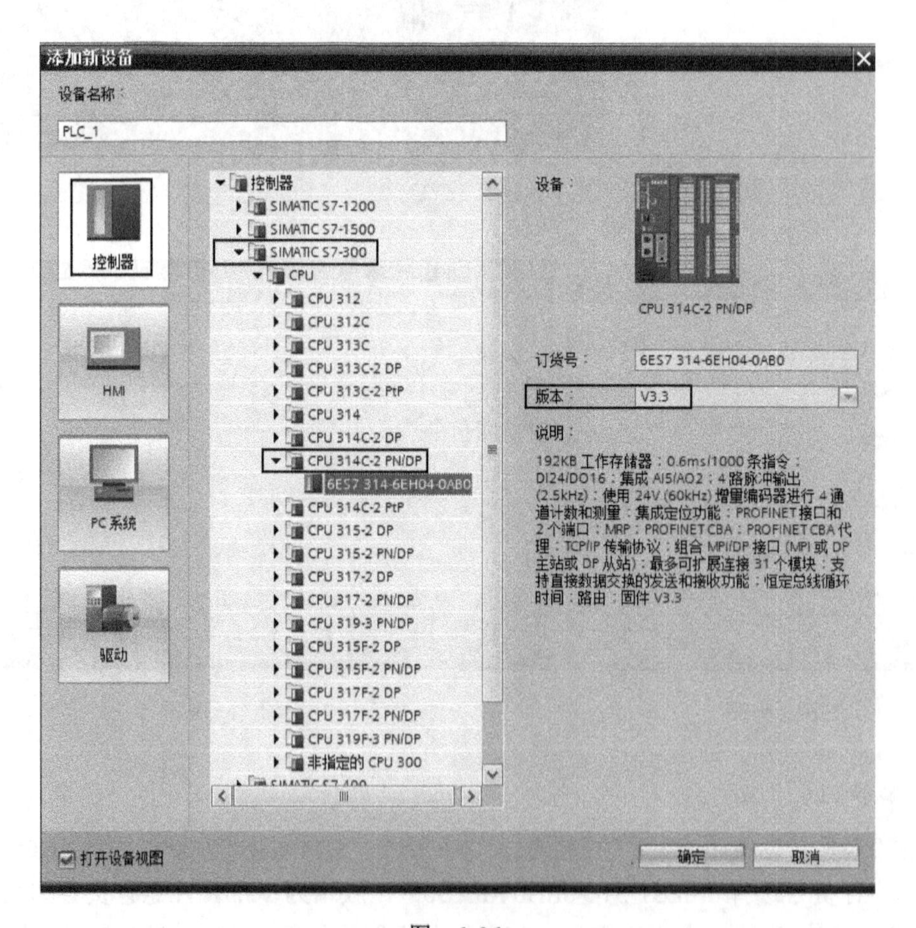
添加新设备
设备名称：
PLC_1
控制器
HMI
PC 系统
驱动
控制器
SIMATIC S7-1200
SIMATIC S7-1500
SIMATIC S7-300
CPU
CPU 312
CPU 312C
CPU 313C
CPU 313C-2 DP
CPU 313C-2 PtP
CPU 314
CPU 314C-2 DP
CPU 314C-2 PN/DP
6ES7 314-6EH04-0AB0
CPU 314C-2 PtP
CPU 315-2 DP
CPU 315-2 PN/DP
CPU 317-2 DP
CPU 317-2 PN/DP
CPU 319-3 PN/DP
CPU 315F-2 DP
CPU 315F-2 PN/DP
CPU 317F-2 DP
CPU 317F-2 PN/DP
CPU 319F-3 PN/DP
非指定的 CPU 300
设备：
CPU 314C-2 PN/DP
订货号：
6ES7 314-6EH04-0AB0
版本：
V3.3
说明：
192KB 工作存储器；0.6ms/1000 条指令；DI24/DO16；集成 AI5/AO2；4 路脉冲输出 (2.5kHz)；使用 24V (60kHz) 增量编码器进行 4 通道计数和测量；集成定位功能；PROFINET 接口和 2 个端口；MRP；PROFINET CBA；PROFINET CBA 代理；TCP/IP 传输协议；组合 MPI/DP 接口 (MPI 或 DP 主站或 DP 从站)；最多可扩展连接 31 个模块；支持直接数据交换的发送和接收功能；恒定总线循环时间；路由；固件 V3.3
打开设备视图
确定
取消

图 6-36

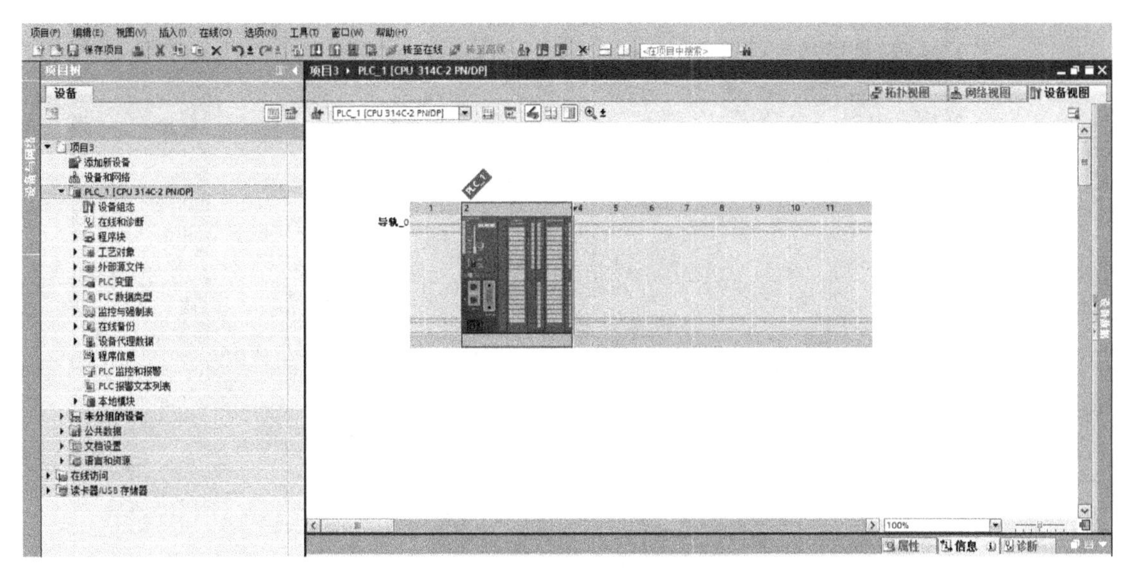

图　6-37

4. 添加 KUKA 工业机器人通信的从站模块 EL6731-0010

在“网络视图”选项卡中，选择“其它现场设备”，选择“PROFIBUS DP”“PLC”“BECKHOFF”“EL6731-0010”，将图标“EL6731-0010”拖入“网络视图”中。“属性”设置“PROFIBUS 地址”为 3，注意与 WorkVisual 设置的地址相同，如图 6-38、图 6-39 所示。

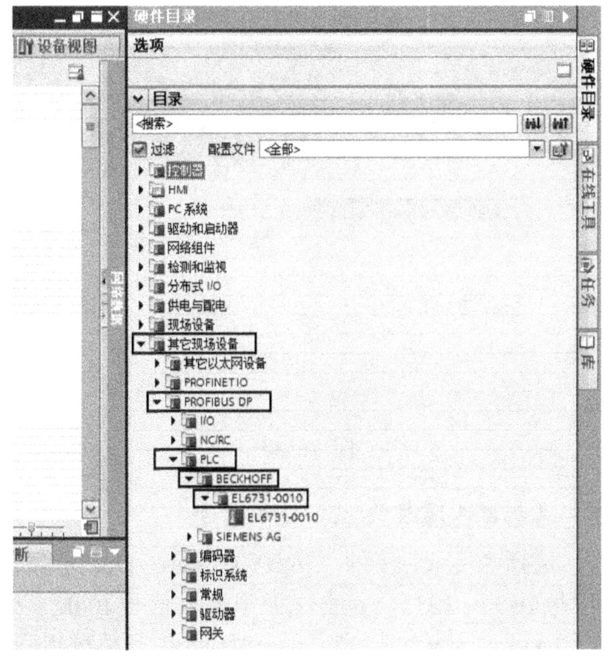

图　6-38

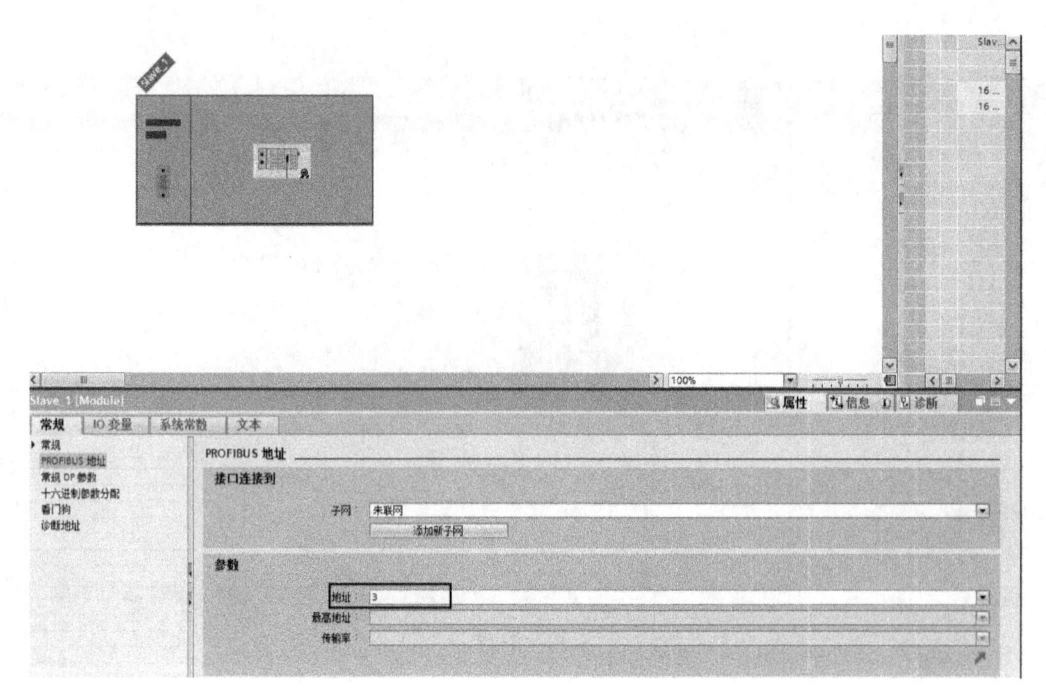

图 6-39

5. **建立 PLC 与 KUKA 工业机器人 PROFIBUS 通信**

用鼠标点住 PLC 的粉色 PROFIBUS DP 通信口，拖至“EL6731-0010”粉色 Profibus DP 通信口上，即建立起 PLC 和 KUKA 工业机器人之间的 PROFIBUS 通信连接，如图 6-40 所示。

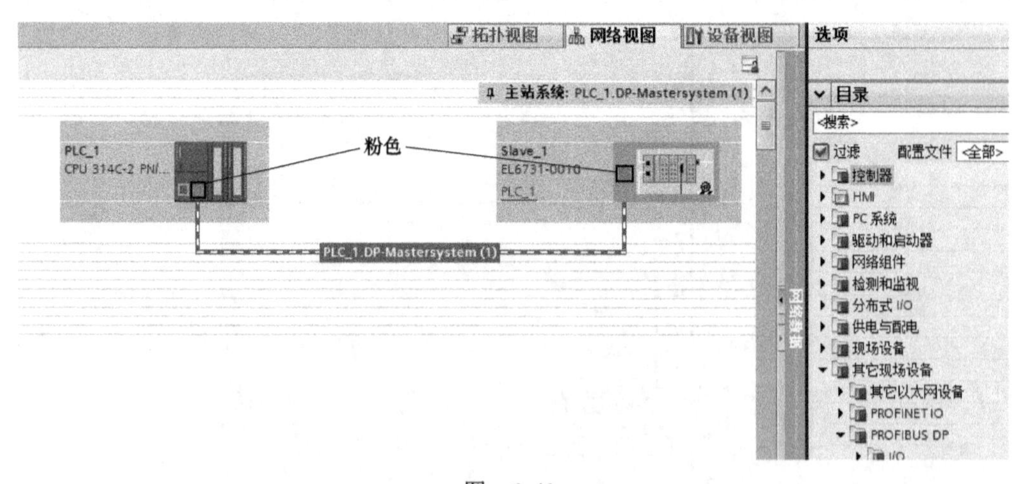

图 6-40

6. **设置与 KUKA 工业机器人通信的 PLC 输入信号**

单击“设备视图”，选择“目录”下的“16 BYTE Slave-Out/Master-In”，I 地址为“0…15”，即分配了 16B 信号 IB0 ～ IB15，包含 128 个输入信号 I0.0 ～ I15.7。与 KUKA 工业机器人输出信号 $OUT［100］～ $OUT［227］一一对应，信号数量相同，如图 6-41、图 6-42 所示，例如 I0.0 和 $OUT［100］是等效的。

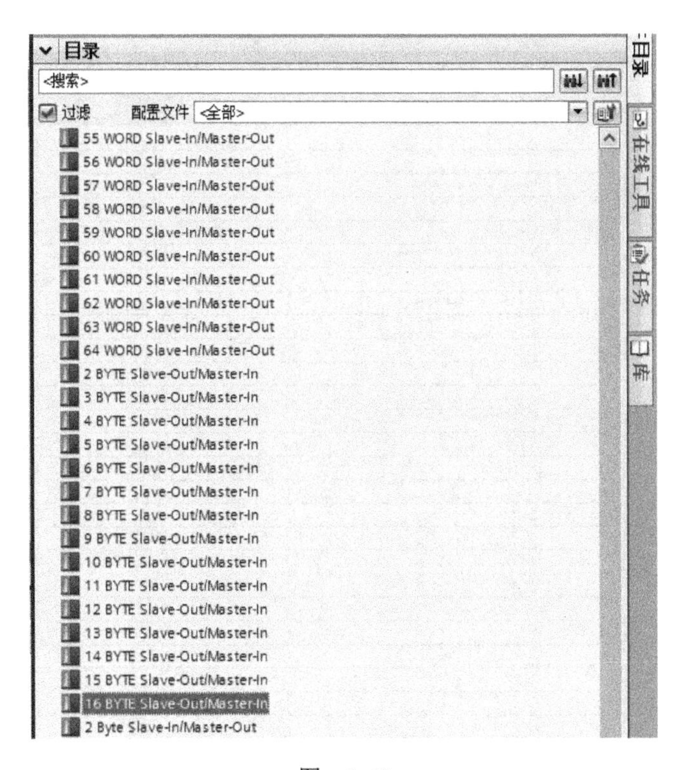

图　6-41

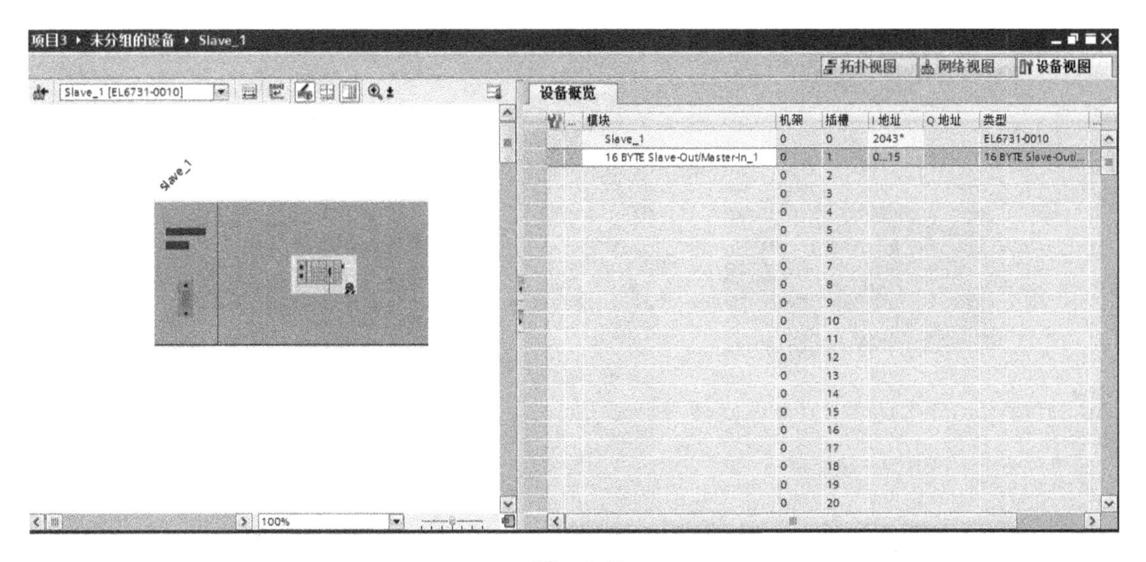

图　6-42

7. **设置与 KUKA 工业机器人通信的 PLC 输出信号**

单击“设备视图”，选择“目录”下的“16 BYTE Slave- In /Master- Out”，Q 地址为“0…15”，即分配了 16B 信号 QB0 ～ QB15，包含 128 个输出信号 Q0.0 ～ Q15.7。与 KUKA 工业机器人输入信号 $IN［100］～ $IN［227］一一对应，信号数量相同，如图 6-43、图 6-44、表 6-1、表 6-2 所示，例如 Q0.0 和 $IN［100］是等效的。

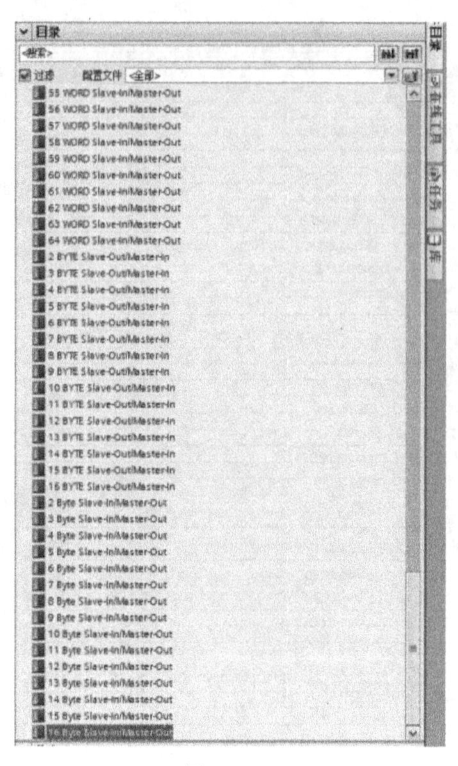

图 6-43

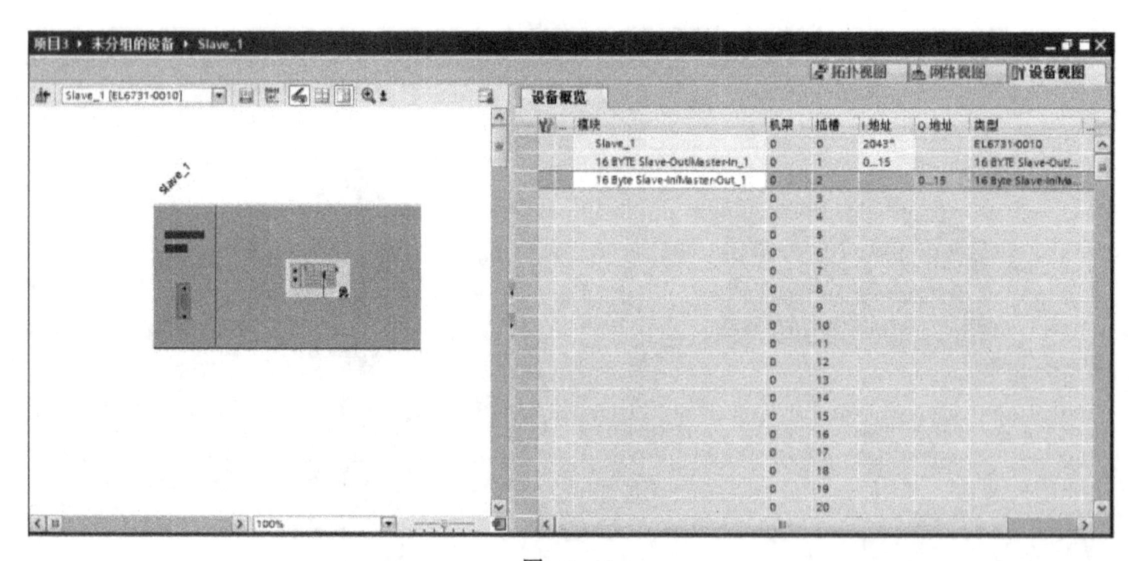

图 6-44

表 6-1

机器人输出信号地址	PLC 输入信号地址
$OUT［100］～$OUT［227］	IB0～IB15

表 6-2

机器人输入信号地址	PLC 输出信号地址
$IN［100］～$IN［227］	QB0～QB15

6.2　KUKA 工业机器人与西门子 PLC 的 PROFINET 通信

KUKA 工业机器人与 PLC 进行 PROFINET 通信需要安装相应的软件。KUKA 工业机器人作为 KUKA.PROFINET Controller/Device，安装软件名称为 PROFINET KRC-Nexxt，包含工业以太网输入输出控制器、工业以太网输入输出设备、PROFIsafe 设备等功能。KUKA 工业机器人作为 KUKA.PROFINET Device，安装软件名称为 PROFINET ProfiSAFE Device，包含工业以太网输入输出设备、PROFIsafe 等功能。

KUKA 工业机器人与西门子 PLC 的 PROFINET 通信可以通过交换机进行，如图 6-45 所示的 SCALANCE208 交换机，交换机网口连接到 KUKA 工业机器人的 KLI，如图 6-46 所示，交换机的其余网口连接 PLC 和计算机。

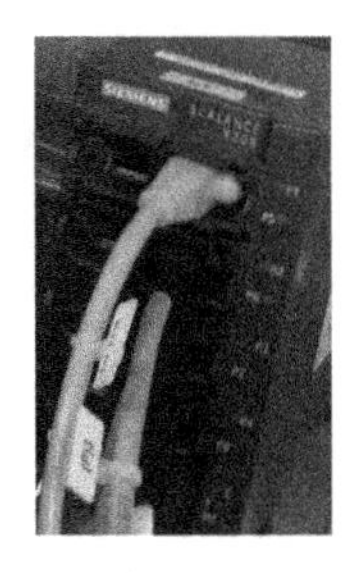

图　6-45

图　6-46

下面介绍西门子安全 PLC 的 CPU315F-2 PN/DP 通过 ProfiSAFE 协议控制 KUKA 工业机器人的急停过程，如图 6-47 所示。在 smartHMI 操作界面中，依次单击“主菜单”→“配置”→“安全配置”选项，在“当前配置”中单击“硬件选项”，在“硬件选项”中“Customer interface”选择“automatic”、“Operator safety acknowledgment”选择“external unit”，激活 PROFIsafe 功能，如图 6-48、图 6-49 所示。

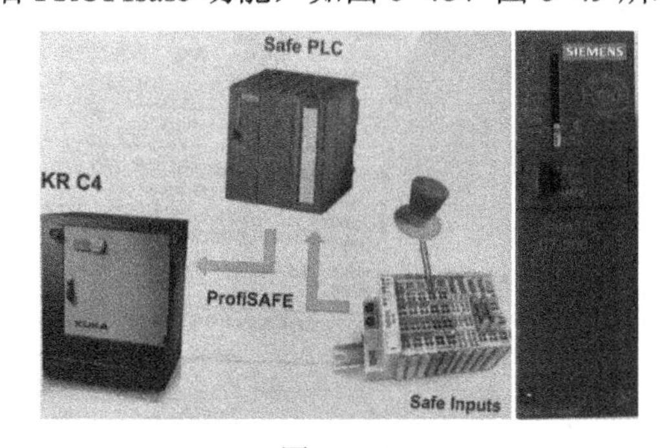

图　6-47

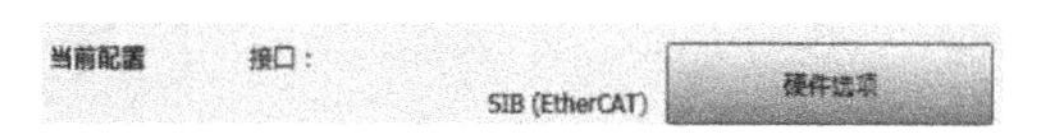

图　6-48

安全配置

硬件选项

Customer interface	automatic
Input signal for peripheral contactor (US2)	not used
Operator safety acknowledgment	external unit

图　6-49

6.2.1 KUKA 工业机器人 PROFINET 通信配置

KUKA 工业机器人 PROFINET 通信配置步骤如下：

1）打开 WorkVisual 软件，如图 6-50 所示。

图 6-50

2）PROFINET 配置信号。双击“PROFINET”，“Device name”输入“kuka1”，与 PLC 设置相同。“PROFINET device”中勾选激活“Activate PROFINET device stack”；“Number of safe I/Os”设为“64”，有 64 个安全输入输出点；“Number of I/Os”设为“256”，默认配置普通输入输出点 256 个；“Compatibility mode”设为“KRC4-ProfiNet 3.2”，选择 PROFINET 兼容支持的 GSDML 文件版本，如图 6-51 所示。

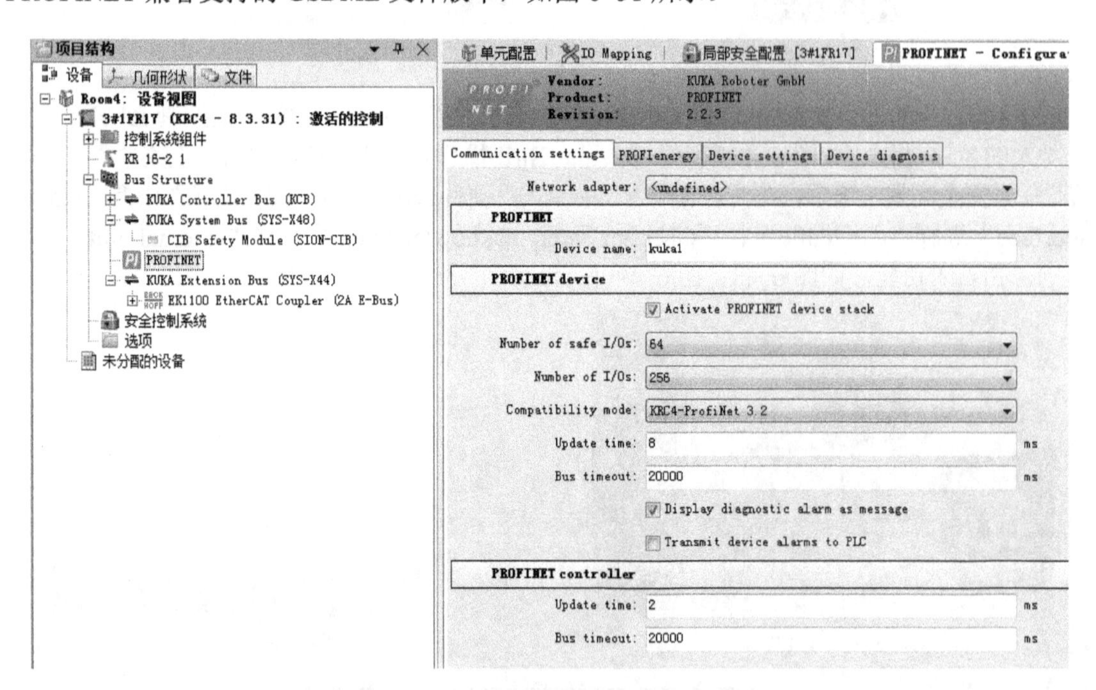

图 6-51

3）工业以太网安全识别号设定。选择“安全控制系统”，“通讯参数”设定“工业以太网安全识别号”为“5”，如图 6-52 所示。需要和博图软件设定相同（与“F_Dest_Add”设置目的地址相同，见图 6-69）。

4）PROFINET 配置普通输入信号。在右侧“现场总线”选项卡中选择“PROFINET”，左侧选择“数字输入端”，给 PROFINET 配置数字输入信号，如图 6-53 所示。PROFINET 关联输入信号，如图 6-54 所示。PROFINET 配置输入信号 $IN［300］～$IN［555］，一共 256

个输入信号。

5）PROFINET 配置普通输出信号。在右侧“现场总线”选项卡中选择“PROFINET”，左侧选择“数字输出端”，给 PROFINET 配置数字输出信号，如图 6-55 所示。PROFINET 关联输出信号，如图 6-56 所示。PROFINET 配置输出信号 $OUT［300］～ $OUT［555］，一共 256 个输出信号。

6）PROFINET 配置双字节安全输入信号。在“现场总线”中选择“PROFINET”，左侧选择“数字输入端”，给 PROFINET 配置数字输入信号。PROFINET 关联输入信号，如图 6-57 所示。PROFINET 配置输入信号 $IN［1］～ $IN［16］，一共 16 个输入信号。

7）PROFINET 配置双字节安全输出信号。在“现场总线”中选择“PROFINET”，左侧选择“数字输出端”，给 PROFINET 配置数字输出信号。PROFINET 关联输出信号，如图 6-58 所示。PROFINET 配置输入信号 $OUT［1］～ $OUT［16］，一共 16 个输出信号。

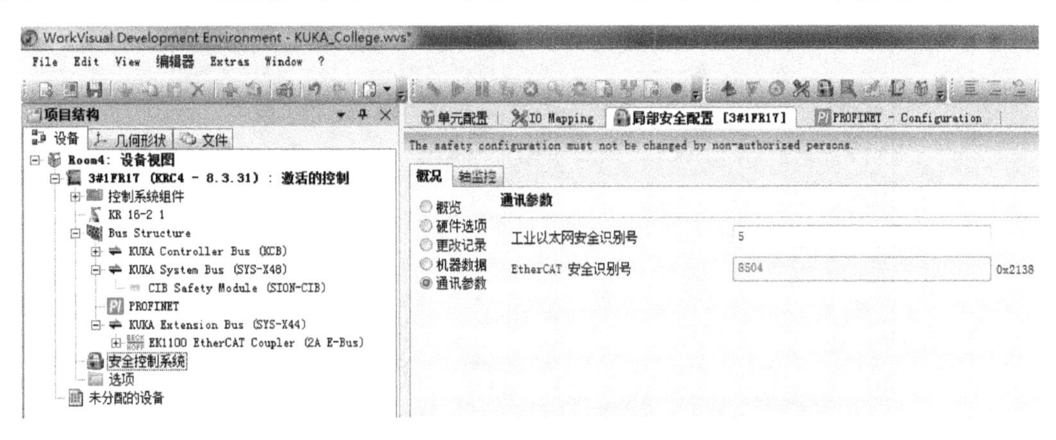

图 6-52

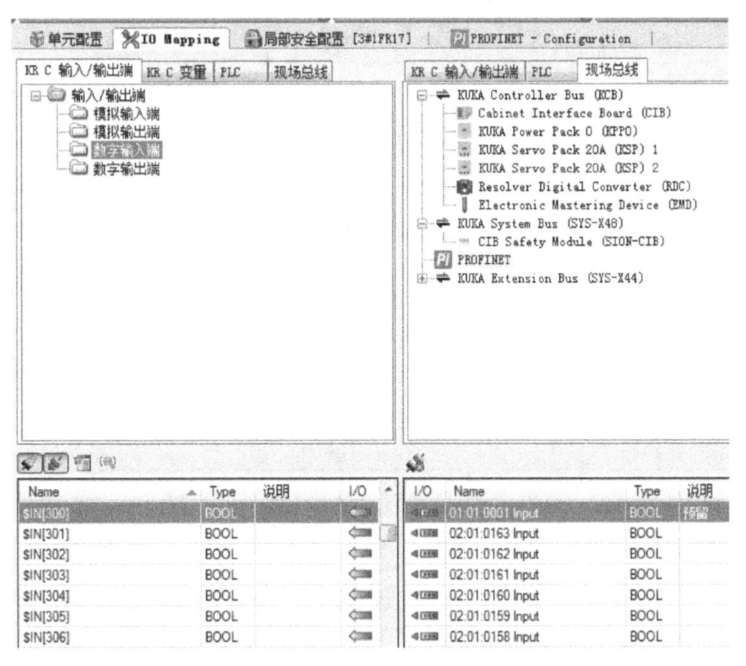

图 6-53

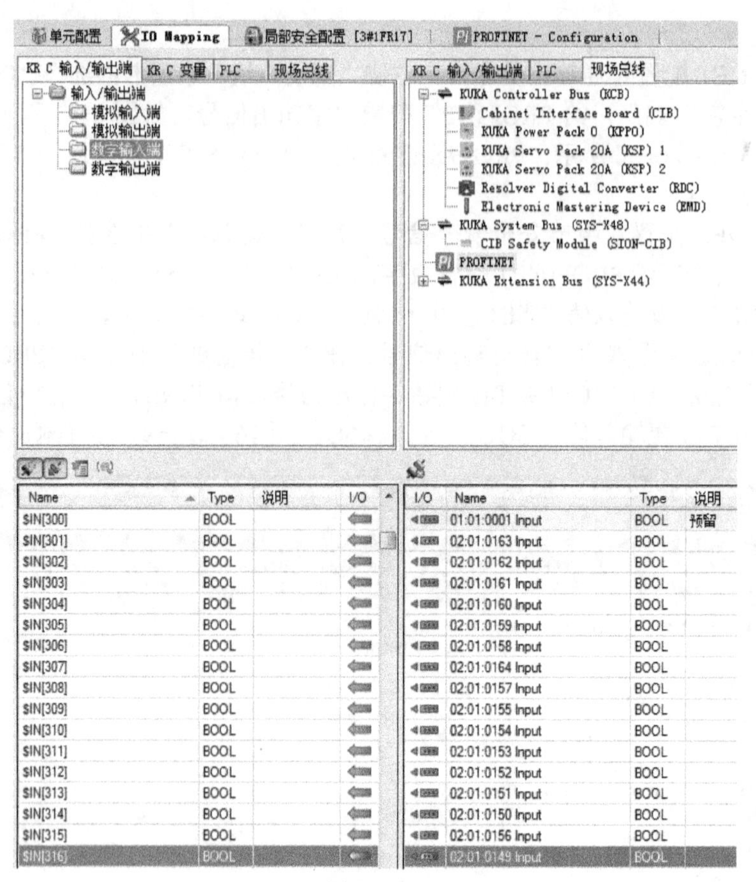

图 6-54

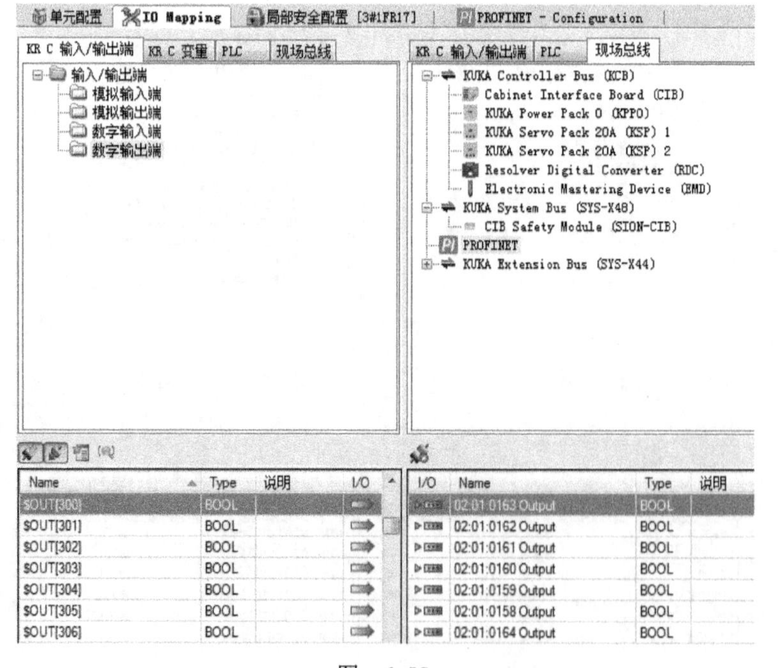

图 6-55

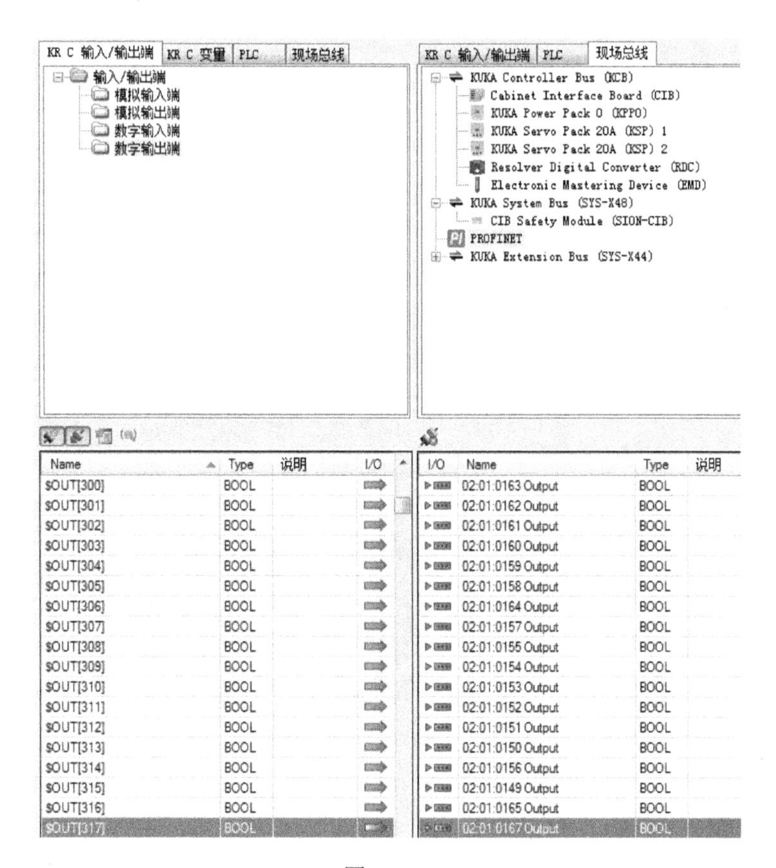
KR C 输入/输出端
KR C 变量
PLC
现场总线
输入/输出端
模拟输入端
模拟输出端
数字输入端
数字输出端
KUKA Controller Bus (KCB)
Cabinet Interface Board (CIB)
KUKA Power Pack 0 (KPP0)
KUKA Servo Pack 20A (KSP) 1
KUKA Servo Pack 20A (KSP) 2
Resolver Digital Converter (RDC)
Electronic Mastering Device (EMD)
KUKA System Bus (SYS-X48)
CIB Safety Module (SION-CIB)
PROFINET
KUKA Extension Bus (SYS-X44)
Name
Type
说明
I/O
$OUT[300] BOOL
$OUT[301] BOOL
$OUT[302] BOOL
$OUT[303] BOOL
$OUT[304] BOOL
$OUT[305] BOOL
$OUT[306] BOOL
$OUT[307] BOOL
$OUT[308] BOOL
$OUT[309] BOOL
$OUT[310] BOOL
$OUT[311] BOOL
$OUT[312] BOOL
$OUT[313] BOOL
$OUT[314] BOOL
$OUT[315] BOOL
$OUT[316] BOOL
$OUT[317] BOOL
02:01:0163 Output BOOL
02:01:0162 Output BOOL
02:01:0161 Output BOOL
02:01:0160 Output BOOL
02:01:0159 Output BOOL
02:01:0158 Output BOOL
02:01:0164 Output BOOL
02:01:0157 Output BOOL
02:01:0155 Output BOOL
02:01:0154 Output BOOL
02:01:0153 Output BOOL
02:01:0152 Output BOOL
02:01:0151 Output BOOL
02:01:0150 Output BOOL
02:01:0156 Output BOOL
02:01:0149 Output BOOL
02:01:0165 Output BOOL
02:01:0167 Output BOOL

图　6-56

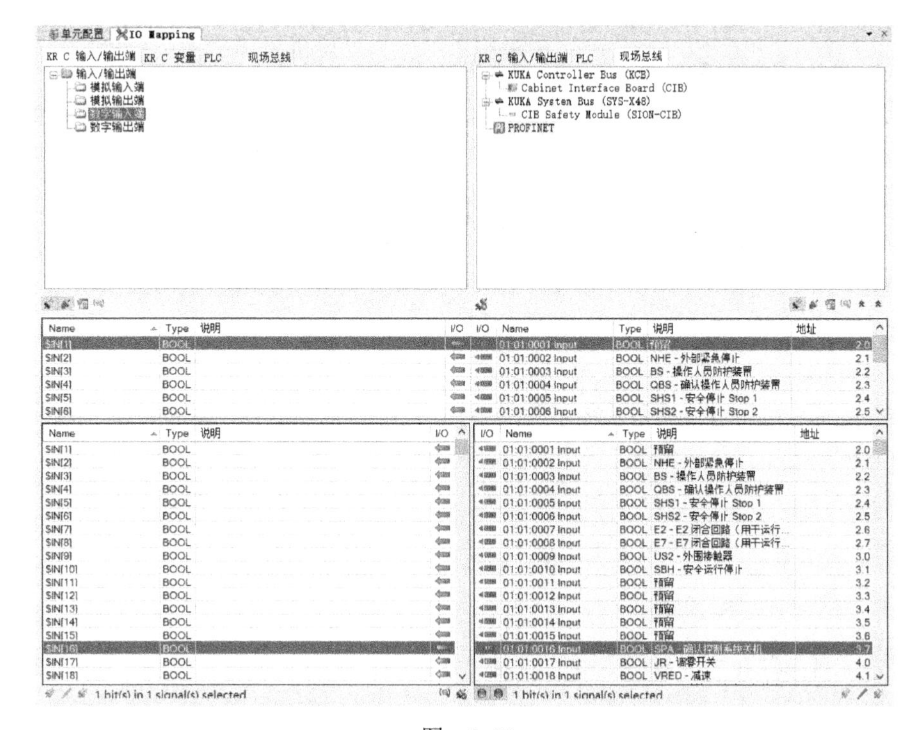
单元配置
IO Mapping
KR C 输入/输出端
KR C 变量
PLC
现场总线
输入/输出端
模拟输入端
模拟输出端
数字输入端
数字输出端
KUKA Controller Bus (KCB)
Cabinet Interface Board (CIB)
KUKA System Bus (SYS-X48)
CIB Safety Module (SION-CIB)
PROFINET
Name
Type
说明
I/O
地址
01:01:0001 Input BOOL 预留 2.0
01:01:0002 Input BOOL NHE - 外部紧急停止 2.1
01:01:0003 Input BOOL BS - 操作人员防护装置 2.2
01:01:0004 Input BOOL QBS - 确认操作人员防护装置 2.3
01:01:0005 Input BOOL SHS1 - 安全停止 Stop 1 2.4
01:01:0006 Input BOOL SHS2 - 安全停止 Stop 2 2.5
01:01:0009 Input BOOL US2 - 外围接触器 3.0
01:01:0010 Input BOOL SBH - 安全运行停止 3.1
01:01:0017 Input BOOL JR - 调零开关 4.0
01:01:0018 Input BOOL VRED - 减速 4.1
1 bit(s) in 1 signal(s) selected

图　6-57

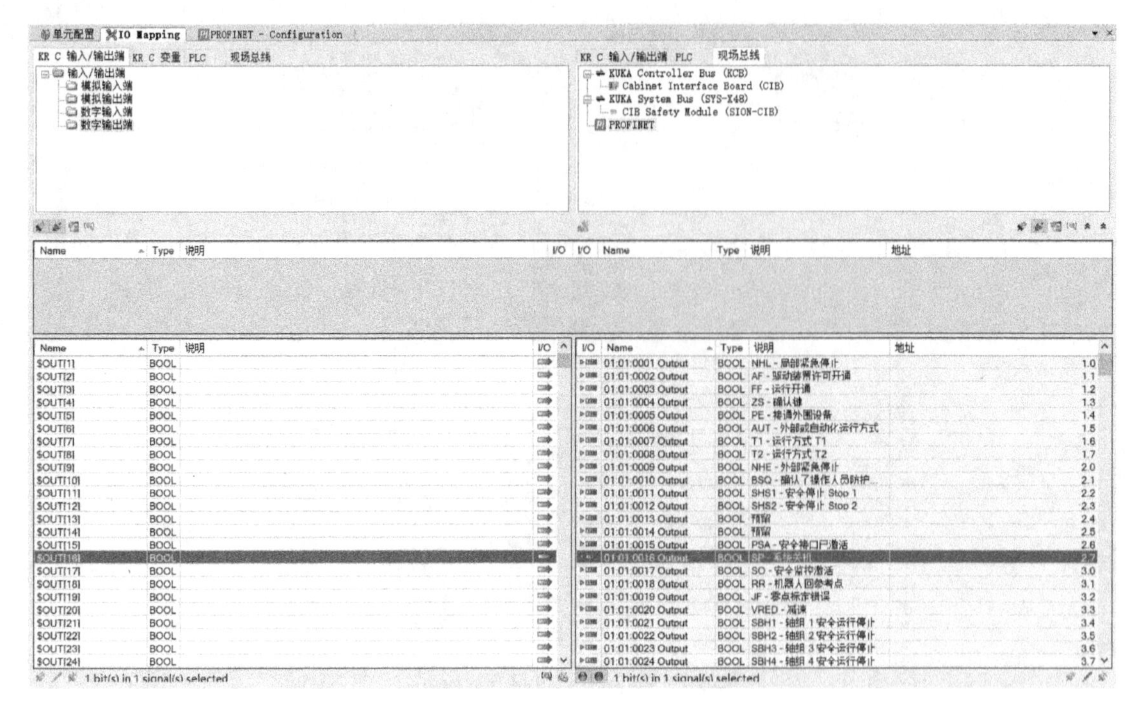

图 6-58

6.2.2 PLC配置

1）PLC配置前的准备工作：首先将KUKA工业机器人的GSDML配置文件安装到PLC组态软件中。然后打开WorkVisual软件包，打开“Device Descriptions”，找到GSDML文件，将GSDML复制出来，如图6-59、图6-60所示。

博途软件需要安装安全软件STEP 7 Safety Advanced才能进行安全模块的组态、设置和编程。

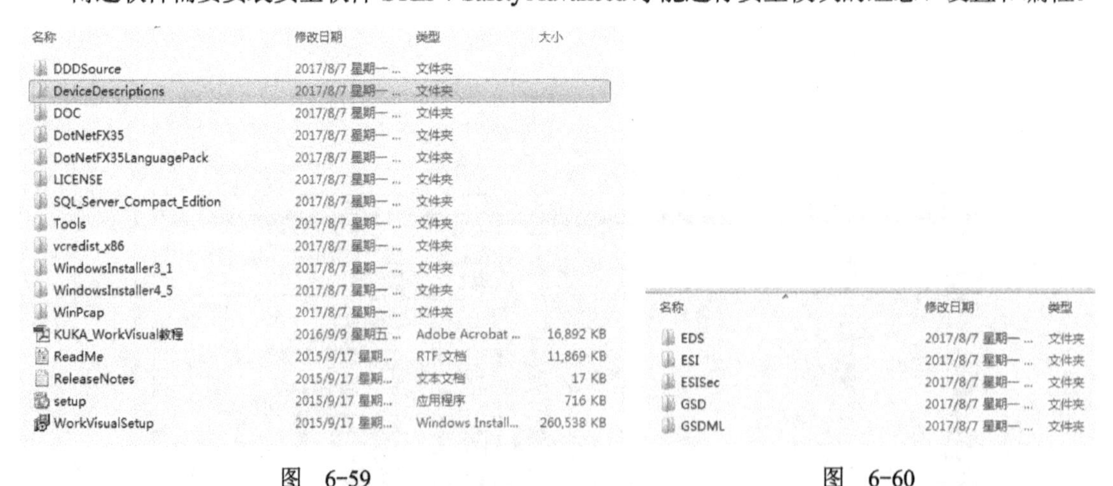

图 6-59　　　　图 6-60

2）创建项目：打开TIA博途软件，选择“启动”，单击“创建新项目”，在“项目名称”输入创建的项目名称（本例为项目3），如图6-61、图6-62所示，单击“创建”按钮。

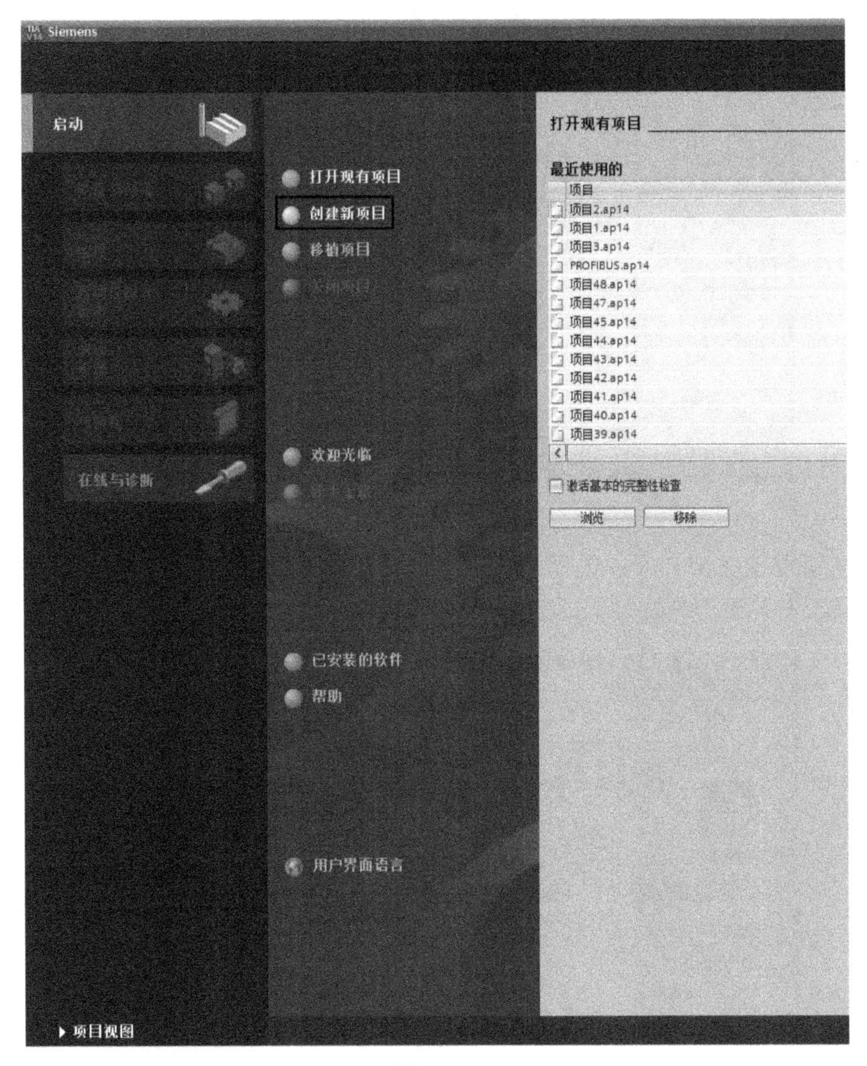

图　6-61

创建新项目

项目名称：项目3

路径：C:\Users\Administrator\Desktop

版本：V14 SP1

作者：Administrator

注释：

图　6-62

3）将 KUKA 工业机器人的 GSDML 配置文件安装到 PLC 组态软件中，如图 6-63 所示。

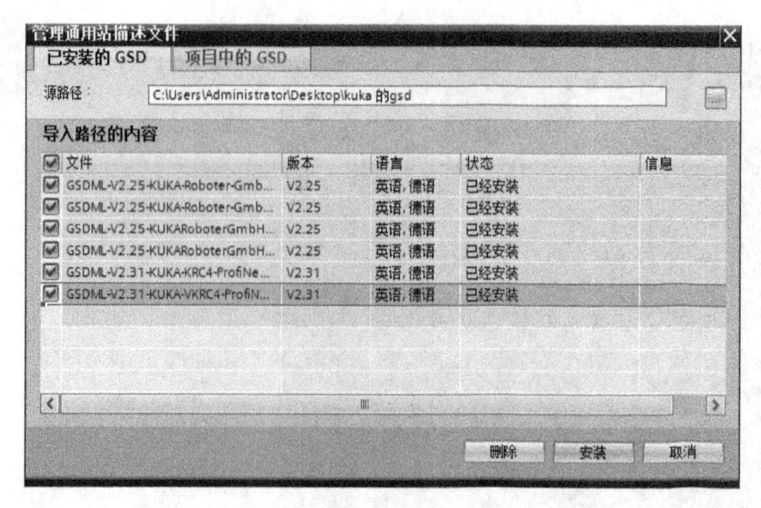

图 6-63

4）添加新设备安全PLC，选择“SIMATIC S7-300”下的“CPU 315F-2 PN/DP”，订货号为“6ES7 315-2FH13-0AB0”，如图6-64所示。

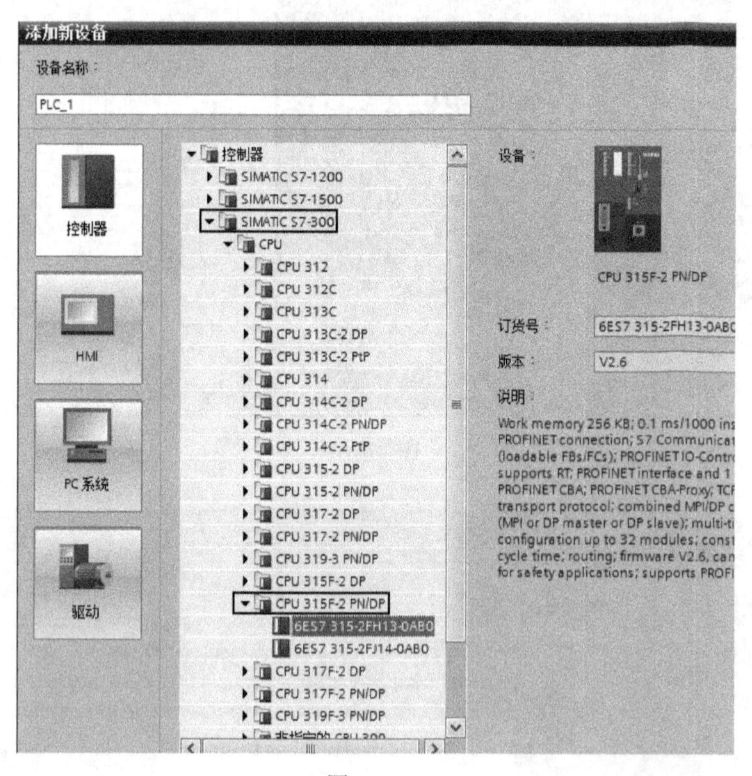

图 6-64

5）添加KUKA工业机器人。在“网络视图”选项卡中，选择“其它现场设备”，选择“PROFINET IO”“I/O”“KUKA Roboter GmbH”“KRC4-ProfiNet_3.2”，将图标“KRC4-ProfiNet_3.2”拖入“网络视图”中，如图6-65、图6-66所示。在“属性”选项卡中设置“IP地址”为“192.168.1.3”，“PROFINET设备名称”设为“kuka1”，注意与WorkVisual设置的名称相同，

如图 6-67 所示。

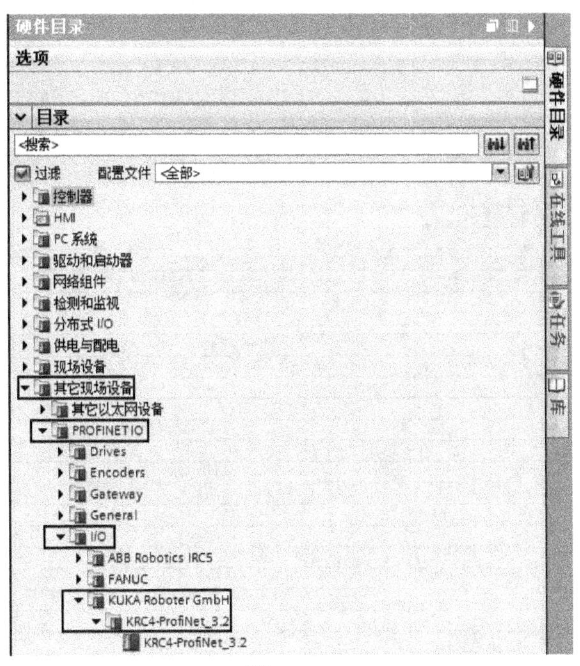

图　6-65

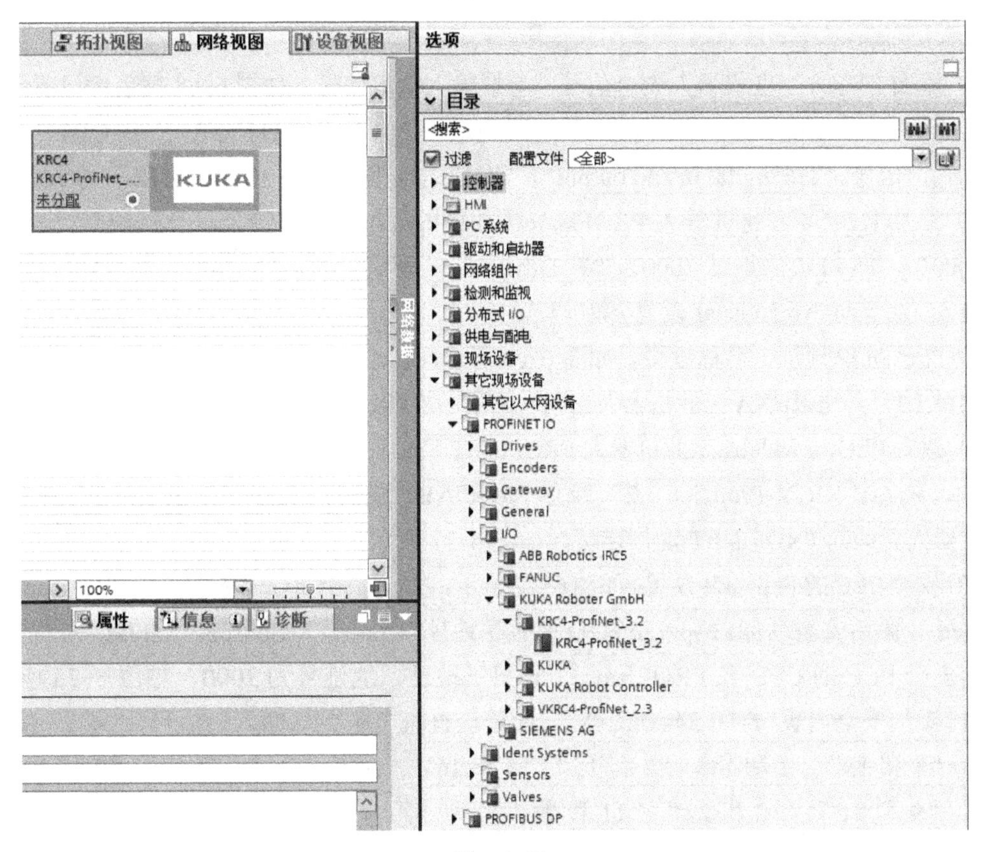

图　6-66

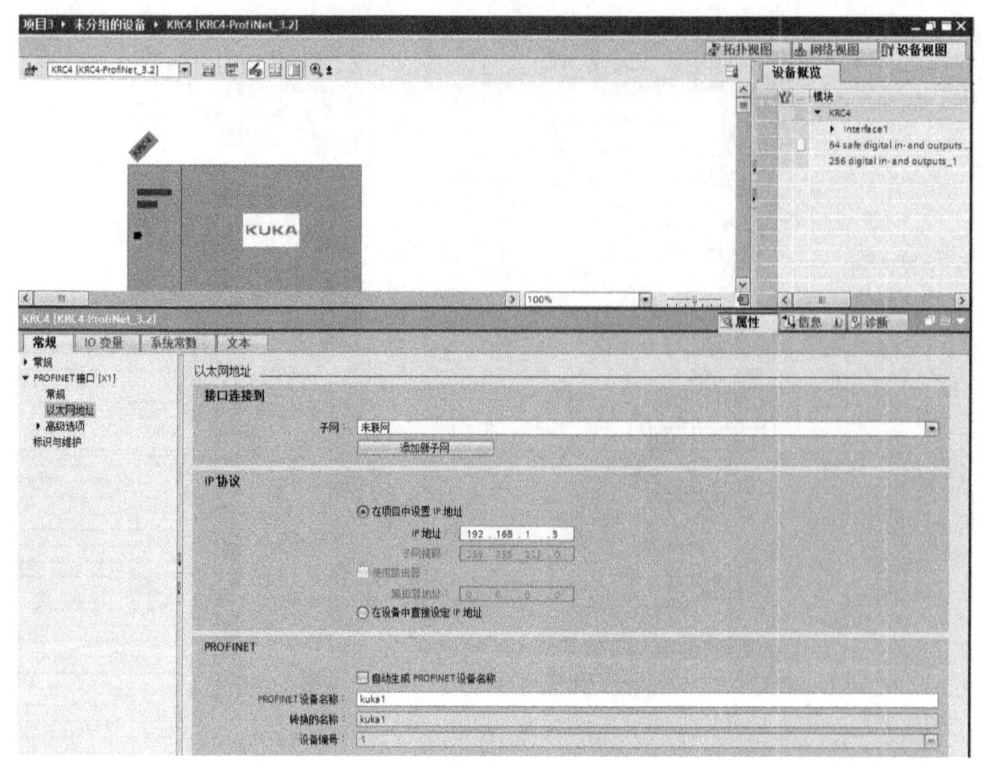

图　6-67

6）添加 KUKA 工业机器人安全信号、普通输入输出信号。如图 6-68 黄色标记所示，安全信号“64 safe digital in-out and output”对应地址“IB100 ～ IB111/ QB100 ～ QB111”，普通输入输出信号“256 digital in and output_1”对应地址“IB12 ～ IB43/ QB12 ～ QB43”。

7）添加 KUKA 工业机器人 PROFIsafe。如图 6-69 所示，“F_Source_Add”设置源地址“2000”，即 PLC 的地址 2000。“F_Dest_Add”设置目的地址“5”，即 KUKA 机器人的地址 5，注意与 WorkVisual 设置要相同。

8）PLC 的 IP 地址、名称设置。如图 6-70 所示，在“属性”选项卡中设置“IP 地址”为“192.168.1.1”，与 KUKA 工业机器人在同一网段。“PROFINET 设备名称”设为“plc_1”。

9）建立 PLC 与 KUKA 工业机器人 PROFINET 通信：用鼠标点住 PLC 的绿色 PROFINET 通信口，拖至“KRC4-ProfiNet_3.2”绿色 PROFINET 通信口上，即建立起 PLC 和 KUKA 工业机器人之间的 PROFINET 通信连接，如图 6-71 所示。

10）安全 PLC 的 Fail-safe 设置。如图 6-72 所示，在“F-activation”选项下勾选“F-capability activated”，激活安全功能。F-parameters 设置源地址“Central F-Source Address”为“2000”，表示给安全 PLC 的 CPU 在 PROFIsafe 上设置了地址，地址号为 2000，如图 6-73 所示。

11）添加安全模块“F-DI 24xDC24V”，此模块直流电压 24V 输入的信号共 24 个。信号“0 和 12”“1 和 13”“2 和 14”“3 和 15”“4 和 16”“5 和 17”“6 和 18”“7 和 19”“8 和 20”“9 和 21”“10 和 22”“11 和 23”各为一组，一组是一个通道对，一个通道对对应一个信号地址，可以设定为 12 个通道对。

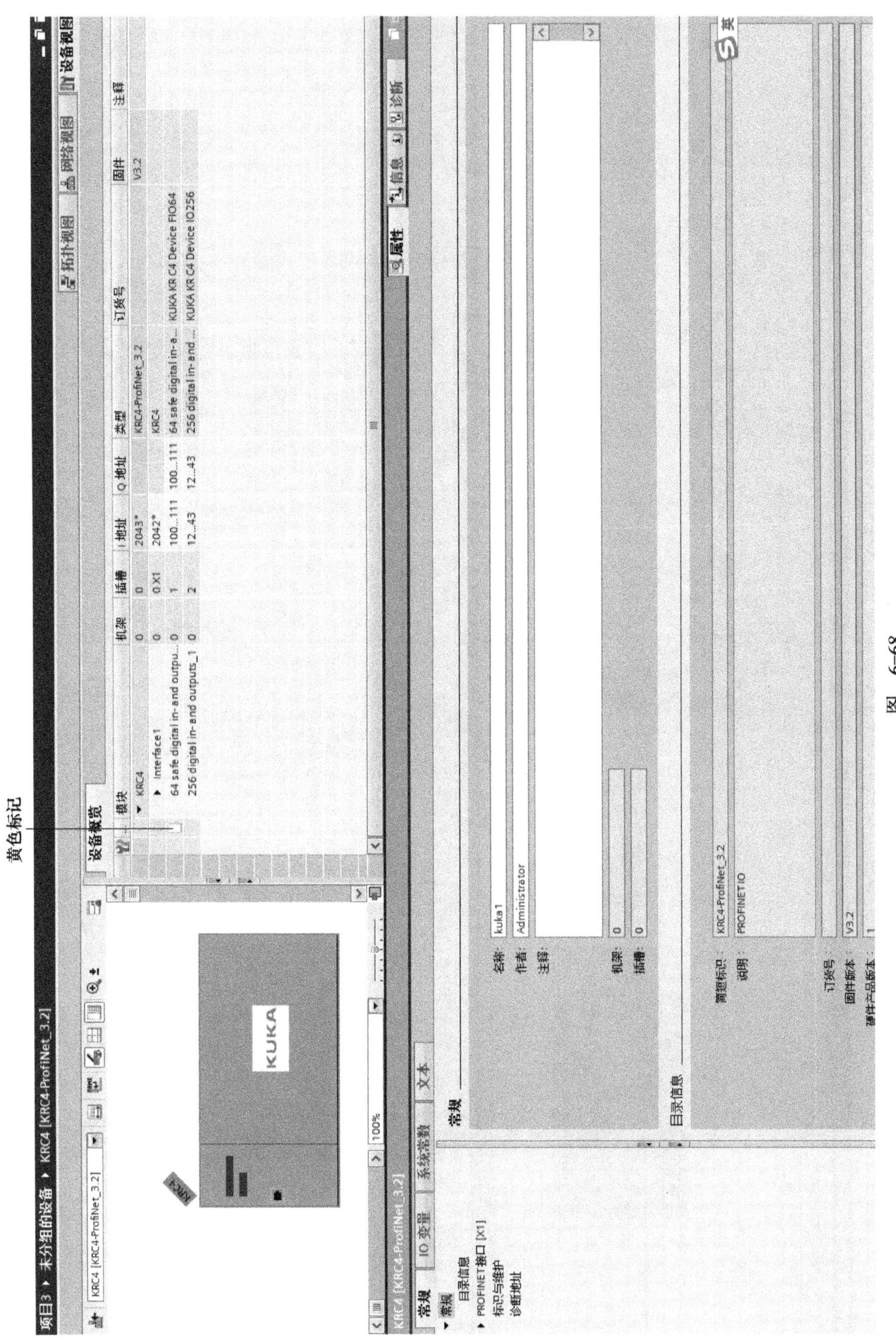
黄色标记
项目3 ▸ 未分组的设备 ▸ KRC4 [KRC4-ProfiNet_3.2]
拓扑视图
网络视图
设备视图
设备概览
模块
机架
插槽
I 地址
Q 地址
类型
订货号
固件
注释
KRC4
Interface1
64 safe digital in-and outpu...
256 digital in-and outputs_1
KRC4-ProfiNet_3.2
64 safe digital in-a...
256 digital in-and ...
KUKA KR C4 Device FIO64
KUKA KR C4 Device IO256
V3.2
KRC4 [KRC4-ProfiNet_3.2]
常规
IO 变量
系统常数
文本
属性
信息
诊断
目录信息
PROFINET接口 [X1]
标识与维护
诊断地址
名称:
kuka1
作者:
Administrator
注释:
机架:
插槽:
简短标识:
说明:
PROFINET IO
订货号:
固件版本:

图　6-68

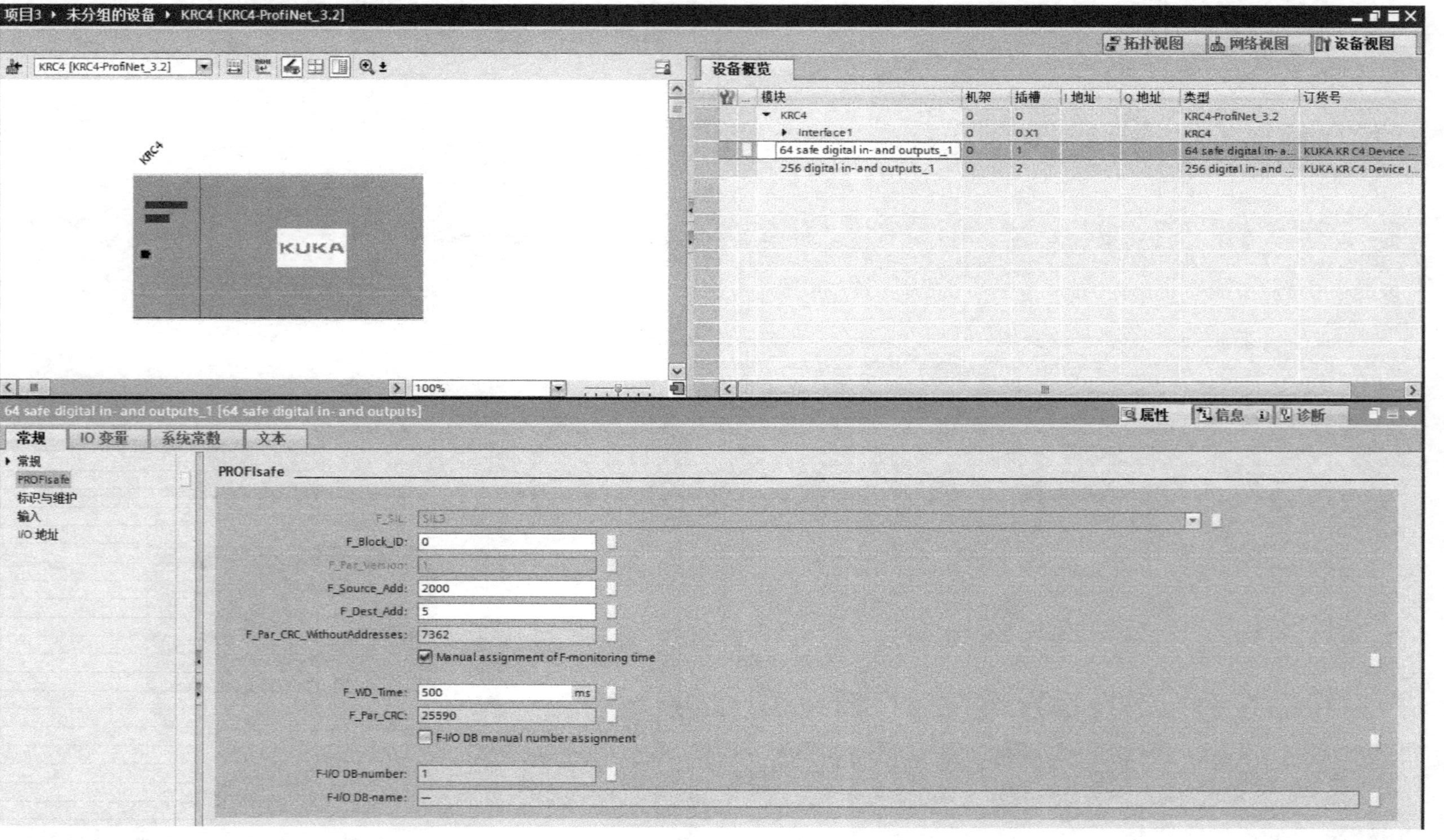

项目3 ▸ 未分组的设备 ▸ KRC4 [KRC4-ProfiNet_3.2]
拓扑视图
网络视图
设备视图
KRC4 [KRC4-ProfiNet_3.2]
KRC4
KUKA
100%
设备概览
模块
机架
插槽
I 地址
Q 地址
类型
订货号
KRC4
KRC4-ProfiNet_3.2
Interface1
0 X1
KRC4
64 safe digital in-and outputs_1
64 safe digital in-a...
KUKA KR C4 Device ...
256 digital in-and outputs_1
256 digital in-and ...
KUKA KR C4 Device I...
64 safe digital in-and outputs_1 [64 safe digital in-and outputs]
属性
信息
诊断
常规
IO 变量
系统常数
文本
常规
PROFIsafe
标识与维护
输入
I/O 地址
PROFIsafe
F_SIL:
SIL3
F_Block_ID:
F_Par_Version:
F_Source_Add:
2000
F_Dest_Add:
5
F_Par_CRC_WithoutAddresses:
7362
Manual assignment of F-monitoring time
F_WD_Time:
500
ms
F_Par_CRC:
25590
F-I/O DB manual number assignment
F-I/O DB-number:
F-I/O DB-name:

图 6-69

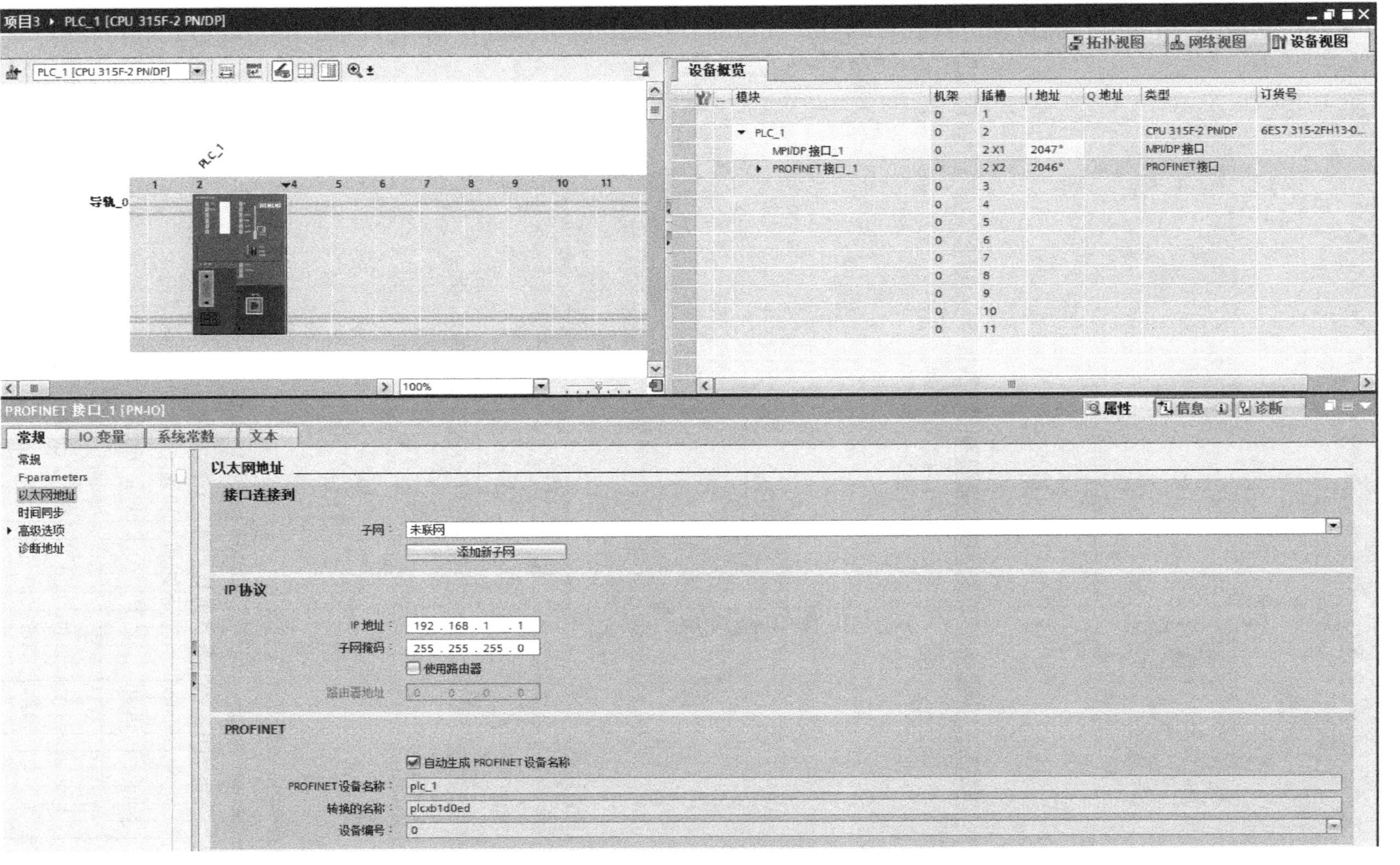
项目3 ▸ PLC_1 [CPU 315F-2 PN/DP]
拓扑视图
网络视图
设备视图
PLC_1 [CPU 315F-2 PN/DP]
PLC_1
导轨_0
设备概览
模块
机架
插槽
I 地址
Q 地址
类型
订货号
PLC_1
MPI/DP 接口_1
PROFINET 接口_1
CPU 315F-2 PN/DP
MPI/DP 接口
PROFINET 接口
6ES7 315-2FH13-0...
2047*
2046*
100%
PROFINET 接口_1 [PN-IO]
属性
信息
诊断
常规
IO 变量
系统常数
文本
F-parameters
以太网地址
时间同步
高级选项
诊断地址
接口连接到
子网：
未联网
添加新子网
IP 协议
IP 地址：
192 . 168 . 1 . 1
子网掩码：
255 . 255 . 255 . 0
使用路由器
路由器地址
PROFINET
自动生成 PROFINET 设备名称
PROFINET 设备名称：
plc_1
转换的名称：
plcxb1d0ed
设备编号：
0
图　6-70

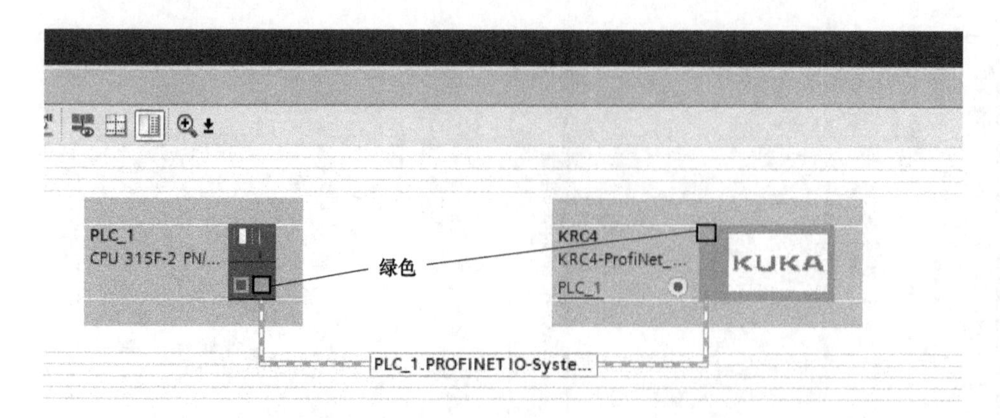

图 6-71

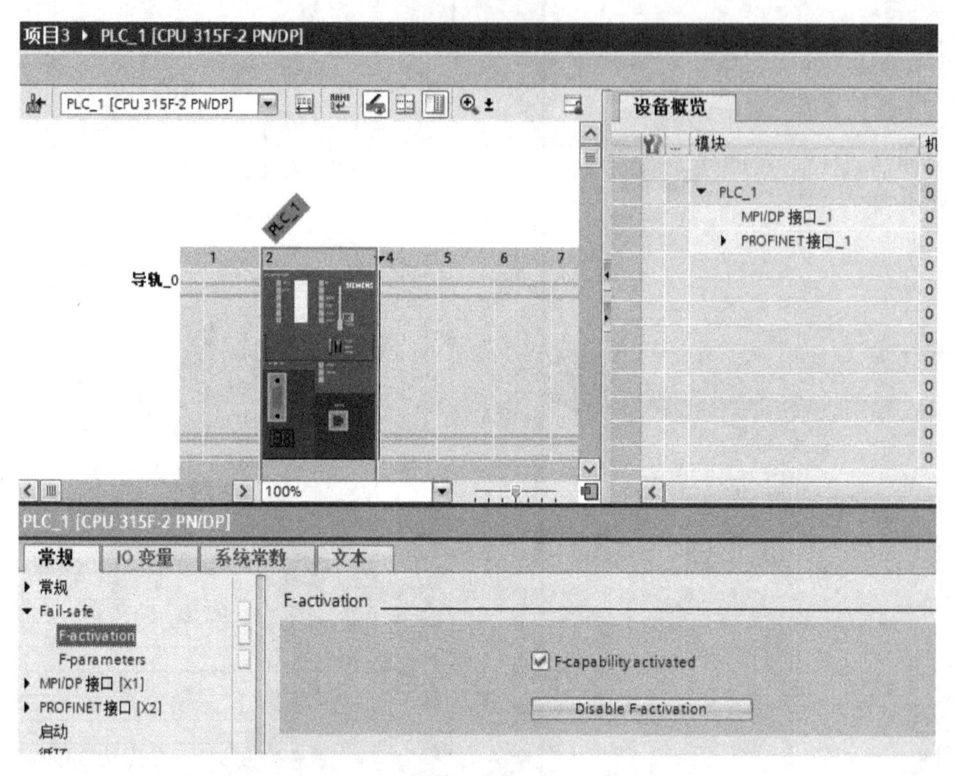

图 6-72

图 6-74 中参数选择说明如下：

①“Sensor supply”选择“Internal”，表示信号采用模块的内部供电。

②“Channel 0，12”各参数说明如下：

a．勾选“Activated”，表示通道 0 和通道 12 为一个通道对。

b．“Sensor evaluation”选择“1oo2 evaluation”，表示一个信号（例如急停）接两个通道，通常一个 DI 或者一个 DO 信号为一个 Channel（通道）。

c．“Type sensor interconnection”选择“2 channel equivalent”（两通道对等），表示接入的信号相同，同时为常开或者同时为常闭。

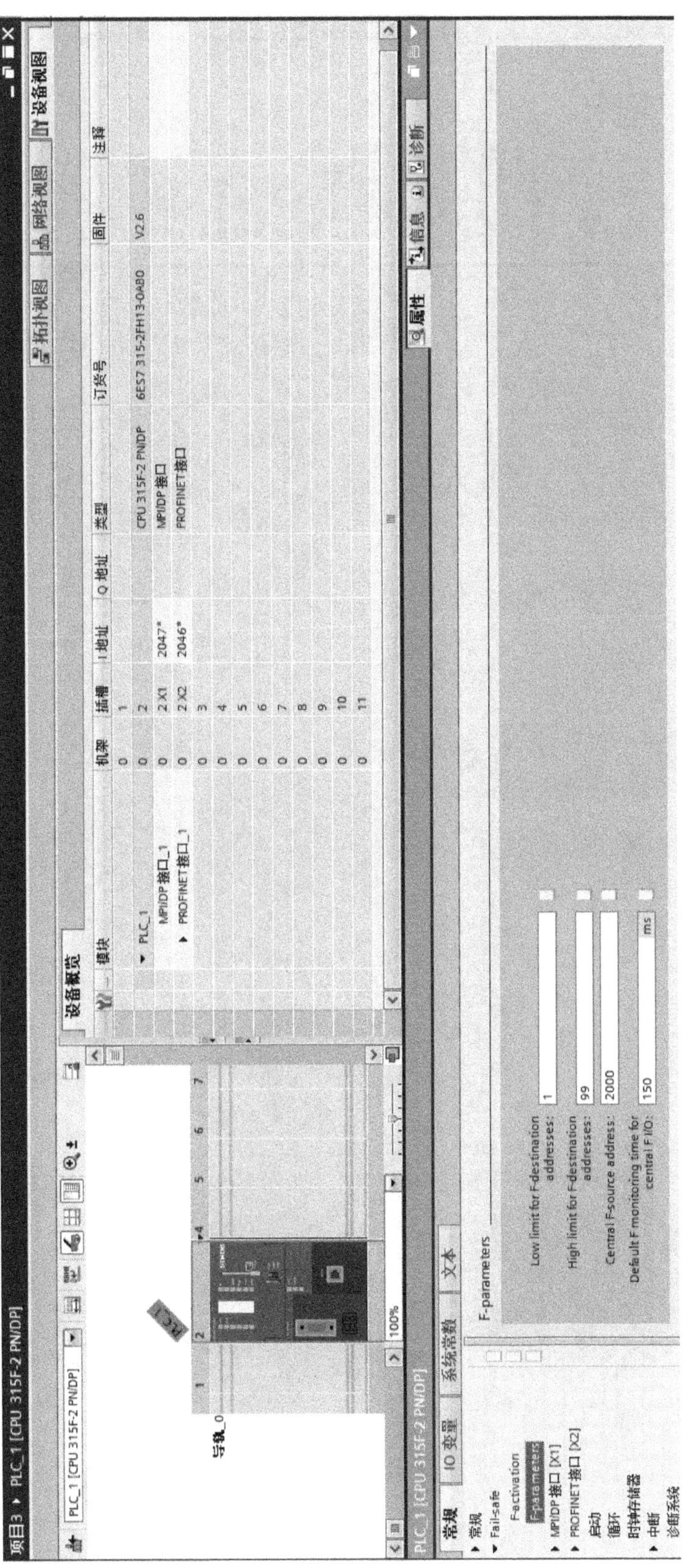
项目3 ▸ PLC_1 [CPU 315F-2 PN/DP]
拓扑视图
网络视图
设备视图
设备概览
模块
机架
插槽
I 地址
Q 地址
类型
订货号
固件
注释
PLC_1
MPI/DP 接口_1
PROFINET 接口_1
CPU 315F-2 PN/DP
6ES7 315-2FH13-0AB0
V2.6
MPI/DP 接口
PROFINET 接口
2047*
2046*
导轨_0
100%
PLC_1 [CPU 315F-2 PN/DP]
属性
信息
诊断
常规
IO 变量
系统常数
文本
Fail-safe
F-activation
F-parameters
MPI/DP 接口 [X1]
PROFINET 接口 [X2]
启动
循环
时钟存储器
中断
诊断系统
Low limit for F-destination addresses:
High limit for F-destination addresses:
Central F-source address:
Default F monitoring time for central F-I/O:
1
99
2000
150
ms

图　6-73

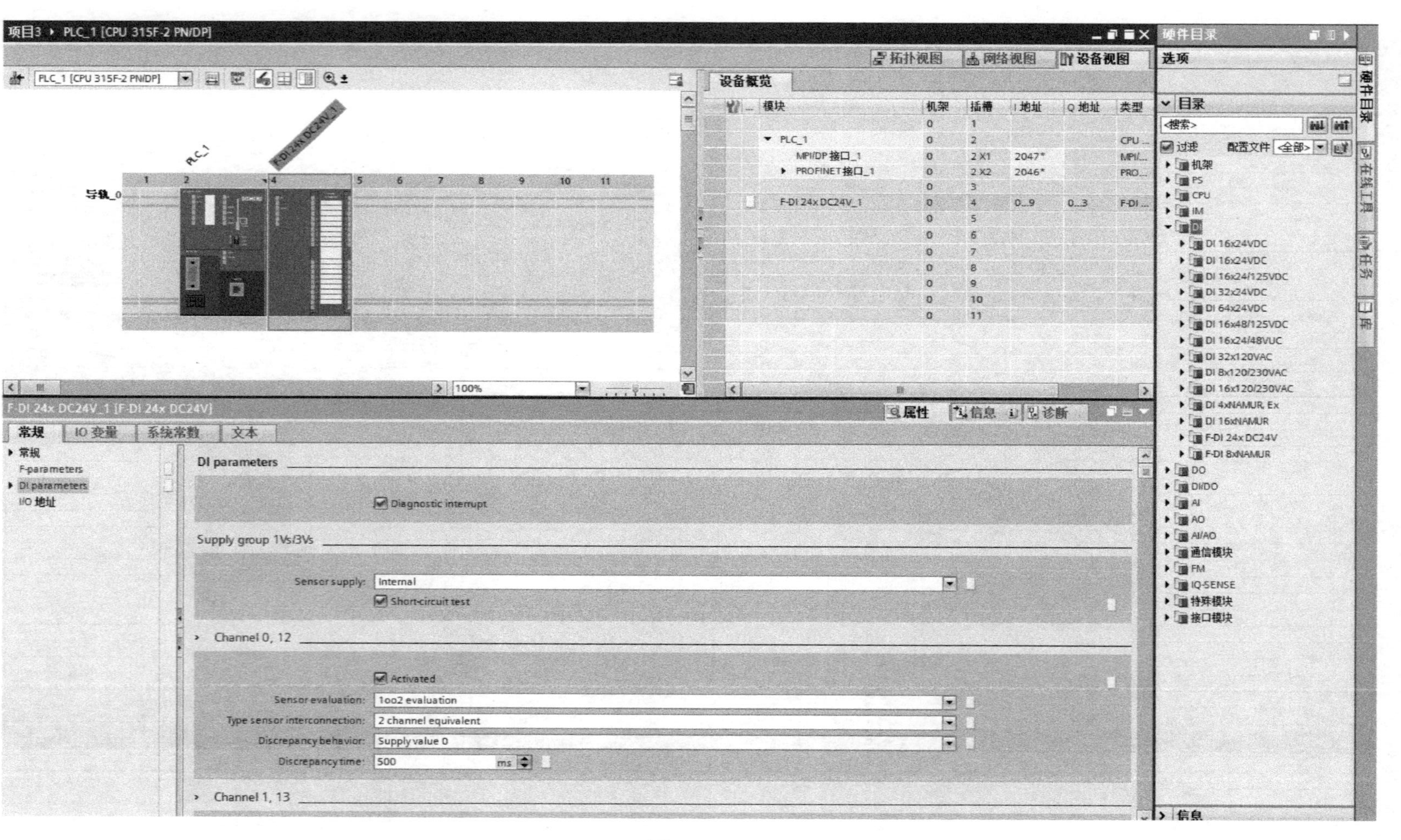
项目3 ▸ PLC_1 [CPU 315F-2 PN/DP]
拓扑视图
网络视图
设备视图
PLC_1 [CPU 315F-2 PN/DP]
PLC_1
F-DI 24x DC24V_1
导轨_0
100%
设备概览
模块
机架
插槽
I 地址
Q 地址
类型
PLC_1
MPI/DP 接口_1
PROFINET 接口_1
2047*
2046*
F-DI 24x DC24V_1
F-DI 24x DC24V_1 [F-DI 24x DC24V]
属性
信息
诊断
常规
IO 变量
系统常数
文本
F-parameters
DI parameters
I/O 地址
Diagnostic interrupt
Supply group 1Vs/3Vs
Sensor supply:
Internal
Short-circuit test
Channel 0, 12
Activated
Sensor evaluation:
1oo2 evaluation
Type sensor interconnection:
2 channel equivalent
Discrepancy behavior:
Supply value 0
Discrepancy time:
500
ms
Channel 1, 13
硬件目录
选项
目录
<搜索>
过滤
配置文件
<全部>
机架
PS
CPU
IM
DI
DI 16x24VDC
DI 16x24VDC
DI 16x24/125VDC
DI 32x24VDC
DI 64x24VDC
DI 16x48/125VDC
DI 16x24/48VUC
DI 32x120VAC
DI 8x120/230VAC
DI 16x120/230VAC
DI 4xNAMUR, Ex
DI 16xNAMUR
F-DI 24x DC24V
F-DI 8xNAMUR
DO
DI/DO
AI
AO
AI/AO
通信模块
FM
IQ-SENSE
特殊模块
接口模块
信息
在线工具
任务
库

图 6-74

通过以上设定，急停按钮带有两对常闭触点，如图 6-75 所示，其中一对触点的一端接内部电源 VS0，另一端接 0Channel；另外一对触点的一端接内部电源 VS12，另一端接 12 Channel。

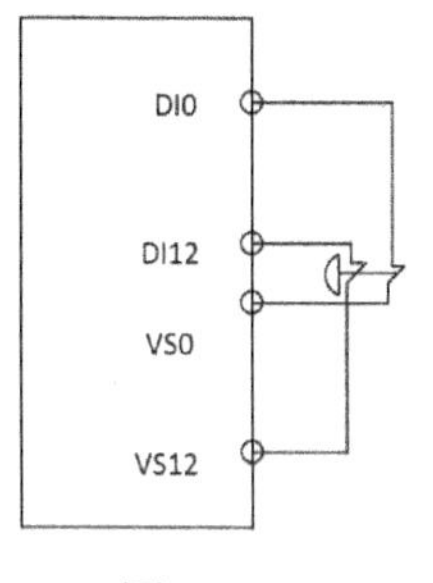

图　6-75

可以根据需要继续配置信号。如果不需要，可以不勾选“Activated”，如图 6-76 所示。

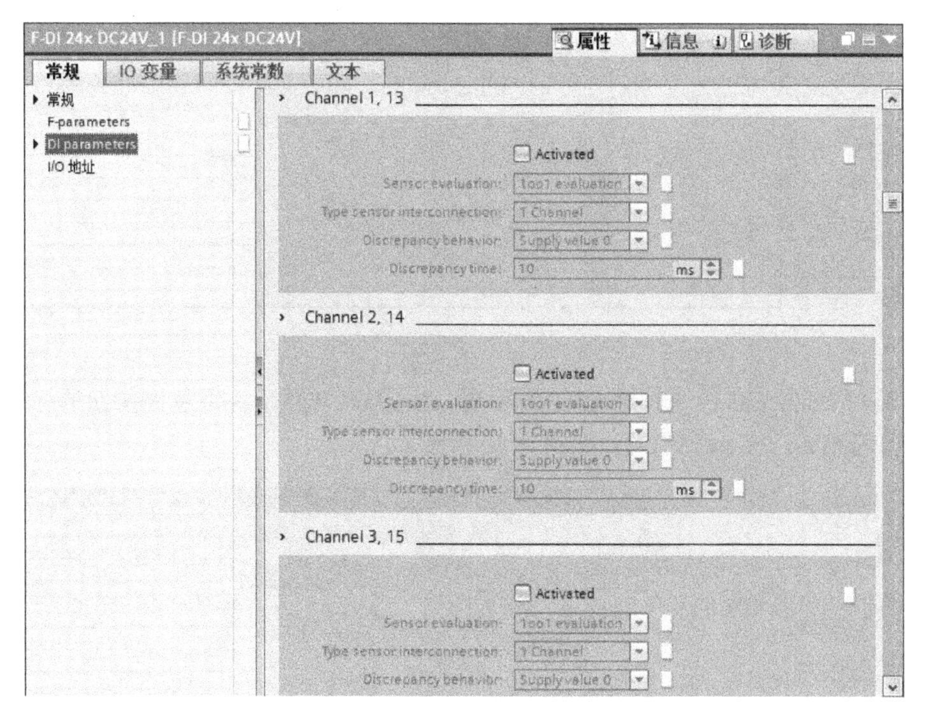

图　6-76

12）编写安全 PLC 程序。双击选择“Safety Administration”，选择“F-runtime group”，单击“Add new F-runtime group”，可以添加和编写程序，如图 6-77 所示。

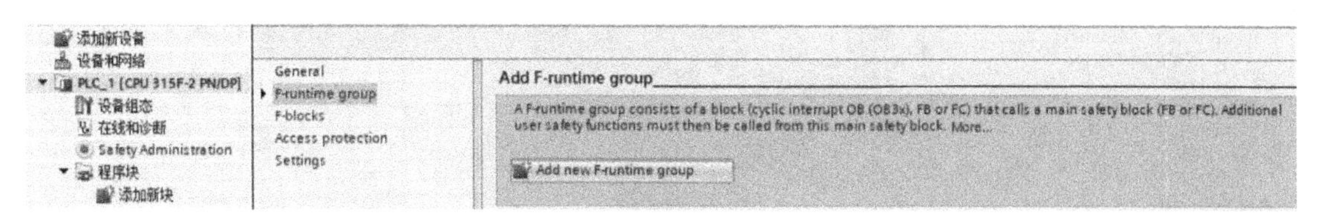

图　6-77

安全程序和普通程序是相对独立的，如图6-78所示，本例中添加了FB1函数块，函数名为“Main_Safety_RTG1”，函数Main_Safety_RTG1（FB1）可以被CYC_INT5_TRG1（OB35）调用。

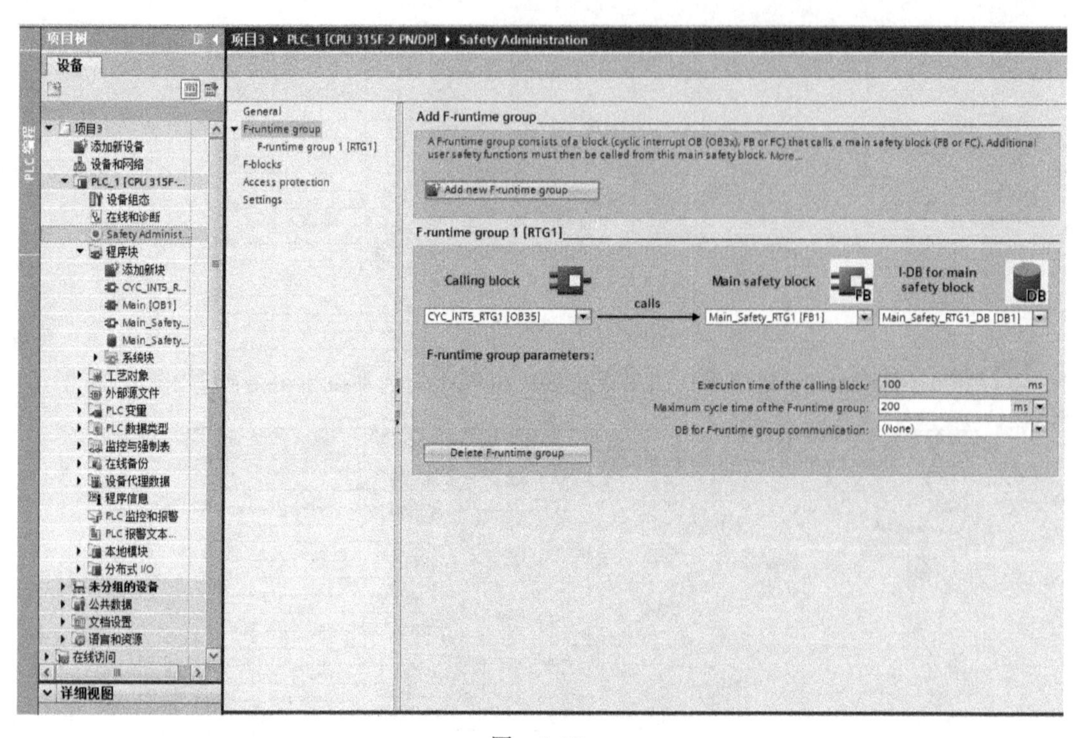

图 6-78

13）编写Main_Safety_RTG2（FC1）程序，如图6-79所示，将急停按钮的标准程序块ESTOP1调入Main_Safety_RTG2，如图6-80所示。

图 6-79

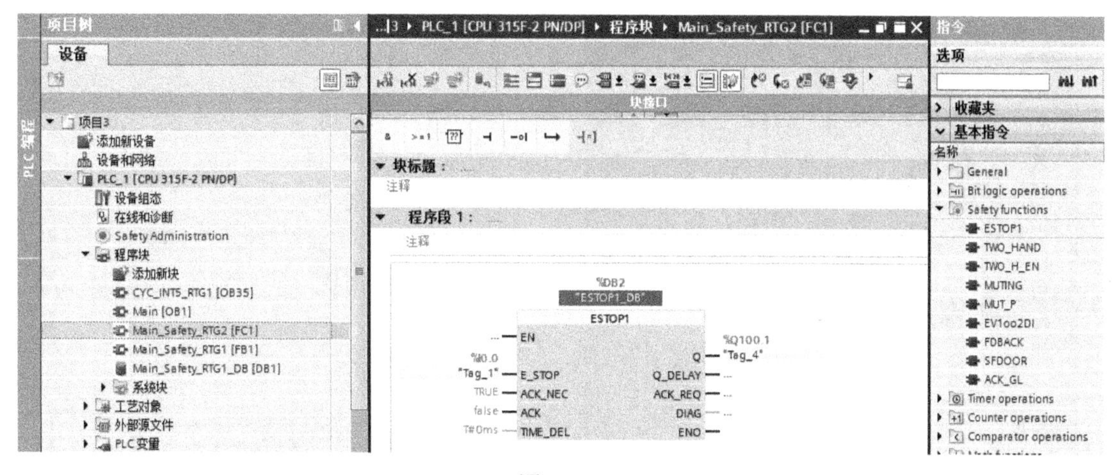

图　6-80

西门子 PLC 安全程序中，安全组织块 OB35 只能调用一个 FB 块，用户的所有安全程序必须全部整合在该 FB 块中（可以直接写在该 FB 块中，也可以写在其他程序块中，然后在 FB 块中调用）。本例中的 FB 块是 Main_Safety_RTG1（FB1），所以需要将 Main_Safety_RTG2（FC1）调入 Main_Safety_RTG1（FB1）中才能被执行，如图 6-81 所示。

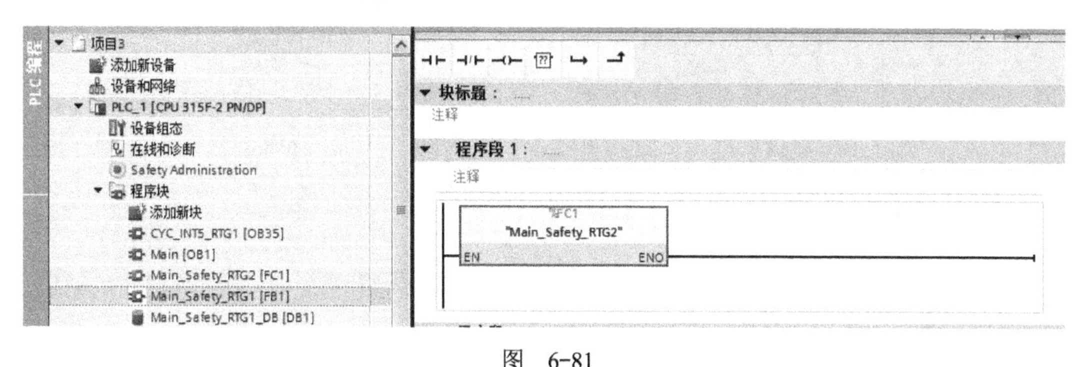

图　6-81

急停标准程序块 ESTOP1 中，输入端 I0.0 对应急停按钮的一对触点，输出 Q100.1 信号。急停按钮 I0.0 断开后，Q100.1 为 0。由图 6-68 所示，KUKA 工业机器人配置的安全输出信号为 QB100 ～ QB111。Q100.1 对应的安全信号是 NHE，Q100.1 为 0，则 NHE 为 0，由表 5-24 可知，NHE 用于外部紧急停止的输入端，KUKA 工业机器人通过控制总线进入急停状态。QB 100 对应表 5-21 安全输入字节 0，QB101 对应表 5-21 安全输入字节 1。

6.3　KUKA 工业机器人外部自动运行的配置方法

为了使用 PLC 进行外部装置控制 KUKA 工业机器人自动运行，必须配置 CELL.SRC 程序和外部自动运行的输入输出端。

外部 PLC 对机器人 KR C4 自动运行进程进行控制，通过向机器人 KR C4 控制系统发出机器人进程的相关信号（如运行许可、故障确认、程序启动等），机器人控制系统向外部 PLC 系统发送有关运行状态和故障状态的信息，如图 6-82、图 6-83 所示。

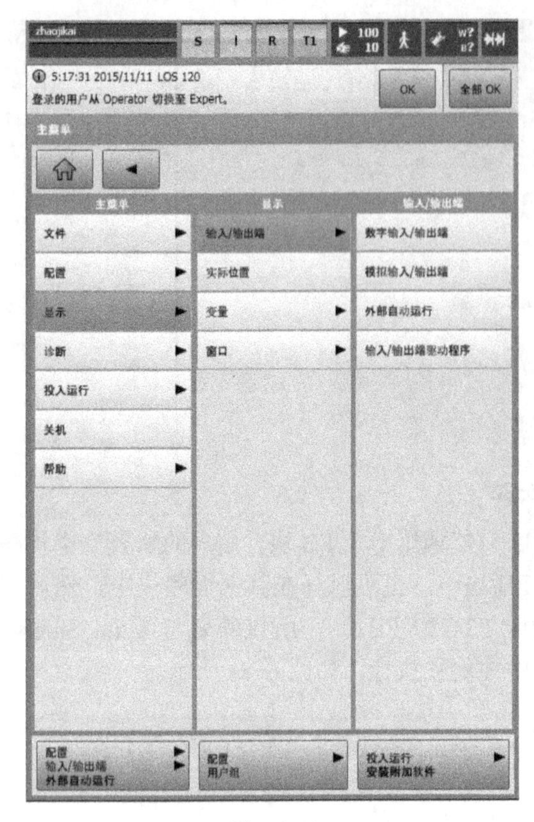

图　6-82

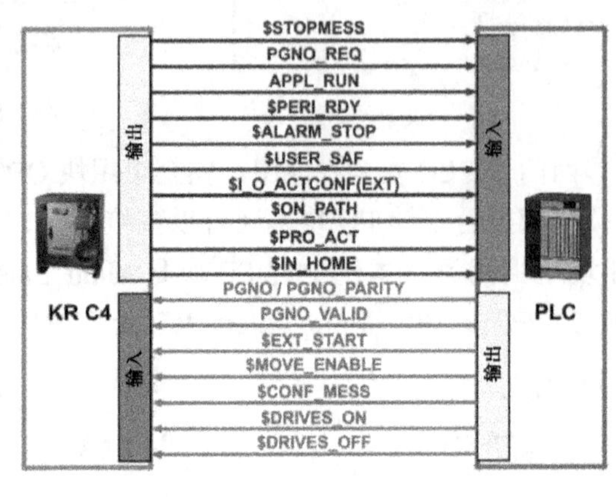

图　6-83

1. **输入端信号**（PLC KR C4）（图 6-84）

（1）PGNO_TYPE（程序号类型）　此变量确定了以何种格式来读取 PLC 传送的程序编号，读取的格式有二进制数值、BCD 值、“N 选 1”，见表 6-3。

表 6-3　PGNO_TYPE 说明

值	说明	实例
1	以二进制数值读取。上级控制系统以二进制数值形式传递程序号	00100110 程序号是 38
2	以 BCD 值读取。上级控制系统以 BCD 值的形式传递程序号	00100110 程序号是 26
3	以 N 选 1 读取。上级控制系统以 N 选 1 的形式传递程序号	00000100 程序号是 3

（2）PGNO_LENGTH（程序号长度）　此变量确定了上级控制系统传送的程序编号的位宽。值域：1 ～ 16。

（3）PGNO_PARITY（程序号的奇偶位）　此变量确定了上级控制系统传递奇偶位的输入端。说明

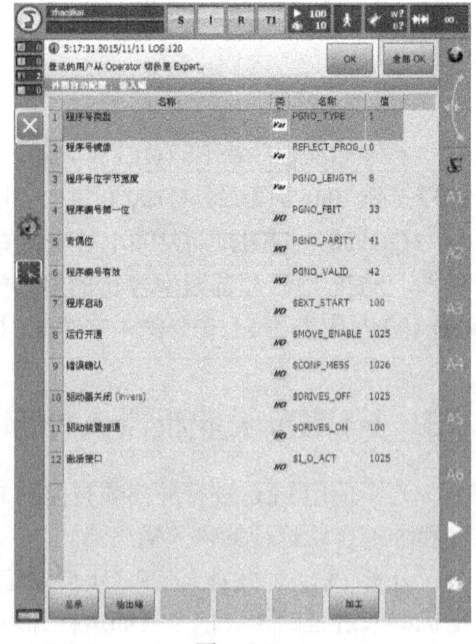

图　6-84

见表 6-4。

表　6-4

输入端	说明
负值	奇校验
0	无分析
正值	偶校验

（4）PGNO_VALID（程序号有效）　此变量确定了上级控制系统传送读取程序号指令的输入端，说明见表 6-5。

表　6-5

输入端	说明
负值	在信号的脉冲下降沿应用编号
0	在线路 EXT_START 处随着信号的脉冲上升沿应用编号
正值	在信号的脉冲上升沿应用编号

（5）$EXT_START（外部启动）　设定了该输入端后，输入 / 输出接口激活时将启动或继续一个程序（一般为 CELL.SRC），该信号是脉冲上升沿。

（6）$MOVE_ENABLE（允许运行）　该信号确定了上级控制系统对机器人驱动器使能控制，说明见表 6-6。

表　6-6

信号	功能
TRUE	可手动运行和执行程序
FALSE	停住所有驱动装置并锁住所有激活的指令

（7）$CONF_MESS（确认信息提示）　通过给该信号使能，当故障原因排除后，上级控制系统将确认机器人的故障信息。

（8）$DRIVES_ON（驱动装置接通）　通过该信号给机器人伺服驱动装置上电，该信号触发至少持续 20ms 的高脉冲，直到驱动使能完成反馈信号，断开该输出控制。

（9）$DRIVES_OFF（驱动装置关闭）　如果在该输入端持续施加至少持续 20ms 的低脉冲，则上级控制系统会关断机器人驱动装置。

2. **输出端信号**（KR C4 PLC）

（1）$STOPMESS（停止信息）　该输出信号由机器人控制系统来设定，已向上级控制器显示一条要求停住机器人的信息提示。例如当按下紧急停止按键或运行开通、操作人员防护装置被打开等情况出现时，机器人会发出该信号。

（2）PGNO_REQ（程序号问询）　该输出端信号变化时，要求上级控制器传送一个程序号。如果 PGNO_TYPE 值为 3，则 PGNO_REQ 不被分析。

（3）APPL_RUN（应用程序在运行中） 该信号是机器人通知上级控制器正在处理有关程序（CELL.src 中的程序），执行图 6-85 中②部分的程序，APPL_RUN 为高电平。

（4）$PERI_RDY（驱动装置处于待机状态） 通过此输出信号，机器人控制系统通知上级控制系统，机器人驱动装置已接通。

（5）$ALARM_STOP（紧急停止） 该信号在机器人自身急停和外部急停触发时，会发出一个报警停机控制信号。

（6）$USER_SAF（操作人员防护装置 / 防护门） 该信号在外部自动模式时，防护装置（如安全门、卷帘门）被打开时，机器人会发出一个用户安全停止控制信号。

（7）$I_O_ACTCONF（外部自动运行激活） 选择了外部自动运行这一运行方式并且输入端 $I_O_ACT 为 TRUE（默认为 $IN[1025]）后，输出端为 TRUE。

（8）$ON_PATH（机器人位于轨迹上） 只要机器人位于编程设定的轨迹上，此输出信号即被赋值。

（9）$PRO_ACT（程序激活 / 正在运行） 当机器人程序（CELL.src）启动运行后，始终给该输出端赋值。

（10）$IN_HOME（机器人位于起始位置 HOME） 该输出信号告知 PLC，机器人正位于其起始位置 HOME。

3. CELL 程序的结构和功能

管理由 PLC 传输的程序号时，需要使用控制程序 CELL.src。该程序始终位于文件夹下“R1”中。CELL 程序可以进行个性化调整，但程序的结构必须保持不变。CELL 程序标注及标注说明如图 6-85、表 6-7 所示。

```
1  DEF  CELL ( )
6  INIT                                              ①
7  BASISTECH INI
8  CHECK HOME
9  PTP HOME  Vel= 100 % DEFAULT
10 AUTOEXT INI
11   LOOP                                            ②
12     P00 (#EXT_PGNO,#PGNO_GET,DMY[],0 )
13     SWITCH  PGNO ; Select with Programnumber
14                                                   ③
15     CASE 1
16       P00 (#EXT_PGNO,#PGNO_ACKN,DMY[],0 )
17       ;EXAMPLE1 ( ) ; Call User-Program
18
19     CASE 2
20       P00 (#EXT_PGNO,#PGNO_ACKN,DMY[],0 )
21       ;EXAMPLE2 ( ) ; Call User-Program
22
23     CASE 3
24       P00 (#EXT_PGNO,#PGNO_ACKN,DMY[],0 )
25       ;EXAMPLE3 ( ) ; Call User-Program
26
27     DEFAULT
28       P00 (#EXT_PGNO,#PGNO_FAULT,DMY[],0 )
29     ENDSWITCH
30   ENDLOOP
31 END
```

图 6-85

CELL.src 程序的执行过程如下：

1）在 T1 或 T2 模式下运行 CELL.src 程序，执行图 6-85 的①部分，KUKA 工业机器人执行回 HOME 点，执行 BCO 运行，对话框显示“已达 BCO”，BCO 运行使 KUKA 工业机器人运行到轨迹上。

2）在 AUT_EXT（外部自动运行）模式下，图 6-85 的②部分在指令 LOOP 和 ENDLOOP 之间循环执行程序。

3）CASE1 执行 1 号程序，本例图 6-85 需要去掉“EXAMPLE1（）”前的“；”，则执行 EXAMPLE1（）程序；

CASE2 执行 3 号程序，本例图 6-85 需要去掉“EXAMPLE2（）”前的“；”，则执行 EXAMPLE2（）程序；

CASE3 执行 3 号程序，本例图 6-85 需要去掉“EXAMPLE3（）”前的“；”，则执行 EXAMPLE3（）程序。

P00 是进行程序号读取的系统程序，“；”后面内容为注释。

表　6-7

编号	说明
①	初始化和回 HOME 位置 1）初始化基坐标参数 2）根据“HOME”位置检查机器人位置 3）初始化外部自动运行接口
②	无限循环 1）通过模块“P00”询问程序号 2）进入已经确定程序号的选择循环
③	1）根据程序号（保存在变量“PGNO”中）跳转到相应的分支（“CASE”）中 2）记录在分支中的机器人程序即被运行 3）无效的程序号会导致程序跳转到“默认的”分支中 4）运行成功结束后会自动重复这一循环

4. 外部自动启动时序

通过程序号选定程序来启动 KUKA 工业机器人，如图 6-86 所示。

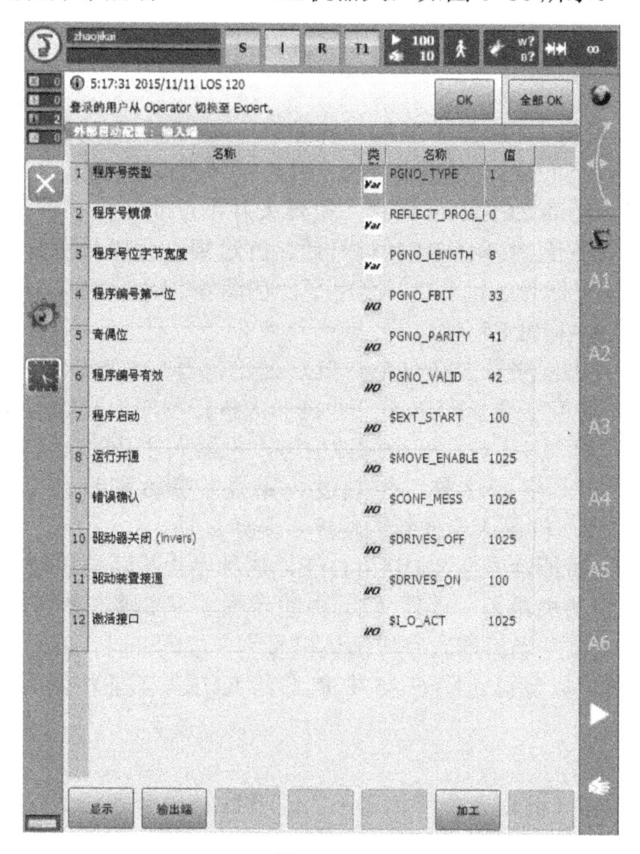

图　6-86

如图 6-86 所示，程序号类型值为 1，说明程序号由二进制数值读取。程序编号第一位值为 33，程序号位字节宽度值为 8，程序号由 $IN［33］～ $IN［40］组成的二进制构成。例如 $IN［33］为高电平 1，则程序号为二进制 00000001，转换成十进制后变为 1，即程序号 1。图 6-85 的 CELL 程序中，CASE1 执行 1 号程序，需要去掉“EXAMPLE1（）前的“；”，则执行 EXAMPLE1（）程序。即 $IN［33］为高电平 1 时，执行 EXAMPLE1（）程序。

（1）控制KUKA工业机器人运动时序的步骤

步骤1：在T1模式下把用户程序按控制要求插入CELL.src，选定CELL.src程序，把机器人运行模式切换到EXT_AUTO。

步骤2：在机器人系统没有报错的情况下，PLC一上电就要给机器人发出$MOVE_ENABLE高电平信号（要一直给）。

图6-86中“$MOVE_ENABLE”的值为1025，PLC需要控制KUKA工业机器人的$IN［1025］一直为高电平。

步骤3：PLC给完$ MOVE_ENABLE信号500ms后再给机器人$DRIVES_OFF高电平信号（要一直给）。

图6-86中“$ DRIVES_OFF”值为1025，PLC需要控制KUKA工业机器人的$IN［1025］一直为高电平。

步骤4：PLC给完$DRIVES_OFF信号500ms后，再给机器人$DRIVES_ON脉冲信号。当机器人接到$DRIVES_ON后，发出信号$PERI_RDY给PLC，当PLC接到这个信号后使$DRIVES_ON断开。

图6-86中“$DRIVES_ON”的值为100，PLC需要控制KUKA工业机器人$IN［100］一个脉冲信号。

步骤5：PLC发给机器人$EXT_START（脉冲信号）就可以启动机器人的CELL.src程序。

图6-86中“$ EXT_START”的值为100，PLC需要控制KUKA工业机器人$IN［100］一个脉冲信号，机器人启动CELL.src程序，机器人并不运动。

步骤6：当PLC接收到PGNO_REQ信号后，PLC要把程序号发给机器人。

图6-86中PLC发出信号$IN［33］高电平，在图6-85的CELL.src程序中，CASE1执行1号程序，执行“EXAMPLE1（）。

步骤7：当PLC发出程序号500ms后，PLC发给机器人$ PGNO_VAILD脉冲信号，机器人程序号（PGNO）的值生效，KUKA工业机器人执行程序，开始运动。

图6-86中PLC发给$IN［42］一个脉冲信号，机器人才开始运动。

如果在生产过程中改变程序号，控制过程重复步骤6和步骤7，PLC发给机器人$ PGNO_VAILD脉冲信号，机器人选择新的程序，开始运动。

（2）停止机器人　断掉信号$DRIVES_OFF，这种停止是断掉机器人伺服。

（3）停止后继续启动机器人　重复（1）中的步骤3～步骤5就可以启动。

（4）机器人故障复位　当机器人有“确认信号”（故障）时，PLC发给机器人$CONF_MESS（脉冲信号）就可以复位。图6-86中PLC给KUKA工业机器人$IN［1026］一个脉冲信号，故障可以复位。

机器人输出常用信号：

1）$ALARM_STOP（机器人急停信号）。正常时该信号逻辑为1，当机器人急停被按下时逻辑为0。

2）$PERI_RDY（控制装置就绪）。该信号逻辑为1。

3）$PRO_ACT。机器人在运行CELL.src程序时输出为1。

4）$IN_HOME。机器人在HOME点（原点）时输出为1。

5. PLC控制程序示例

（1）MOVE_ENABLE置位　如图6-87所示，外部条件满足要求I50.0导通，Q50.0导通，本例中对应 MOVE_ENABLE 为 1，一直为高电压，驱动允许运行。

（2）DRIVES_OFF 置位　如图 6-88 所示，使用通电延时继电器 T1，延时 500ms 后，Q50.1 导通，对应 DRIVES_OFF 为 1，一直为高电平，驱动器不关闭。如果 DRIVES_OFF 为 0，驱动器关闭。

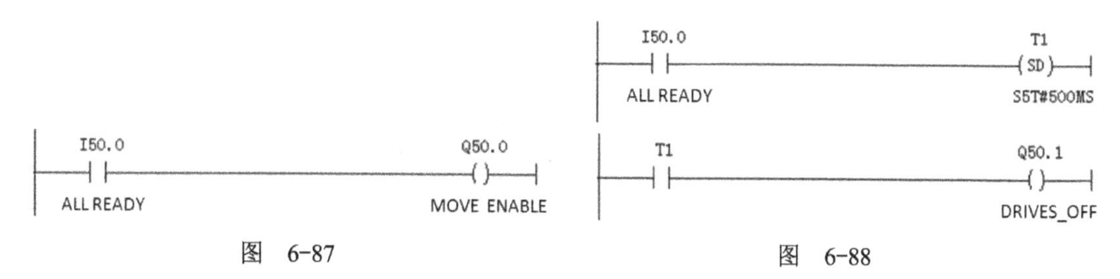

图 6-87　　图 6-88

（3）DRIVES_ON 接通 50ms 高脉冲　如图 6-89 所示，I50.1 导通，对应“I_O_ACTCONF”外部自动运行激活。I50.2 对应 PERI_RDY，I50.2 常闭点导通，代表驱动装置没有准备好。通过导通延时继电器 T2，Q50.2 导通，DRIVES_ON 为 1，驱动器接通。驱动器接通后，驱动装置准备好，PERI_RDY 为 1，I50.2 常闭点断开，DRIVES_ON 为 0。

（4）CONF_MESS 确认信息接通 50ms 高脉冲　如图 6-90 所示，如果停止信息 STOPMESS 为 1，CONF_MESS 导通，复位故障，直到 STOPMESS 为 0，CONF_MESS 为 0。

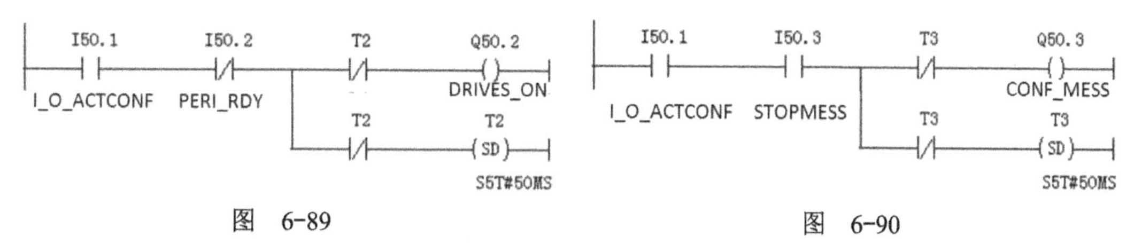

图 6-89　　图 6-90

（5）EXT_START 外部启动接通 50ms 高脉冲　如图 6-91 所示，EXT_START 为 1，激活控制程序 CELL.src，直到 CELL.src 程序运行信号 PRO_ACT 为 1，EXT_START 断开。

（6）发送程序号，执行程序　如图 6-92 所示，PGNO_REQ 导通，程序号请求信号导通，MOVE 指令传送程序号，PGNO_VALID 导通，开始执行控制程序 CELL.src 里 LOOP 循环中的程序，如图 6-85 的 EXAMPLE1（）、EXAMPLE2（）或 EXAMPLE3（）程序，机器人执行程序，开始沿着要求的轨迹运动。

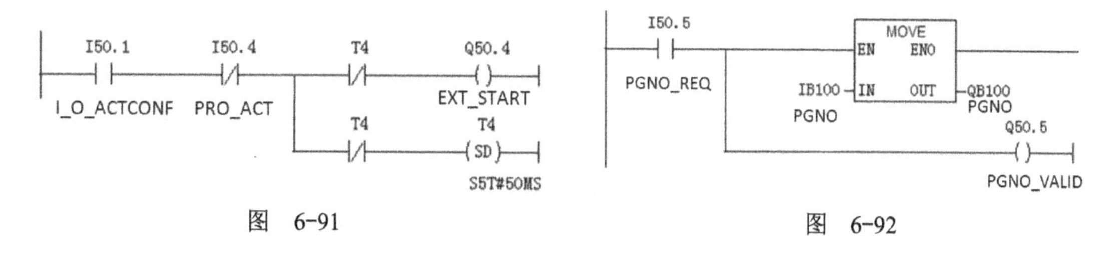

图 6-91　　图 6-92

6.4 KUKA 工业机器人 KLI 配置方法

在标准供货方案中，KLI 已默认设置为静态 IP 地址 172.31.1.147。KLI 有静态和动态两个 IP 地址，KLI 只有一个接口，可以设为 V5 ～ V9 一共 5 个虚拟接口，一般只设 V5 和 V6

两个虚拟接口，可以设在不同网段，如图6-93、表6-8是V5虚拟接口的设置，单击“接口”键可以添加新的虚拟接口 virtual6，图6-94、表6-9是v6虚拟接口的设置。表6-10是对地址类型的解释。

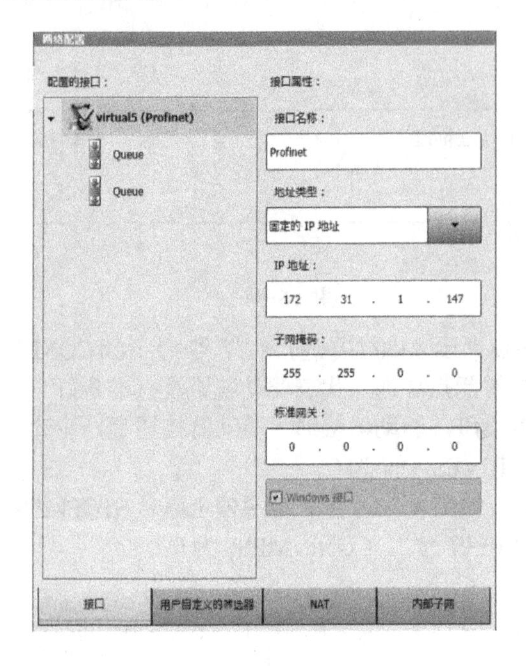

图 6-93

图 6-94

表 6-8

配置的接口	接口属性	含义
virtual 5	接口名称	接口的名称，例如KLI
	地址类型	固定IP、动态IP、没有IP、实时IP、混合IP
	IP地址	手动输入工业以太网的IP地址
	子网掩码	手动输入子网掩码
	标准网关	手动输入默认网关
	Window 接口	1）确定在设定该接口时，NAT规则是否有效 2）只配置一个接口时，勾选“Window 接口”
Queue（行列）	工业以太网接收信号过滤器	不能调整的特殊工业以太网端口
	数据包接收过滤器	1）全部接收：接收所有数据包 2）目标IP地址：只为该IP地址接收数据包

表 6-9

配置的接口	接口属性	含义
virtual 6	接口名称	接口的名称，例如Windows
	地址类型	固定IP、动态IP、没有IP、实时IP、混合IP
	IP地址	手动输入工业以太网的IP地址
	子网掩码	手动输入子网掩码
	标准网关	手动输入默认网关
	Window 接口	1）确定在设定该接口时，NAT规则是否有效 2）存在两个接口时，必须手动选择
Queue（行列）	数据包接收过滤器	1）全部接收：接收所有数据包 2）目标IP地址：只为该IP地址接收数据包

表　6-10

地址类型	含义
动态 IP	所有设置只经 DHCP 一个服务器执行
固定 IP	需要设定 IP 地址、子网掩码，标准网关必须单独设置
没有 IP	暂时屏蔽一个接口
实时 IP	Roboteam
混合 IP	特殊技术功能包配置

KUKA 定义了内部子网，网段分别为 192.168.0.X、172.17.X.X、172.16.X.X。此三个网段被 KUKA 工业机器人内部占用，设置 IP 地址时不要用这三个网段，如图 6-95 所示。

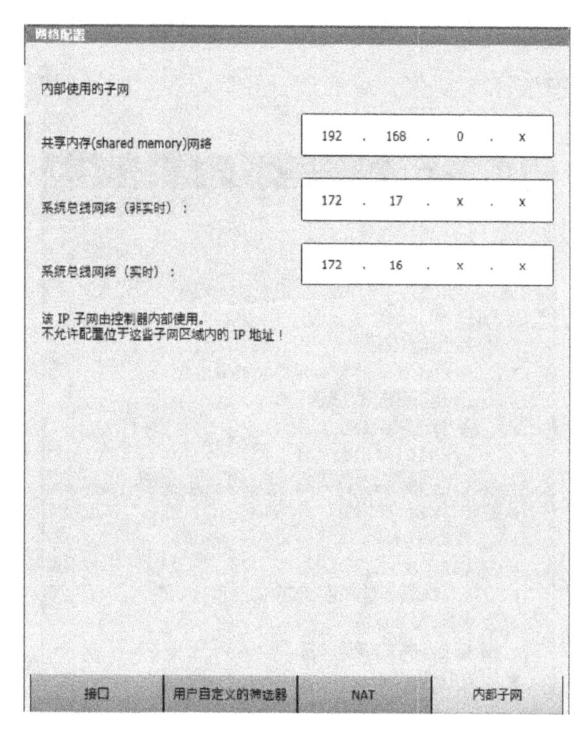

图　6-95

PLC 和 ABB、FANUC、KUKA 工业机器人在进行 PROFINET 通信时，只有正确设置 IP 地址和设备名称才能正常通信。下面介绍通过 TIA Portal 软件设置的方法。

1）用网线将计算机和需要设置“IP 地址和设备名称”的设备相连，打开 TIA Portal 软件，选择“在线访问”，如图 6-96 所示。

2）双击“更新可访问的设备”，计算机将会搜索自身网卡连接的所有设备，如图 6-97 所示。

3）单击“在线并诊断”，如图 6-98 所示。

4）在“功能”菜单下选择“分配 IP 地址”，输入 IP 地址和子网掩码，单击“分配 IP 地址”，如图 6-99 所示。

5）在“功能”菜单下选择“分配名称”，在“PROFINET 设备名称”中输入设备名称，单击“分配名称”，如图 6-100 所示。

图 6-96

图 6-97

图 6-98

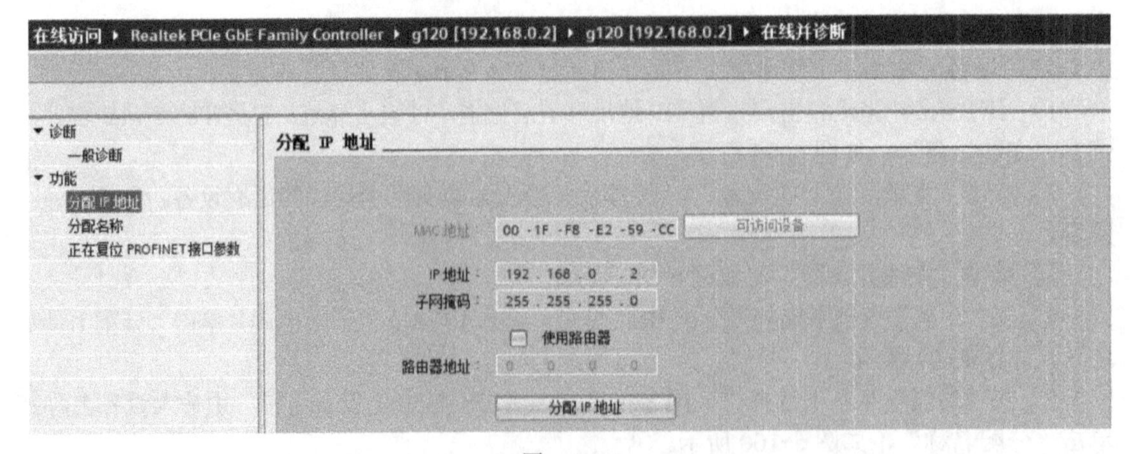

图 6-99

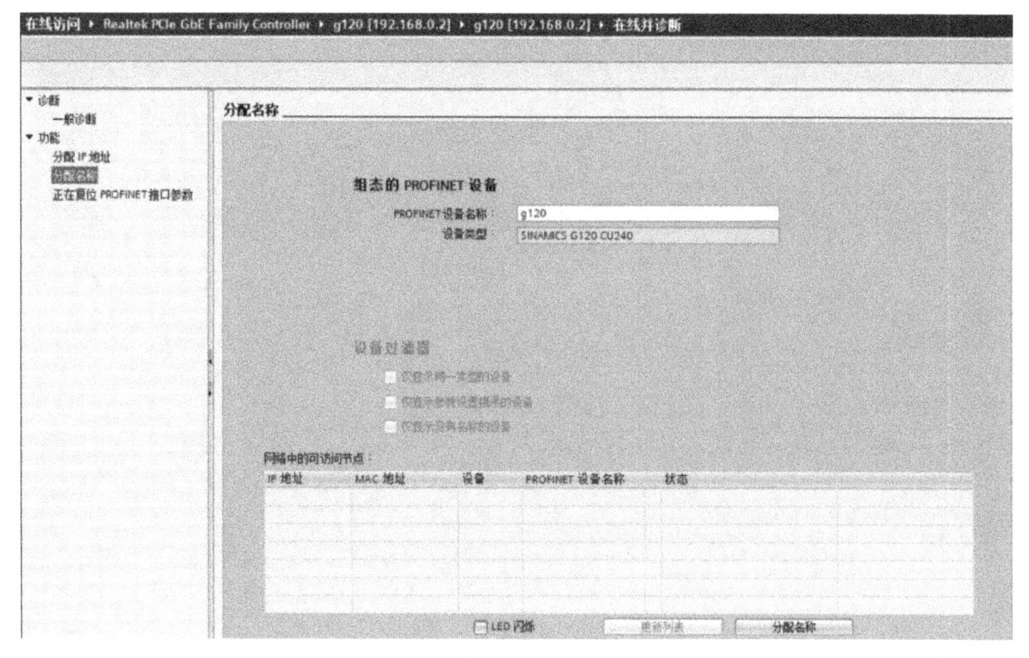

图　6-100

PROFINET I/O 信号值的含义见表 6-11。

表　6-11

信号值	含义
01	插槽编号
01	子插槽编号（通常为 01）
0002	索引编号（一个连续、递增的数，用以区分不同的输入端和输出端）
Input/Output	输入端 / 输出端（信号处理方向）
01:01:0001 Input	1 号插槽、1 号子插槽、1 号索引编号、输入信号
02:01:0001 Output	2 号插槽、1 号子插槽、1 号索引编号、输出信号

有的 PLC 存储格式如图 6-101 所示，低字节 Byte0 在右侧位低，高字节 Byte1 在左侧高位。西门子 PLC 存储格式如图 6-102 所示，低字节 Byte0 在左侧高位，高字节 Byte1 在右侧低位，在通信过程中注意 PLC 与机器人输入输出信号高低位的对应，必要时进行高低字节转换。

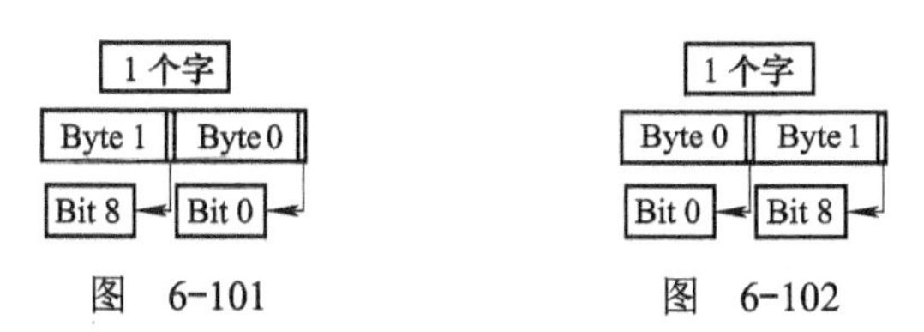

图　6-101　　　　图　6-102